牡丹江师范学院教育教学改革项目《基于‘家装 e 站’网络平台的室内设计课程教学模式构建及实践研究》（编号：17-XJM19014）主要研究成果

牡丹江师范学院人文社会科学研究项目《黑龙江地区软质景观艺术形态研究》（编号：QY201210）后期研究成果

当代城市建设中的艺术设计研究

梁家琳　闫雪　著

中国戏剧出版社

图书在版编目（CIP）数据

当代城市建设中的艺术设计研究 / 梁家琳，闫雪著
. -- 北京 : 中国戏剧出版社，2019.6
ISBN 978-7-104-04799-5

Ⅰ. ①当… Ⅱ. ①梁… ②闫… Ⅲ. ①城市环境—环
境设计—研究 Ⅳ. ①TU-856

中国版本图书馆 CIP 数据核字（2019）第 100220 号

当代城市建设中的艺术设计研究

特约编辑：寇伯义
责任编辑：齐 钰 赵成伟
责任印制：冯志强

出版发行：中国戏剧出版社
出 版 人：樊国宾
社 址：北京市西城区天宁寺前街 2 号国家音乐产业基地 L 座
邮 编：100055
网 址：www.theatrebook.cn
电 话：010-63385980（总编室）
传 真：010-63383910（发行部）

读者服务：010-63381560
邮购地址：北京市西城区天宁寺前街 2 号国家音乐产业基地 L 座

印 刷：定州启航印刷有限公司
开 本：710mm×1000mm 1/16
印 张：16
字 数：300 千
版 次：2019 年 6 月 北京第 1 版第 1 次印刷
书 号：ISBN 978-7-104-04799-5
定 价：69.00 元

Preface
前 言

在我国城市化进程中，随着对环境艺术的深入理解，人们已经普遍意识到城市建设中的艺术设计既不是单纯地对建筑方面的美化、装饰，也不是特定场所的小品、装置或雕塑，更不是今日街头艺术或媒体艺术，而是一种综合性很强的关系艺术、场所艺术和对话艺术。城市建设中的艺术设计与建筑环境关系之密切人人皆知，为什么必须在建筑格局、形态规划完成之后才对建筑形象和建筑环境进行艺术性的改造、弥补以及美化呢？既然建筑及其空间环境在其生成之际有着先天的审美缺憾，那为什么不在规划建设之初就进行艺术统筹规划呢？由于长期因循旧有的体制、观念和设计方法，人们对建设之后的二次美化投入所造成的经济损失和无法弥补的后果熟视无睹。然而，人为附加、修饰的美远没有本质的美来得自然、和谐、长久。因此，近年来城市规划、城市设计、建筑设计、园林设计、艺术设计在学科交叉碰撞中不约而同地把环境艺术的理念纳入自身的设计体系，希望将环境艺术渗透到城市规划建设的策划期、实施期和发展期。

艺术设计作为一个城市的软实力，在城市建设中越来越受到人们的重视。艺术设计作为丰富城市形象建设的重要手段，使人们的生活变得更加多姿多彩，满足了人们的审美情趣及愉悦心情等精神层面的追求，保证了城市的可持续发展。另外，艺术设计也是创造城市特色的重要手段。城市特色是城市价值的重要体现，而城市特色“趋同”问题已经成为全球城市发展共同关注的问题。目前，我国正处于城市化高速发展阶段，城市特色“趋同”问题更加突出，更加尖锐。

另外，我国各地的城市设计发展得还很不平衡，认识程度和专业理解也各不相同，城市艺术设计的内容和价值仍处于一种“可有可无”的状态。城市设计还与城市规划和建设管理体制存在深刻的矛盾。从实践方面看，近年来许多城市相继开展了不同规模、不同层次的城市设计工作，但工作中出现的一些不良倾向值得关注和反思。基于这一认识，笔者深感有必要从我国城市建设实践的需要出发，确立城市艺术设计在我国城市规划体系中的有效地位。

在编写中，本书一是在强调融合其他学科研究成果与方法的基础上突出分析与研究的主导性，即以艺术设计的视角和方法探讨解决城市建设中的相关问题；二是从宏观上体现“系统性”和“整体性”的全面思考，注重研究成果与观点的有效性与启发性。

在内容上，本书将城市艺术设计的基本概念、原则和方法等内容作了全面系统的介绍，解构了城市艺术设计的组成要素，重点围绕城市建设中形象设计、景观艺术设计和居住环境艺术设计这三部分的内容提出了设计的要点和方法，最后通过不同类型和层次的城市艺术设计实践展现了城市艺术设计丰富的方式方法及其价值。

本书第一章、第三章、第四章、第五章由牡丹江师范学院梁家琳执笔，约 16 万字；第二章、第六章、第七章、第八章由牡丹江师范学院闫雪执笔，约 14 万字。

在编写过程中，笔者参阅了大量的文献资料，限于篇目，未能一一列举，敬请有关作者谅解。由于经验和水平有限，错漏仍难免，欢迎广大读者提出宝贵意见。

Contents
目 录

第一章　城市艺术设计概述　/　001

第一节　城市艺术设计的概念界定　/　001

一、城市的概念　/　001

二、城市艺术设计的概念　/　002

第二节　城市艺术设计的发展历程　/　002

一、古典时代的城市艺术设计　/　003

二、工业革命早期的城市艺术设计　/　008

三、城市美化运动时期的城市艺术设计　/　009

第三节　城市艺术设计的原则与特征　/　011

一、城市艺术设计的原则　/　011

二、城市艺术设计的特征　/　015

第二章　当代城市艺术设计的理论与方法　/　022

第一节　当代城市艺术设计与城市建设　/　022

一、城市规划　/　022

二、城市设计　/　023

三、环境设计　/　024

第二节　当代城市艺术设计与城市规划　/　027

一、城市艺术设计与城市总体规划　/　027

二、城市艺术设计与分区规划　/　030

三、城市艺术设计与控制性详细规划　/　030

四、城市艺术设计与修建性详细规划　/　031

五、城市设计　/　032

第三节　当代城市艺术设计的基本方法　/　033

一、视觉秩序分析　/　033

二、图形—背景分析 / 034
三、关联耦合分析 / 035
四、场所结构分析 / 036
第三章 当代城市艺术设计的构成要素 / 038
第一节 公共艺术要素 / 038
一、公共艺术的概念 / 038
二、公共艺术的发展 / 038
第二节 环境设施要素 / 042
一、城市环境设施的概念及性质 / 042
二、城市环境设施的构成要素 / 043
三、城市环境设施的设计原则 / 044
第三节 建筑装饰要素 / 046
一、建筑装饰的概念 / 046
二、建筑装饰的范畴 / 046
三、建筑装饰的方法 / 047
第四节 城市色彩要素 / 049
一、色彩的基本理论 / 049
二、色彩的心理 / 051
三、色彩的搭配 / 052
四、城市色彩的美学法则 / 054
五、城市色彩的设计原则 / 055
第四章 当代城市建设中的形象设计 / 057
第一节 城市形象设计概述 / 057
一、城市形象设计的思想脉络 / 057
二、城市形象设计的勃兴 / 059
三、城市形象的理论阐释 / 062
第二节 城市形象设计的原则 / 071
一、夯实城市社会经济基础 / 071
二、突出城市个性 / 072
三、延续城市历史文脉 / 073

四、与自然相融合　/　073
五、凸显地域特色　/　074
六、强调整体与协调　/　074
七、着眼于城市未来发展　/　075
第三节　城市形象设计的程序　/　075
一、城市形象调查　/　075
二、城市形象定位　/　077
三、城市形象评价　/　077
四、城市形象识别系统的设计　/　080
五、城市形象的传播与维护　/　080
第四节　城市形象设计的发展趋势　/　081
一、信息时代对城市形象设计的影响　/　081
二、城市空间一体化　/　082
三、生态文明与城市可持续发展　/　083
第五章　当代城市建设中的景观艺术设计　/　084
第一节　城市景观艺术设计概述　/　084
一、城市景观艺术设计是一种综合空间艺术　/　084
二、城市景观艺术设计与城市规划、城市设计、建筑设计、园林设计　/　084
三、城市景观艺术设计的艺术至境　/　087
四、城市景观形象的内涵和社会职能　/　089
五、城市景观形象设计两个发展阶段和当前“城市美化运动”的误区　/　102
第二节　城市景观形象的特征　/　105
一、大城市与中小城市（镇）景观形象的差异　/　105
二、城市不同区域的景观形象特征　/　107
三、城市开放游憩空间的景观形象特征　/　115
四、“巨构”的建筑——城市综合体的空间形象特征　/　118
第三节　城市景观形象的构造　/　122
一、城市景观空间界面与建筑空间界面之比较　/　122
二、城市景观空间底界面的“真实性”构建　/　122
三、城市景观中垂直界面的形式与构成　/　128

第六章　当代城市建设中软质景观艺术设计　/　133

第一节　软质景观设计中需要注意的问题　/　133

一、造型与色彩的问题　/　133

二、自然与人工的问题　/　135

三、空间与时间的问题　/　136

第二节　城市水体空间艺术形态与景观设计　/　137

一、城市水景观概说　/　138

二、水景观的主要构成与艺术形态　/　139

三、水体在景观中的作用　/　143

四、水景观的设计原则与定位　/　144

第三节　城市绿地景观概说　/　145

一、国内外绿地景观发展简述　/　145

二、城市绿地功能划分　/　148

三、绿化的主要方式　/　150

第四节　冰雪雕塑艺术形态设计　/　156

一、软质景观中的冰雪雕塑艺术形态　/　156

二、冰雪雕塑的艺术形态特点　/　156

三、冰雪雕塑的艺术形态设计　/　157

第七章　当代城市建设中的居住环境艺术设计　/　160

第一节　城市居住环境艺术设计概述　/　160

一、城市居住环境艺术设计的内涵与本质　/　160

二、城市居住环境艺术设计的特征　/　165

三、影响城市环境艺术设计的构成和演变的因素　/　175

四、中国人的生活环境观与审美观　/　183

第二节　城市居住环境艺术主要的设计要求　/　185

一、居住区的规划与布局　/　185

二、居住空间与环境构成设计　/　187

三、城市居住环境艺术设计的创新性　/　191

四、城市居住环境设计的形式感　/　192

五、城市居住环境设计的文化性　/　194

第三节　城市居住环境艺术设计的专项设计　/　195
一、居住区道路环境的艺术设计　/　195
二、居住区的铺装　/　197
三、居住区的绿化设计　/　198
四、居住区的水景设计　/　205
第八章　国内外城市建设艺术设计的探索与实践　/　208
第一节　国外城市艺术设计的实践与经验　/　208
一、典型城市　/　208
二、典型区域　/　219
第二节　国内城市艺术设计的探索与实践　/　229
一、兰州鸿盛银滩城市综合体　/　229
二、商丘新区概念规划建筑设计　/　230
三、城市居住环境艺术设计实例　/　233
参考文献　/　240

第一章
城市艺术设计概述

第一节　城市艺术设计的概念界定

一、城市的概念

城市是人类创造的伟大成就，是人类文明进步、社会经济繁荣的象征。城市的形成不是偶然的，而是社会发展到一定阶段的必然产物。早在原始社会中后期，农业与畜牧业分离，以农业为主的居民点逐渐形成，为城市的产生提供了可能。随着社会的进一步发展，手工业又从农业中分离出来，形成一个独立的行业。为了便于商品交换和保护部落、宗族的生命财产安全，具备商业交换职能和防御职能的固定居民点应运而生。所以，在这一时期城市还只是一种场所，并不是今天作为政治、经济、文化的综合体。当时的“城”与“市”是两个不同的概念。“城”是指在都邑四周筑以墙垣，扼守交通要冲，由内外两城构成的以防卫为主的军事据点。“市”是指固定的交易场所。因为“城”“市”的功能、性质不同，所以在“城市”出现之初，二者并不是结合在一起的。后来，随着“城”里人口的不断增多，“市”便由散落状态向固定状态演变，在地点上也开始由郊区向“城里”迁移。

城市组织结构的复杂性导致了城市概念认知的模糊性和多义性。不同学科的学者对城市有着不同的认识。历史学家认为城市是一部用建筑材料书写的历史教科书；政治学家把城市看作政治活动的舞台；社会学家认为城市是社会化的产物，是人口聚居的社区，是一种生活空间；经济学家认为城市是生产力的聚集区和各种经济活动的中心；建筑学家把城市看作各种建筑物、构筑物的综合体；生态学家认为城市是人按照一定目的、要求及规范建造起来的人类聚集地，是具有人工痕迹的生态环境。

二、城市艺术设计的概念

近几十年来，城市的快速发展改善了城市面貌，给都市居民的生活带来了巨大的便利，但也营造了大量刻板的空间：令人望而生畏的摩天大楼、让人兴叹的城市广场、令人望而却步的滚滚东流。在这些既无美感又缺乏人性关怀的失落空间里，寻求一丝惬意和愉悦似乎早已成为人们难以企及的心灵渴望。面对人们不断提升的生活水平与日益恶化的环境状况之间的矛盾，改善城市环境，提升城市品质也就成为当代城市发展面临的主要任务。为了提升城市环境质量，为生活在都市中的居民营造赏心悦目的美丽景观，城市艺术设计的概念应运而生。

城市艺术设计是一门为人们创造美丽、优质生活环境的综合艺术和科学。它致力从艺术的角度审视和建设城市，通过增加艺术元素，使艺术设计和城市环境互相配合，协调起来进行整体规划、综合考量系统建设，为居民营造既能满足物质需求又能满足精神需求的生活空间。城市艺术的概念有广义和狭义之分。广义的城市艺术是指以艺术的手段或方法进行城市设计，它指的是一种理念、行为及方法，并不是某种特定的视觉形式。狭义的城市艺术则是指对城市的装饰和美化，是一种视觉艺术手段。城市艺术设计注重的对城市外在形象的修饰，并非对城市进行简单的“涂脂抹粉”式的化妆，也不是随意摆设几个雕塑、种上几片草坪、移植一些树木、设置一些座椅或建几个气派的广场和建筑物，而是化景物为情思，以艺术的思维和艺术的观念展现城市的历史、文化及地域风情。把城市当作艺术品一样精雕细琢、悉心经营，才能创造出既有魅力又有内涵的城市形象，诗意的栖居才能最终实现。

城市艺术设计古而有之，但作为一种概念还是近几年的事。城市艺术设计作为对当代城市环境问题的反思和针对当代“经济城市”“功能城市”等建设观念的矫正，它的提出标志着城市建设由追求外延式发展向注重内涵式发展转变；从注重科学、技术向关注人文、艺术转变；由追求感性形式向探索理性本体转变。

第二节　城市艺术设计的发展历程

城市艺术与城市文明一样悠久，它贯穿了人类城市建设的整个历史。从人类建立第一个定居点开始，艺术就介入了人类的生活。虽然人类最初的艺术行为和艺术活动只是作为一种符号记述自己的生活方式和思想情感，内容涉及如何狩猎、耕种等生活细节，但不可否认的是，这些不以满足人们审美愉悦为目的的行为却在潜移默化中促进了人类后来的艺术行为在生活和环境中的发展。

城市作为一种视觉形象的载体，是一切艺术形式和艺术行为的容器。它不仅是集建筑艺术、雕塑艺术、绘画艺术、装饰艺术、公共艺术为一体的综合体，而且是集历史、文化、地域、气候等物质形态和精神形态为一体的统一体。所以，城市艺术的产生不免要受到政治、经济、文化、地域及材料等诸多因素的影响和制约。正是由于受到这些条件的影响和限制，城市艺术才形成了今日蔚为大观、令人叹为观止的多元化城市艺术。

一、古典时代的城市艺术设计

人类早期的城市是一种用于保护生命财产安全而建立的围合体。当时的城市艺术主要体现在建筑方面，如车尔尼雪夫斯基所说的，“在艺术与审美起源于使用方面，最古老的见证大概莫过于建筑了”“艺术的序列通常从建筑开始，因为在人类多少带有实际目的的活动中，只有建筑活动有权被提到艺术的地位”。同样，有这样认识的还有学者黑格尔。他们都对建筑有较高的评价，认为建筑是艺术中的佼佼者。所以，早期的城市艺术主要体现在建筑本身及建筑细部的装饰方面。无论是东方古代的城市，还是西方古代的城市皆是如此。

（一）中国古代城市艺术设计

中国作为有着 5 000 年文明史的东方大国，不仅在文化艺术上创造了辉煌灿烂的成就，在城市艺术上也留下了极为丰富而珍贵的遗产。中国古代城市艺术成为与西方城市艺术并足而立的世界两大城市艺术体系之一。中国古代城市作为东方城市艺术的缔造者，其影响波及了整个东亚乃至世界。

中国古代城市艺术的形成和发展与中国古代的地理环境、产业特征以及在这一条件下所形成的文化观念有着密切的关系。

首先，中国是一个内陆国家，自古以来形成了稳定统一、自给自足的农业经济以及聚族而居、精耕细作的农业文化体系。而且，中国以农业为基础的社会延续时间极长，并在此基础上形成了稳固的宗法礼教、伦理道德关系及单一文化心理结构。其次，中国几千年来的民族传统延绵不断，形成了重统一、重团结、重和谐的家国观念。再次，中华民族在利用、改造、征服自然以及与自然亲近的过程中逐渐形成了“天人合一”的哲学观。

受上述因素的影响，中国人养成了尊崇宗法、象天法地的行为习惯，形成了含蓄内敛、谦和保守的性格。这样的性格自然会体现在作为造物行为的城市艺术设计中，因此中国古代城市艺术具有如下特点。

1. 以宗法礼制为基础

遵照宗法礼制是中国古代城市艺术设计的主要特征之一。宗法礼制的出现源于中国古代人们对“天”的敬畏和对“人”的崇敬，这种崇敬进而发展为对以“天子”自居的帝王的尊崇。自周代开始，礼制就成为影响和制约城市建设的基础，无论是城市的布局、建筑的形制，还是城市的色彩，都要遵循严格的“礼数”，不可僭越。比如，《周礼》就对周王城的形制、规模、道路以及城内的建筑位置、朝向等都做了详细的规定。《考工记·匠人营国》中有记“匠人营国，方九里，旁三门。国中九经九纬，经涂九轨，左祖右社，面朝后市，市朝一夫”，《周礼·夏官·司马》载“正朝仪之位，辨其贵贱之等。王南卿，三公北面东上”，所谓“方九里，旁三门……左祖右社”以及“正朝仪之位”正是中国古代礼制“居中不偏”“不正不威”在城市艺术上的体现。在这种思想的指导下形成了影响中国古代城市达2000年之久的“方形布局、中轴对称”的大格局。另外，其他古代著作也对城市中建筑的大小、色彩做了详细规定，如《礼记·礼器第十》载“天子之堂九尺”，《春秋谷梁传·庄公二十三年》载“礼楹，天子丹，诸侯黝垩，大夫苍，士黄”。

2. 因天时就地利

古代先民在选择栖居地或对居住环境进行规划时，通常将天、地、人（三才）和谐统一的愿望融入其中。这一时期人们在聚居环境的营建上秉承了一种因天之序、因地制宜、因势利导的理念。顺应自然环境，把自己融入自然环境之中享受自然的恩赐是古代人们营建栖居环境时的普遍思想。这种环境设计思想一方面与古代的中国以农业立国的社会形态分不开。农业生产的顺利进行取决于天时和地利，若风调雨顺、水土丰饶，人民自然财货富足，生活安逸；反之，则是民有饥馑，野有饿殍。这种对天时、地利的关注和重视深深地植入人们心灵深处，进而影响人类的其他行为活动。另一方面，在早期的农耕文明时代，社会生产力低下，人与自然抗争的力量十分薄弱。受经济、技术等因素的制约，人们改造自然环境的能力也极其有限。同时，先民对很多自然现象还不甚了解，对自然的认知也只是直观的、浅层的把握，这就导致了人们对自然环境有意识的适应和顺从。出于对自然的依恋与适应，以人居环境为肇始的中国古代城市艺术在营建中极为关注聚居地与自然环境有机结合的关系。在古人的环境观中，人的社会生存状态与自然生态环境密切相关。比如，《尚书》中就记载了“适山兴王”“背山临流”的择居思想，体现了上古时代人们对自然的崇拜，他们认为物华天宝、地凝灵秀之地不仅能够促进族群的繁荣昌盛，甚至可以维护国家的长治久安。为了取得最优化的生活环境，先民从环境的整体性出发，系统考量环境的综合因素选址营建都城。《诗经》就记载了周人祖先公刘和古公亶父因避夏桀带领周民由邰迁豳，并在豳地平原择地建都的故事。《诗经·大雅·公刘》载："笃公刘，逝彼百泉。瞻彼溥原，乃陟南冈。乃觏于京，京师之野。于时处处，于时庐旅……笃公刘，既溥既长。既景乃冈，相其阴阳，观其流泉。其军三单。度其隰原，彻田为粮，度其夕阳……"这是说公刘带领族人考察高山、平原、水源以及水源环境的阴阳向背与水源流向选择适宜建邦设城的地址。

3. 象天法地

从古代先民营建聚居环境的记载中可以看出，先民的环境观除重视对气候、物候、地形、地貌、水土、植被等物质环境的选择之外，还呈现出对精神环境的关注。随着宗法礼制的发展，古人对精神环境的追求在某种程度上甚至超越了对物质环境的追求。尤其在天、地、人"三才合一"思维的引导下，人们进一步把个人情感与天地万物结合起来，在人与天地之间寻找内在的精神联系以获得生命的愉悦与精神的慰藉。这种思想是人们在对世界的认识存在局限时的本能反应。在古代先民眼中，人是宇宙的一部分，人与天地万物是一个有机整体，在天、地、人这个有机统一的整体中，人事活动（主要是与农业生产相关的活动）与天象的运行似乎有着某种密切的关联。而这种天人之间的关联也就促使先民以为"社会的人事与天象、自然界的变化存在着相互感应的关系"。他们认为冥冥之中天道在左右着人们的生产、生活行为，天之象、地之形、人之事都是相互关联的。天象的变化是人事变化的征兆，人事的变化又是天象变化的映射。受这一思想的影响，先民在集体无意识中自觉地接受"天道""自然"的支配和统治，并使自身的行为有意地契合天道规律，并以天道的运行规范人伦秩序，如《易经》所谓"在天成象，在地成形，变化见也""天垂象，见吉凶，圣人象之"。这种对天道尊崇的思想体现在聚居环境的营造上，就是人们有意识地通过模仿宇宙图像祈求获得与天地的和谐统一。

4. 和而不同

在中国古代城市中，除宫殿、衙署、民居作为构成城市的主体以外，随着城市经济的发展以及市民文化生活的需要，城市的构成元素逐渐丰富起来。钟楼、鼓楼、塔寺、楼阁、牌楼、华表、影壁及景观绿化等被引入城市，成为中国古代城市艺术的标志物。这些标志物在城市中的位置经过悉心选择，在空间布局上与城市的街道、广场、宫衙形成一种对景或借景的视觉效果。例如，钟鼓楼一般位于城市的中轴线上，或横跨主要街道，或位于城市主干道的交叉口，在视觉上与城门、宫殿或衙署形成对景，成为城市大空间构图的焦点。塔作为佛寺的附属物，原先只建在寺内，后来塔与寺分离，成为一种象征性的构筑物。有些塔建在城市的最高处或河湾处，成为城市的"吉祥物"，如杭州的六和塔、云南大理的千寻塔。楼阁是楼和塔的混合体，是一种具有独立文化功能的建筑物，也是文人墨客登高游览、畅述幽怀的地方。与塔相似，楼阁通常建在城市主干道旁或临水之处，如岳阳楼、黄鹤楼等。牌楼作为中国古代城市的一种标志性建筑物，具有纪念、表功及装饰的作用，一般被放置在一组建筑的最前面，或者立在城市的市中心通衢大道的两旁。牌楼上面雕刻龙凤犀象之类的吉祥图形，对于划分和控制城市空间，提升城市以及建筑群体的艺术魅力具有重要的作用。上述这些不同的建筑物、构筑物共同构成了城市的整体，它们彼此共存、相得益彰，不仅丰富了城市细部，还提升了城市的文化品位和艺术品质，使城市变得“有血有肉”。

（二）西方古代城市设计艺术

1. 两河流域的城市艺术设计

两河流域是指美索不达米亚平原上的幼发拉底河和底格里斯河（位于今伊拉克一带）地区。这里自然地貌平旷，商业发达，是人类文明的发祥地之一。

《圣经》中记载的“伊甸园”以及“巴别塔”就产生在这片曾经生机勃勃的土地上。另外，两河流域也是人类第一部比较完备的成文法典——《汉谟拉比法典》的诞生地。公元前3500年，苏美尔人迁徙至此，建立了人类历史上的第一批城市。由于民族迁徙、交流频繁，从公元前3500年至公元前539年，这一地区先后建立了以下王国。

苏美尔－阿卡德王国（公元前3500—公元前2000）；

巴比伦王国（公元前1900—公元前1600）；

亚述王国（公元前1000—公元前612）；

新巴比伦王国（公元前612—公元前539）。

这些王国都创造了辉煌的城市艺术，尤其在城市建设、宗教建筑及宫殿建筑方面更是独树一帜。

2. 古希腊的城市艺术

古希腊是欧洲文化的发源地，古希腊人在科学、哲学、文学、美学、艺术和设计上都创造了辉煌的成就，对欧洲乃至世界文化的发展都产生了深远影响。恩格斯曾说：“没有希腊、罗马奠定的基础，就不可能有现代的欧洲。”作为欧洲文明的摇篮以及西方艺术的源头，古希腊是历史上较早对城市概念做出阐释的民族，也是较早将城市从自然行为提升到设计行为和艺术行为的文明古国之一。对于城市，不同的文明有不同的看法，古希腊人的观念比较温和。他们不认为城市越大越好，而是觉得应该小一些，这样才能生活得开心、美好，而且他们不认为社区的规模是固定的，也不认为社区的范围是固定的，而是一个相对的状态，“从心所欲”而“不逾矩”。这跟亚里士多德的观念不谋而合——人们聚集到城市是为了生活，期望能在城市中生活得更好。为了实现这种状态，达到这种生活愿望，古希腊人极力将文化、艺术融入自己的生活环境，创造了一种高贵典雅的城市艺术。古希腊的城市艺术包括建筑、雕塑、绘画等艺术形式，是古希腊文化、艺术的代表，成为欧洲城市设计的指明灯。诚如马克思所说：“它们仍然能给我们以艺术享受，而且就某方面来说，还是一种规范和高不可及的范本。”

古希腊城市艺术设计的成就主要体现在五个方面：柱式、雕塑、广场（剧院）、建筑及城市规划。这五个方面并不是孤立的，而是相互渗透，彼此之间融合的。古希腊是一个追求人文主义、理性思辨及美学至上的文明古国，尤其注重人体美和比例美，这成为影响古希腊城市艺术的主要因素。

3. 古罗马的城市艺术

公元 1 世纪，古罗马吞并古希腊，从此古代世界的文化艺术中心由古希腊迁移到了古罗马。古罗马原是意大利半岛中部台伯河南岸的一个拉丁族奴隶制城邦，是由特洛伊英雄艾涅阿斯的后代罗姆卢斯在公元前 8 世纪建立的。传说当罗姆卢斯还是婴儿的时候，由于部落纷争，罗姆卢斯与他的孪生兄弟一起被遗弃在台伯河岸，一只母狼收养并哺育了他们。后来，他们被人救起，长大后就在被救起的地方建立了一座城邦，这座城邦就以罗姆卢斯的名字命名为罗马。

公元前 5 世纪，罗马建立了民主共和体制，随后罗马人展开了旷日持久的扩张战争。在相继征服地中海沿岸的诸国，如北非的埃及、小亚细亚的叙利亚以及欧洲的不列颠、高卢等地区之后，罗马成为一个横跨欧、亚、非大陆的庞大帝国。古罗马依凭巨大的财富、众人的努力、卓越的营造技术和性能良好的材料，在汲取古希腊与东方各国的建筑形制、造型方法的基础上结合自己的传统，创造出了独具特色的建筑与城市艺术。

4. 文艺复兴时期的城市艺术设计

从拜占庭时期到 14 世纪，欧洲在经历了近千年黑暗的宗教统治之后，资本主义开始萌芽。新兴的资产阶级要想获得发展就必须推翻宗教神权、封建统治的禁欲主义及蒙昧主义的思想统治。为了寻找合理的依据，他们便向历史溯源，最后在古希腊、古罗马的文化、艺术中发现了对抗宗教神权与封建统治的武器：以古典主义时代的人文精神推翻中世纪以来建立的以神为中心的宗教哲学和封建思想，用人性取代神性，用科学取代蒙昧。

文艺复兴原本是一场反神权、反封建的文化运动，却在无意中促成了一场人类历史上最伟大的变革。它为欧洲乃至世界培养了众多学识渊博、多才多艺的巨匠，如伯鲁乃列斯基、伯拉孟特、米开朗琪罗、达·芬奇、拉斐尔以及阿尔伯蒂等。正如马克思所说："这是一个需要巨人而且产生了巨人的时代。"

文艺复兴是资产阶级希望借用古希腊、古罗马时代的外衣，在古典主义的规范下，推动文学和艺术的复兴。因此，在艺术设计及美学思想方面，他们全面继承了古希腊和古罗马的遗产。

一方面，文艺复兴时期的艺术家和设计师进一步发展了古典时代的柱式。在文艺复兴的设计师看来，数的和谐或人体的比例在建筑中最完美的体现者是柱式。因此，他们像古希腊和古罗马时代的设计师一样，把推敲柱式作为建筑乃至城市艺术构思的重要课题。比如，《五种柱式规范》，这本书是维尼奥拉所作，里面提到"使每一个人甚至一些平庸的人，只要不是完全没有艺术修养的人，都可以不十分困难地掌握它们，合理地使用它们"。

另一方面，文艺复兴时期的理论家又发展了古希腊和古罗马时代的美学思想。古希腊的柏拉图提出"美是合效用的"，即一件东西的美与丑要看它是否有用，有用的就是美的，无用的就是丑的。古罗马的建筑师维特鲁威将美学思想与造物活动结合在一起，提出了被后世几乎所有设计领域奉为经典的"坚固、适用、美观"三原则。他认为美是通过比例和对称，使眼睛感到愉悦。比如，当建筑的外观优美悦人、细部的比例符合正确的均衡时，就会保持美观的原则。

在美学思想上，文艺复兴时代的艺术家、理论家、设计师都认为美是客观的、有规律的，是可以通过数、比例的协调实现并感知的。这就调动了设计师探索这种规律的能动性，促进了雕塑、绘画、建筑以及城市构图原理的科学化。受这一思想的影响，当时的城市设计方面出现了正方形、八边形等正多边形，圆形以及网格式街道系统和同心圆式的城市形态。

文艺复兴时期的艺术家在承袭古希腊、古罗马建筑与城市艺术以及美学思想的基础上进一步发展。在建筑和城市设计方面，阿尔伯蒂以及帕拉第奥等人明确提出局部和整体的关系，并认为二者的协调是美产生的前提。

在诸多美学思想和设计手法的影响下，文艺复兴时期产生了很多在艺术史、建筑史和城市史上留下辉煌成就的设计杰作，如圣彼得大教堂建筑群、圣马可广场等。

二、工业革命早期的城市艺术设计

中世纪的城市建设以防卫为目的，军事安全高于一切。个体的自由与健康是次要的，人与人的交往与友善是无足轻重的。文艺复兴之后，思想解放和技术的发展促进了制造业和贸易的发展。18 世纪中叶，资产阶级革命在欧洲国家不断爆发，封建制度逐渐消亡，新型的资本家成为城市实际的统治者。城市作为“城”的功能消失殆尽，而作为“市”的用途与日俱增。工业的大发展促进了城市人口的增长以及商业的繁荣，而中世纪和文艺复兴时代以来的城市建设弊端逐渐暴露出来：建筑高密度、阳光不足、空气不畅、街道狭窄、交通拥堵、市政设施严重缺乏、污水横流、疾病滋生。这显然不能满足新贵族的生活需求，因此改造城市使其变得高雅、舒适，既宜于商业活动又能满足休闲娱乐的理想被提上日程。19 世纪中期，欧洲兴起了近代第一次以公共卫生、环境保护和城市美化为主题的大规模城市建设运动。

在这场轰轰烈烈的城市建设运动中，英国的公园建设和法国巴黎的城市改造成为这一时期最具代表性的城市艺术建设运动。

19 世纪初期，西方国家正处于原始资本积累阶段。这一时期的社会发展建立在纯粹以金钱为基础的模式上，城市坚决无情地扫清日常生活中能够提高人类情操、给人以美好愉快的自然景观。这时期的城市污染严重、交通拥挤、疾病流行。为了改善愈发恶化的居住环境，1833 年英国议会内置的公共散步道委员会提出通过建设绿地、公园，增加城市艺术品和公共设施为居民提供优美宜居的生活环境。这一提议促进了伦敦摄政大街、摄政公园以及利物浦伯肯海德公园的建设，为伦敦的居民提供了商业、休闲、娱乐的公共场所。

法国首都巴黎的改造从 1793 年雅各宾派专政时期开始，一直持续到拿破仑帝国时期。拿破仑三世认为，巴黎的旧城布局不符合时代的需要，铁路运输使巴黎实现了工业化的发展。因此，他提出了重建巴黎的计划。正如他在一次演讲中说道：“巴黎是法国的中心，我们应当为之努力，使其重焕生机，此事关系每个人的福祉。让我们拓宽每一条街道，让和煦的阳光穿透每一片墙角，普照每一条街道，就像真理之光在我们心中永存一样。”1853 年春天，拿破仑三世任命塞纳地区行政长官尤金·奥斯曼男爵负责这个庞大的改建计划。从 1853 年到 1868 年，奥斯曼对巴黎市中心进行了前所未有的大规模重建，曾经用于设计法国凡尔赛宫和美国首都华盛顿的巴洛克花园和城市设计规划被重新启动。而且奥斯曼在这次巴黎城市改建中非常重视绿化建设，在全市各区都修建了公园，将爱丽舍田园大道向东西延伸，并把西郊的布伦公园与东郊的维星斯公园的绿化景观引入市中心。此外，奥斯曼还在巴黎建设了两种新型绿地：塞纳河沿岸的滨水绿地和道路两侧的花园式林荫大道。经过 15 年的建设，巴黎成了 19 世纪世界上最美丽的城市。

三、城市美化运动时期的城市艺术设计

城市美化运动实际上早在文艺复兴时期就已经开始。法国奥斯曼的巴黎改造也

属于城市美化运动，但“城市美化运动”从一种城市建设手段上升至一种艺术思潮则是在19世纪末20世纪初欧美国家工业大发展时期。19世纪末，由于城市建设过度重视功能而忽视艺术空间的情况日益严重，城市环境变得肮脏、呆板、缺乏活力。针对日渐加速的工业化趋势，为恢复市中心的良好环境和吸引力，城市建设者提出要通过城市景观的改造重塑城市形象。1899年，奥地利建筑师卡米诺·希特提出“遵循美学原则进行城市规划”的思想。他提出以艺术方式作为城市建设的原则改变城市景观单调的现状，一方面他对城市公园对居民健康所起到的作用给予肯定；另一方面他提出从人的尺度与活动的协调出发建立丰富多彩的城市空间。卡米诺·希特提出的以艺术的原则进行城市建设的思想，为欧美等国家城市艺术设计提供了理论依据，使城市艺术设计逐渐走向了系统化和理论化。

在欧美国家盛行的城市美化运动中，美国的城市美化运动无论是理论方面还是实践方面都是最完善的。

20世纪初，为了改变工业城市肮脏混乱的面貌，实现城市居民对美好生活的渴望，美国、纽约、芝加哥、旧金山、克里夫兰等一些城市掀起了轰轰烈烈的城市美化运动。城市美化运动的宗旨是以艺术的手段驱动城市的发展，尝试用艺术、建筑和规划的融合超越19世纪末的功利主义，将城市建设成一个美丽宜居的地方。“城市美化运动”提出了一些建议，分别包含以下几方面：

首先，从外表看，我们可以利用壁画、灯光、建筑等元素对城市进行装扮，使城市看起来美观，使人心情愉悦。上面所说的装饰品都属于公共艺术品，即城市艺术。

其次，对城市进行规划、设计，不仅是一些小的部分，更是从城市这个整体上进行规划，这也是部分服从于整体利益。这方面的设计可以从建筑实体方面入手，借助户外空间的规划，将整个城市的灵性、效果更加有效地突出显示出来。这个方面即城市设计。

再次，从改革方面对城市进行美化。城市发展带来许多问题。比如，贫民窟问题。贫民窟聚居区有更多的发生打架斗殴、疾病大范围传播、犯罪事件的概率一般比其他地方高，而改革就是要改善贫民窟的生活环境，稳定贫民窟的生活秩序。改革的达成需要政府、社会两个方面相互配合，这就是城市改革。

最后，对城市建筑进行修整，让城市变得更加漂亮、美观。比如修补城市道路，粉刷、清洁建筑墙面等。

上面提到了三个很关键的题材，即市中心、街道和公园。题材是城市艺术区别于绘画、雕塑等纯艺术的重要标志。

可以说“城市美化运动”直接促进了20世纪中期美国城市公共艺术的发展。1958年，为了改变日益衰退的城市形象，提升城市的美誉度，美国的费城等城市相继颁布“艺术百分比法案”。法案规定：“任何新建或翻修公共建设项目，其工程预算的1%必须用于购买艺术品以美化环境”。此后，其他国家也援例而行，相继颁布了类似的艺术介入城市空间的法案。这些法案的实施对促进以艺术的方式进行城市建设产生了积极的作用。20世纪90年代以后，许多国家还推行了都市重建计划和城市复兴运动，这也进一步促进了城市艺术的建设与发展。

第三节　城市艺术设计的原则与特征

一、城市艺术设计的原则

（一）人文艺术、科学技术与人的行为相统一

事物的发展总是相互的，城市艺术设计的发展在壮大，出现的问题、涉及的方面也逐渐变多。城市艺术设计范围已不局限于本身，而是扩展到了其他领域，如植物学、物理学、心理学、地理学、生态学、文学、美学、哲学等。因此，我们要想解决这些问题就要多方位钻研，学习多方面知识，而不应局限于单一学科或专业。然而，这需要下一番苦功，只有强调洞察关系、突破障碍，跨越学科界限，摒弃传统城市建设的思维和模式，将科学与艺术、逻辑与形象、直觉与灵感相结合，充分发挥彼此之间相互补充、相互促进的作用，通过对各种形式的兼容并蓄、融会贯通，才能创建一个美观、宜居的魅力城市。例如，清华大学吴良镛院士在《人居环境科学》中曾倡导人居环境须走“大科学 + 大人文 + 大艺术”的建设模式。城市艺术设计作为城市人居环境科学的具体形式，在建设过程中也要遵循这一模式，将科学、人文和艺术融为一体。

城市艺术设计从概念到实现除了受科学、人文、艺术这几个方面的影响，还与其他方面有关系。比如，人，如果没有人作为载体，其他任何因素都不是活的，只有把人的因素加进去，城市艺术设计才会有灵性。人的思想、艺术、人文、科学等互相结合，所起到的作用也是各不相同的。从客观方面说，科学技术、艺术、人文这几方面都可以划分到城市艺术设计领域。从主观方面说，人的行为在城市艺术设计中居主导地位。这几个方面不能简单地判断优劣，正如那句话，尺有所短、寸有所长。从美观的方面说，艺术、人文更重要。从专业技术说，城市艺术设计离不开

科学技术。人文和自然也是不同的。技术偏向于城市建设方面，而人文、艺术注重人道主义情怀、审美、情趣等。一个成功的城市规划，这两方面应该相得益彰。

从上面的论述中，我们知道城市艺术设计涉及四方面的因素，其中人的思想又是占主导的。面对当前“千城一面”的城市形象，乔润令曾指出：“城市建筑长成什么样，市长说了算，开发商说了算，建筑师只能算说了。”甚至有学者引申沙里宁的话戏谑当前的这种现象：“让我看看你的城市，我就能说出这个城市的市长的文化品位是什么。”这些言论犀利地批判了目前城市建设中存在的人治现象以及领导个人思维对城市发展建设的决定性作用。从当代城市缺乏特色、美感消除的事实看，并不是城市没有特色，而是城市建设受人的制约过多，城市建造师盲目跟从、缺乏自信，城市自身的生长肌理才会受到抑制。人的行为是造成“千城一面”的根源，解铃还须系铃人，城市能否实现可居、可观、可游其实还取决于人为因素。如果整个社会普遍缺乏对人文和艺术的认识或意识，那就很难实现市民居住环境。人文艺术的意识普遍得到广泛的拓展，将有助于加速城市艺术的实现。因此，只有提升人们的科学、人文、艺术意识，遵从城市发展规律，摒弃个人主义表现欲望，减少不必要的干涉行为，可居、可观、可游的魅力城市才能真正实现。可以说，人文、艺术、科学技术与人的行为之间相互协调、协同发展是实现美好城市的前提和基础，偏重任何一方都不能实现既定目标。

（二）健康、宜居、友好相协调

城市艺术设计的目的是给生活在城市中的居民提供健康、宜居、友好的生活环境。而健康作为城市艺术设计的重要原则，要求从城市的整体规划到细部建设再到经营管理等各方面都要遵循“以人的健康为中心”这一原则，使生活在这里的人们能够有条件享受到健康的环境、健康的艺术和健康的心情。健康的城市是城市的建设者与参与者共同缔造的综合体，需要两方面的相互协调。一是城市的管理者和设计者要为市民提供有利于提高居民参与意识的宽松、自由的文化与艺术环境。例如，让公众积极参与公共艺术，并大力发展城市综合绿化以改善人们的居住环境，还可以通过建设屋顶花园、垂直绿化以及道路绿化等创造一个天蓝、树绿、水清的生活环境。二是市民要不断提升审美意识和道德水准，进而共同促进城市的健康发展。

宜居是城市艺术设计的核心内容。城市艺术的一切行为都是为创造宜居环境服务的。早在 20 世纪 30 年代的《雅典宪章》和 70 年代的《马丘比丘宪章》中，国际建筑协会就提出了“宜居”的理念。《雅典宪章》提出，居住是城市的首要功能，城市是市民生活的空间，城市规划和建设应站在市民生活的立场进行。并且，不应将一些因素孤立，而应该允许各个因素互相配合，相得益彰。这些因素主要包含经济、政治、社会等方面城市艺术设计应该依附于市民并让市民在心理和生理方面获得满足。《马丘比丘宪章》提出，要通过城市规划、建筑设计，协调“人—建筑—城市—自然”之间的关系，在城市这个最大的人工环境中建设与自然协调发展、相得益彰的宜人的生存空间。20 世纪 90 年代，联合国第二次人居大会正式提出“宜居城市”的概念并很快获得国际共识。中国城市科学研究会副秘书长任致远认为城市的宜居性应体现在“易居、逸居、康居、安居”八个字上。俞孔坚先生进一步指出，宜居的城市必须符合两大条件：其一是自然条件，即城市要有新鲜的空气、洁净的水源、安全的公共空间以及人们生活所需的、充足的设施；其二是人文条件，宜居的城市应该是人性化的城市、平民的城市、充满人情味和文化味的城市，让人有一种归属感，觉得自己就是这座城市的主人，这个城市就是自己的家。总而言之，城市艺术设计通过公共艺术、环境设施、综合绿化以及城市色彩等方面的实施为创造一个宜居的城市提供了必要的条件和完善的内容。

友好也是城市艺术设计的主要原则之一。城市的友好分为环境的友好和人性的友好两个方面。环境的友好是 1992 年联合国在里约热内卢召开的“世界环境与发展大会”中被首次提出的。它是指在城市生态系统的承载能力范畴内，运用人类生态学的原理和系统工程方法，改变人的生活习惯和生产方式以便建立与环境的良性互动，并以遵循自然规律为基础，倡导环境文化和生态文明，构建经济、社会、环境协调发展的社会体系，为人们提供稳定、安康、舒适的都市生活环境。城市的人性友好就是要通过城市艺术设计为生活在城市中的包括正常人士、残障人士以及老弱妇孺等在内的所有居民创造“平等参与”的环境。例如，在城市环境中设立盲道、盲文、警示信号、提示音响等易于辨别的标识等。在细微之处默默地传递着对特殊人群在生理和心理上关怀的城市才是友好的城市。

（三）生态、绿色、可持续发展

随着人们生态意识的不断增强，生态、绿色与可持续发展设计已经成为整个社会的共识，并在城市、建筑、景观以及室内设计等领域取得了很大的进展。在城市艺术设计中要实现生态、绿色与可持续发展可以通过以下三种途径。

1. 建立生态补偿机制

生态补偿是指有意识地考虑可减少设计过程和设计结果对自然环境的破坏和影响的设计方法和设计措施。在长期的发展和演变过程中，有机体适应特定的生长环境，并对环境产生了“沉默的理解”。一旦外力干预并有力地改变这种沉默的理解，生物体的原始生存条件和生长规律就会发生变化，其结果可能导致物种减少或生态不平等。

人的设计行为对自然界的干扰有正负之分。尊重自然、顺应自然，遵循生产与生态协调的设计是一种正干扰，这种干扰并不会给自然环境带来危害。相反，如果为了一己之私，沉溺于物欲享受，淡化生态意识，就会对自然产生负干扰。从现代设计的发展看，人们的设计行为对自然鲜有所谓好的影响，更多的是负干扰。因此，从维护生态平衡、促进社会可持续发展的角度来说，将人的行为对自然环境的干扰降至最低程度，尽可能保持原有的生态群落，使自然系统保持有机更新和循环再生的能力，是实现生态补偿的有效方式。例如，天津的“桥园公园”和杭州的“江洋畈生态公园”。在景观规划上，设计师没有采用太多人工干预的手法，而是因地制宜、因势利导地利用原有的地形和植被，让各种野花、野草在园内自由生长，人为的设计只是搭建了一些伸向水面的木制平台或隐藏在野草之中的曲折的栈道。这种对场地干预最小化和让自然做功最大化的设计，实质上就是一种生态补偿，不仅体现了对自然的尊重，表现了让自然优先的思想，同时降低了对资源、能源的消耗，促进了城市艺术的可持续发展。

2.探索多层次技术体系的协同发展

工业文明最大的特征是科技高度发达。科学和技术结合在一起，赋予了人类巨大的力量。然而，从对生态产生的众多影响看，科技力量已经失控。超级建筑无疑是当前影响城市可持续发展的诸多因素之一。在当代科技力量的支撑下，人们竭力地挑战着建筑的极限。城市中的楼越建越高、越建越豪华，形态也越来越复杂，尤其是各种地标性建筑，如上海环球金融中心，中央电视台总部大楼以及各地的文化中心、艺术中心等。这些风光无限的超级建筑的确令人折服，也让人叹为观止，这风光的背后，付出的却是沉重的资源和能源。

当然，借助科技力量追求建筑的标新立异在提升城市艺术魅力、提升城市关注度、激发市民热情方面具有积极作用，但追求标新立异不应成为当代城市建设的趋势或潮流。否则，科技力量不仅会增加城市整体能耗、降低城市可持续发展的潜力，而且有可能将城市建设推向病态的深渊。为了创造具有可持续发展能力且符合生态要求的城市艺术，我们就需要在发展高技术的同时探索其他技术，以减少高技术可能对城市发展造成的负面影响。

中技术和低技术是相对于当代高科技“主动式技术”而言的一种“被动式或半被动式技术”。它是强调通过巧借自然之力最大限度地减少能源消耗的一种设计方式。例如，在没有主动式人工调节室内微环境技术之前，中国传统建筑因势利导地借助自然通风、采光等方式调节建筑内部的温暖与光线，从而营造一种舒适的微环境。这种借助自然的方式经过创造性地转化之后，运用到现代建筑之中，可以通过控制建筑物开窗的大小、高度和位置获得合理的风量以及光通量，减少建筑对空调和人工照明等设备的依赖，这样至少可以节约 20% 的建筑总能耗。因此，在生态文明时代，积极探索中、低技术作为对高技术的有益补充，对于促进生态设计的实现以及城市的可持续发展有重要意义。

3. 建立系统生态设计观

当前，生态设计往往被当作一种修补性行为，即忽略设计活动在生产建设过程中可能对环境造成的破坏和影响，只在最后环节考虑生态性。这种污染末端控制或先污染再治理的方法实质上是一种亡羊补牢式的纵向控制。对于严峻的生态环境问题而言，修补性的行为对环境的调节作用可谓杯水车薪。众所周知，完整的城市艺术设计是一个由设计、制作、使用、废弃物回收、再利用等环节共同构成的系统整体。这个系统犹如一套结构缜密、组织有序的链条，任何一环的脱节都有可能导致整个系统的崩溃。因此，要实现城市艺术设计的生态性，就必须树立一种系统的观念，即将组成城市艺术的所有环节都纳入整个系统之中，并以横向协作代替纵向控制的方式，通过综合施策、系统建设，使城市艺术设计从起始环节就注重符合“生态”的原则。

二、城市艺术设计的特征

（一）复合性

美国后现代主义建筑师文丘里在《建筑的矛盾性与复杂性》一书中提出了建筑的复杂性主张。他认为，建筑以及城市不是由一种单一要素构成的，而是由许多不同性质的要素共同构成的，是一个具有复杂结构和矛盾形态的复合体。复杂性跟多元、多样挂钩，它是多样的，同时又是多元的。多元主要是指存在于城市空间的各种要素，城市和建筑都必须有丰富的内涵。然而，多样性的统一并不意味着简单的堆叠罗列或各种构成要素的任意放置。相反，它组织、整合和处理各种功能和形式的元素，并最终体现独立的城市艺术实体，这也适用于城市艺术的起源和发展。城市艺术通常是多种功能的复合体。例如，西方古典建筑的柱式、中国传统建筑的斗拱和雀替既是功能性构件又是装饰性构件。另外，从城市艺术的使用习惯看，人们也更希望城市艺术是功能与形式的结合，如室外的直接饮水池，既是一个饮水机，又是一件精美的艺术品，在满足人们生理需求的同时愉悦了精神。因此，具有不同使用功能的复合性城市艺术品应该得到推广和普及，既可以创造城市最有趣的元素，又使人们能够共享最多样化的城市空间。

城市艺术复合性及多样性可以增强城市的美感，同时为城市的居民提供了多种选择的空间。在灵活多变的范围内，其满足了不同人群的需求，提高了城市效率。

此外，城市艺术的复合性不仅表现在功能、形式的组合上，而且体现在使用功能与装饰性、科学性与艺术性、环保性与生态性、历史性与文化性的复合上，这种多样化的统一也是未来城市空间艺术设计的一个大趋势。

（二）文化性

文化是一个国家或一座城市的历史、传统、风俗、生活状态与价值观等非物质因素在漫长的历史演进中的沉积以及城市空间形态、建筑风格、景观环境和艺术品的凝聚与烙印。文化并非短暂的虚浮之物，而是在岁月的跌宕起伏中形成的延绵不绝的文脉符号，是一个国家和城市灵魂及精神的体现。独特的文化已经成为一个国家或城市获得永续发展的力量源泉。

然而，在强大的模糊国际化背景下，“城市文化”仍然被人们毁坏。全球化涉及传统和文化的非直接影响，这导致了城市和特征形象趋同。不过，在一个全球化的时代，土著文化想要保持独特性，的确是需要下一番功夫的。正如鲁迅先生所说的那样：“越是民族的，才越是世界的。”文化价值观、风俗如果全部照搬其他民族，民族就会失去自己的特色，更不可能产生文化特性。因此，在当今的世界中，建设具有传统文化活力的城市环境，已经成为当今世界城市必须承担的责任和使命。

历史文化在城市艺术设计中的表现是多方面的，在城市的建筑、景观、雕塑、公共设施上都可以体现。

文化是一个隐藏的元素，深深地隐藏在由不同的古典建筑、雕塑、绘画、民间工艺品和各种文物组成的体系中。因此，城市艺术设计有必要体现这些传统以更好地传承文化。

近几十年来，我们的城市艺术设计在意识形态和风格方面一直以西方为基础。在这种意识形态的指导下，我们在当代城市创造了一个“全球面孔”。这种现象是缺乏民族自信心，步西方后尘的表现。

美国作家赛珍珠曾说：“中国年轻的一代中，很多人的思想似乎尚未成熟，他们的表现让人惊愕。他们怀疑过去，抛弃传统，丢弃中国古代那些无与伦比的艺术品，去抢购西方粗陋的东西。”

这是自卑和幼稚的典型表现。文化差距导致了“抛却自家无尽藏，沿门托钵效贫儿”的状况。在继承过程中，如果重建精神不被打破，传统的承载就不会陷入困境。

城市艺术的精神内涵源于传统文化，因此探索当代城市艺术设计的未来发展不应忽视历史，而要深入研究历史，以历史和文化为灵感来源在历史上建立未来。在全球化进程中，我们必须构建具有地方特色的城市艺术风格，并争取国际话语权。我们需要采用先进的国外技术，建立对传统文化的信任，凭借自强不息的精神和传统文化的精髓增进了解，使传统文化和建筑城市的精华能有机地融入设计的现代理念，以创造结合了传统和现代文化的城市艺术。

城市艺术精神从传统文化的意义出发探索当代城市艺术设计的未来发展，我们不能忽视历史，而要从历史、文化中寻找灵感。因此，构建城市地方特色的艺术风格以及提高国际地位，需要我们在吸收国外先进技术创建全球优秀文化的同时，建立传统文化的信心、力量和精神，吸收传统文化的精髓。

（三）美观性

阿拉伯谚语说："如果你在歌颂美，即使在沙漠的中心也会有听众。"这句话充分表达了美是人类的一种生命现象，歌颂并追求美是人类的天性。著名心理学家马斯洛认为，从生物学意义上说，人需要美正如人的饮食需要钙。鸟语花香、景色宜人的环境使人心情平缓；空气污染、声音嘈杂的恶劣环境则容易使人产生极端情绪。美国城市规划专家弗里德里克·吉伯德说："城市中的美是一种需要，人不可能在长期的生活中没有美。环境的秩序和美犹如新鲜空气，对人的健康同样重要。"美是人的心理需求，追求美也是与生俱来的天性，艺术的审美需求在每个民族文化、每个时代里都会出现，这种现象可以追溯到原始时期。在茹毛饮血、斯文不作的原始时期，人类在潜意识里开始了美化行为，并在居住环境、生活用品以及身体装饰等方面体现出来，因此人们生活的器物也产生了艺术化的倾向。恰如格罗塞所说："艺术不仅是一种愉快的消遣品，而且是人生的最高尚和最真实的目的之完成。一方面，社会的艺术使个人十分坚固而密切地跟整个社会结合起来；另一方面，个人的艺术因个性的发展却把人们从社会的羁绊中解放出来。"

由于缺乏美和艺术的参与，城市成为一架供人居住的机器，冰冷的玻璃幕墙、缺乏人情味的方盒子使世界各地的城市如同流水线上生产出来的工业产品，"千城一面"，毫无特色。王受之在《现代建筑设计史》中称：从纽约到东京，从北京到上海，从巴黎到布宜诺斯艾利斯，所有的城市面貌都是一样的。可以说，具有特色的城市空间营造离不开优美的城市艺术。在富有美感的城市艺术的感染下，城市的品质和魅力会陡然上升，让人们流连忘返。正如查尔斯·莫尔所说："某些特别的地方独具魅力，可以作为整个世界的暗喻。这样的魅力通常来自集中，就是浓缩到一些基本要素上，它的效果集中起来吸引我们，让我们流连一个地方。"因此，城市环境设计不只意味着满足基本的功能要求，而且需要抽象形式和具象形式艺术处理。艺术介入城市空间可以在很大程度上提升空间的观赏性和趣味性，改变工业化以来形成的城市单调、乏味的面貌，美化城市环境，形成特色、提升记忆、丰富内涵。诚如吴良镛先生提出的：城市是科学、人文与艺术的综合体。

（四）适宜性

城市艺术设计既要体现适用性原则，又要考虑整体城市空间的环境，要能够体现城市艺术的价值和品质。城市艺术设计的适宜性体现在两个方面：一是尺度的适宜性；二是地域的适宜性。

1. 尺度的适宜性

城市艺术设计作为体现城市魅力和活力的构成元素，合理性、功能性及易感性成为最为重要的三个要素。其中，功能性是最重要的。首先，城市艺术设计必须满足这一要求，或具有实用功能，或具有欣赏功能，或二者兼具，这也就是通常所说的城市艺术的功能性。其次，城市艺术要具有能够改变城市冰冷、严肃面貌的能力，使城市平易近人。再次，城市艺术设计必须具有合理性，即在城市艺术的设置中，人的使用需求及行为习惯和对艺术的感知方式都成了所必须满足的条件。

城市艺术的适宜性主要体现在三个方面：距离与尺度的适宜性；速度与尺度的适宜性；空间与尺度的适宜性。

（1）距离与尺度的适宜性。人与艺术品的距离、艺术品的大小、尺度以及位置直接影响人对城市环境的感知。人类学家爱德华·T·霍尔在《隐匿的尺度》一书中详细分析了人的感知方式与体验外部世界的尺度。他提出，视觉作为一种距离型的感受器官，对外部环境信息的接受受主客体之间距离的制约。他认为 100 m 是清晰感知周围环境的最远距离，超出这个距离，人对环境的记忆与感知就会变得模糊。30 ～ 35 m 是感知大型物体的有效距离，20 m 以内其他感知器官的补充就可以帮助视觉感知器官清楚地感知客体的细节。另外。霍尔还进一步指出以下观点。

0 ～ 0.45 m 为亲密距离，这种距离表达了一种温柔、爱抚、舒适等强烈情绪。

0.45 ～ 1.30 m 为个人距离，这种距离一般为家庭成员及亲密朋友之间谈话的尺度。

1.30 ～ 3.75 m 为社会距离，这种距离一般为邻居、朋友、同事、熟人等日常谈话的尺度。（咖啡桌与扶手椅组成的休息空间便体现了这种社会距离）

大于 3.75 m 为公众距离，这种距离一般是演讲、单向交流或者人们只旁观而不参与的比较拘谨的公共场合的尺度。

这样的距离与强度，即密切和热烈程度之间的关系直接影响人们对城市艺术的接受。在尺度适中的城市和建筑群中，窄窄的街道、小巧的空间使人们在咫尺之间便可以深切地体味城市和建筑细部以及公共艺术与公共设施的造型、质感、肌理所散发的美感。反之，那些存在于巨大的广场、宽广的街道中的城市艺术的细节则容易被人忽略。

（2）速度与尺度的适宜性。人对城市艺术的感知除了与主体和客体的距离相关，还与主体的运动速度有关。扬·盖尔在《交往与空间》一书中指出，人的感觉器官比较习惯于感受和处理步行和跑步速度在 5 ～ 15 km/h 所获得的细节和印象。如果运动速度增加，观察细节和处理有意义信息的可能性就大大降低。例如，当公路上发生交通事故时，其他驾驶员会将车速降到 8 km/h 左右，以便看清发生了什么。这一理论对于城市艺术设计具有重要的借鉴意义，从某种意义上也可以看作城市艺术设计的准则。

在具体设计上，首先要明确城市艺术元素在城市中的位置，是主干道两侧还是步行道两侧。城市艺术因素的位置不同，其尺度和规模也完全不同。城市主干道宽阔且行车车速较快，无法观赏细节，因此为使人看清城市的雕塑、标志物、广告牌或相关标识，就需要将它们的造型、色彩进行夸张化，使其变得更醒目；或者减少细部设计，降低视觉干扰，突出整体性。因此，位于主干道两旁的建筑装饰或艺术品不需要过多关注细节，而是将精力放在形态和色彩的推敲上。步行道上的人们由于行进速度较慢，有闲暇的时间欣赏和领略城市或建筑的细部，所以位于步行道两侧的建筑、公共艺术和公共设施需要以人的尺度为基准，精雕细琢、仔细推敲，以最大限度地满足人们的审美需求。

（3）空间与尺度的适宜性。人作为一种环境型的动物，无时无刻不在接收着来自周围环境的各种信息。这些信息对人的情感而言可能是积极的，也可能是消极的。适宜的空间尺度会让人感觉轻松愉快，反之就会让人感到紧张、压抑。芦原义信在《街道的美学》一书中就以街道和建筑的关系分析了不同的空间尺度对人的情感、心理的影响。他以街道的宽度为 D，建筑外墙的高度为 H 做假设。当 $D/H>1$ 时，随着比值的增大会逐渐产生远离之感，超过 2 时则产生宽阔之感；当 $D/H<1$ 时，随着比值的减小会产生接近之感；当 $D/H=1$ 时，高度与宽度之间存在着一种匀称之感。从这些 D、H 的比值变化可以看出 $D/H=1$ 是城市空间性质的一个转折点，也是意大利文艺复兴时期达·芬奇提出的适宜城市的空间尺度。从城市艺术发展的历史看，这个假设是正确的。中世纪的街道狭窄、悠长，让人感到压抑；文艺复兴时期人本主义复兴，城市街道的宽度与建筑的高度相等，空间尺度宜人，既无压抑感，亦无疏远感；巴洛克时代的城市皇权至上，为了体现帝王的威仪，街道非常宽阔，行走在其中的人有一种远离感。

$D/H=1$，2，3 等数值不仅是营造较为理想的城市空间的依据，也是城市艺术设计的依据。例如，广场中的雕塑或公共艺术品的尺度必须综合考虑广场的面积。如果广场面积太大，位于其中的雕塑，尤其是主体雕塑不能太小，否则就会被广场中的其他景观湮没，人无法感觉到它的存在；如果广场面积较小，则雕塑不宜太大，太大则会使人产生压抑感和紧迫感。另外，公共艺术品的设置还要考虑周围建筑物的高度。位于高层、超高层建筑前的艺术品不宜太小，适宜的高度为建筑物高度的1/（8～10）（当然，这不是绝对的，还要视艺术品与建筑物的距离而定，离建筑物越近，艺术品则可越高，反之，越低），使艺术品成为人与建筑之间的缓冲，从而弱化建筑对人的心理压迫感。低层建筑前的艺术品不宜过大，适宜的尺度为人的高度，否则可能使人产生阻碍感或压制感。

2.城市艺术与地域的关系

城市艺术与地域的关系要求城市艺术设计体现出国家的精神和地域文化特征。这个关系的灵魂来源于古罗马，受到泛神论思想的影响。古罗马人相信“所有独立的团体，包括人和地方，都有他们的团体和他们的生活”。在20世纪70年代末，挪威建筑师和历史学家诺伯格－舒尔茨在他的著作《国魂——以建筑现象学》中提出建筑和城市设计的理念。舒尔茨认为：“城市形式不是一个简单的组件游戏，它背后有一种深刻的感觉，每个场景都有一个故事。”特定场景是艺术城市的有机组成部分，而城市必须是这个故事的承载者，让人们在与城市艺术互动的过程中，观察城市的历史和文化，理解城市的精神内涵。

地理文化是一个地区在长期历史发展中沉淀下来的一种生命观念和生命立场。这是一个地区的环境、习俗、传统、文化和历史的复合体，是城市的灵魂。每个城市或地区有不同的历史文化、民俗风情和变迁历程，因此会形成独具特色的城市进化过程，这个特性是具体的、独特的、区域性的。

作为历史和空间地缘政治范畴的城市形式，城市艺术受到特定的文化环境和地域环境的影响。文化和领土的特点已成为限制城市艺术形式的主要因素。因此，国家精神和地缘政治文化所体现的独特性决定了城市艺术的独特性，却也限制了该市的艺术发展。城市艺术蕴含着地域文化，体现着国家的灵魂，不能脱离本国特定环境的边界和赖以生存和延续的文化氛围。如果城市艺术与“诞生和幸福”的文化根源和地理环境分开，将无法传达它所在国家的精神、文化和价值取向。缺乏与文化和地理环境的联系，城市会变成一个没有灵魂的艺术体。

因此，城市艺术是一种具体的、历史的、特殊的艺术形式，不具有普适性。然而，在艺术设计的探索方面，很多城市置自己的地域特征、历史文化于不顾，盲目地照搬其他地区城市艺术建设方式，如西部缺水地区建设大面积的喷泉广场、北部高寒地区移植热带名木。由于“水土不服”，喷泉广场建成不久就废置了，高价购买的热带植物很快就枯死了，另外也有一些地区直接将其他国家或地区的艺术品挪过来，造就了许多“山寨”城市艺术。那些花费巨资通过“乾坤大挪移”手法建设的城市艺术“仿品”因尺度、环境的改变而未能发挥艺术功效，饱受诟病。这种对地域文化漠视的建设行为，造成了人力、物力的浪费，是一种不可持续的城市艺术建设模式。总之，一座城市要构建自己的艺术特色就必须根植于特定的场所特征和地域文化，切不可盲从、跟风。

第二章
当代城市艺术设计的理论与方法

第一节　当代城市艺术设计与城市建设

城市艺术设计是一个涉及城市众多方面的综合设计体系，与城市规划、城市设计以及环境设计等城市建设概念存在着相互交织、错综复杂的联系。

一、城市规划

城市规划是为了实现社会经济发展的目标，对城市的用地和建设所做的安排。它是合理调控城市发展的方法和手段，是塑造和改善城市环境而进行的一种社会活动、一项政府职能、一项专门技术和科学。城市规划方案一经确定，即成为城市建设和管理的依据。城市规划的任务主要包括以下两个方面的内容。

（1）根据社会经济发展目标以及城市历史和自然环境确定城市的性质和规模，充分组织城市生活、工作、休闲和交通功能，并做出合理的选择。各种土地合理安排并相互合作，创造良好的生产和生活发展环境。

（2）根据各项法规及经过批准的规划，对城市的用地和建设进行管理，以保证城市建设和城市发展有秩序地进行。

城市规划的历史非常久远，最早可以追溯到城市发展的初期。例如，我国《诗经》《考工记》《管子》和《吴越春秋》中记载的周代各诸侯国的王城、隋朝宇文恺设计的大兴城（唐代的长安城）、元代刘秉忠规划的大都（北京城）、古罗马的维特鲁威和文艺复兴时期的阿尔伯蒂、帕拉第奥、斯卡莫其设想的“理性城市”等都是早期人们对城市规划进行的探索。

19 世纪以后，由于经济的发展和人口的不断增加，城市面临着越来越多的问题。为解决政治、经济、人口以及环境等制约城市发展的问题，西方国家出现了一系列城市规划理论。例如，英国人E.霍华德的“田园城市”、西班牙工程师索里亚·玛塔提出的“带状城市”、美国人R.恩温提出的“卫星城市”、美国建筑师弗兰克·赖特提出的“广亩城市”、法国建筑师勒·柯布西耶提出的“光辉城市”以及其他一些建筑师和规划师设计的“手指形城市”“边缘城市”等。这些城市规划理论从功能、形态、结构方面对城市的发展建设作出阐释。

二、城市设计

城市设计是在当代城市规划和建筑学基础上发展而来的一种城市建设理论。它是指人们为提升城市环境品质和塑造城市的场所感、地域感而进行的城市外部空间和建筑环境的设计与组织。目前，理论界对城市设计尚没有一个统一的界定，不同领域的学者对其概念的理解不尽相同。《不列颠百科全书》认为：城市设计是指为实现人的社会、经济、美学或技术目标而提出的想法……它应该属于城市环境形式。就其目标而言，城市设计包括三个方面。首先，跨度工程的设计是指在特定部分组建新的形体，在特定的设计任务和计划完成日期内完成、上交。城市设计对与形体相关的跨度工程完全可以做到有效控制，如商业服务中心、公共住房、公园等。其次，系统设计考虑了在功能上有联系的项目的形体……但它们不能构成完整的环境，如高速公路网络、照明系统、标准化的道路标记系统。第三，涉及许多业主和设计任务的城市或区域设计有时是不安全的，如区域土地使用政策、新城市建设、旧区更新、改造或保护。《中国百科全书》认为城市设计是城市物理环境的设计。一般是指，在总体城市规划的指导下，对最新开发区建设项目进行的详细规划和具体设计。城市设计的任务是为不同的人的活动创造一定空间形态的物理环境，包括各种建筑、公共设施、景观等，要能全面地反映经济、社会、城市功能甚至审美方面的要求，所以也被称为综合环境设计。《辞海》中这个概念的解释是：城市设计是一组模型和人类活动空间的处理。我们的目标是创造高质量的建筑环境，让人感觉舒适、方便、安全、娱乐和和谐。范围可以是整个城市的形象，也可以是城市特定区域或部分城市的形象。

与基于空间规划在二维平面城市规划不同，城市设计主要是针对城市空间和城市审美要求的三维图像，但不限于城市市貌，也有功能和社会的需求、人的心理和生理要求等。城市设计的内容包括土地上的安排及其使用强度，地形的处理，建筑群体的空间布局，空间界面的处理，人流、车流的组织，绿地、旷地的使用和布置，城市建筑的文化脉络以及有关创造优美空间环境的因素等。

三、环境设计

与城市艺术设计关系最密切的是环境设计。环境设计是指与人居环境相关的一切规划、设计行为，有广义和狭义之分。广义的概念范畴宏大、包罗万象，从一座城市、区域到整个地球的所有环境，都在环境设计之列。狭义的环境设计特指围绕室内外等与人的生活相关的环境规划设计，包括室内装饰、外檐美化、景观设计、小品设施等。吴家骅先生在《环境史纲》中提出，环境设计是一种爱管闲事的艺术，无所不包的艺术。大的层面上涉及人居环境的整体系统规划，小的层面上则涉及人们生活与工作的各种不同场所的营造。美国著名环境设计丛书编辑理查德·P·多伯对此作出解释："环境设计是比建筑的范围更大，比规划的意义更综合，比工程技术更敏感的艺术。这是一种实用的艺术，胜过一切传统的考虑，这种艺术实践与人的机能密切联系，使人们周围的事物有了视觉秩序，而且加强和表现了人所拥有的领域。"

从吴先生和多伯对环境设计概念的诠释可以看出，该学科具有模糊性和不确定性的特征，因此引起误解和用颇多言辞予以解释、澄清的情况亦是屡见不鲜。这往往也是环境设计与建筑设计、城市规划、城市设计、风景园林等学科存在冲突和矛盾的原因。在对环境设计界定的众多概念中，天津大学建筑学院董雅先生的解释似乎更为中肯、确切和细致。他认为，环境设计是一个与建筑学、城市规划学以及风景园林学密切相关的学科。各个学科彼此贯通、相互补充。环境设计与其他学科的不同之处在于，环境设计实质上是环境的"艺术设计"，是以理性为基础，感性与理性相统一的设计。环境设计的整个过程始终受功能、技术和艺术三种因素的制约。其中，功能是第一位的，技术是实现功能的基础，但最后都要落实到具体的、实实在在的感知形态——艺术形象上。董雅先生在这里的阐述不仅明晰了环境设计与建筑设计、城市规划和风景园林等学科的关系和渊源，还明确了环境设计是一门功能、技术与艺术高度统一的设计学科，而且在一定程度上也是对城市艺术设计概念的界定和规范。

从上述对相关城市建设的概念看，城市设计、城市规划、城市艺术设计、环境艺术设计都是当代城市建设中不可或缺的，它们之间既有区别，又有联系。

（一）区　别

1.设计维度上的区别

从设计维度上看，城市规划是偏重于以土地区域为媒介的二维平面规划。城市设计要在三维的城市空间坐标中解决各种关系并建立新的立体形态系统，而城市艺术设计则是一种继承性、连续性和时限性的四维时空艺术活动。城市艺术设计不像城市规划与城市设计那样可在短时间内完成或建成，而是一个长期积累、缓慢积淀的过程。一方面，各个时期的艺术形式并存于同一城市空间，通过这些艺术即可追忆城市的历史、展望城市的未来。另一方面，城市艺术设计借助立体绿化等形式又可为城市居民营造一种“一年有四季，春夏各不同”以及“人在景中站，景随人心转”的随时随地而变的城市环境。

2. 空间规模上的区别

城市规划侧重于城市宏观层面的总体构想与规划。城市设计是介于城市规划和城市艺术设计之间的城市中观层面环境的设计和建造，是一种承上启下的设计。城市艺术设计则侧重于城市微观层面的景观营建，是城市细部设计和软环境设计，在这一方面与环境设计具有共同之处。

3. 空间关系上的区别

同城市设计和城市艺术设计相比，城市规划处理的空间范围是最大的，不仅要解决城市的分区问题，还涉及城市的整体构成、城市与周边其他都市以及乡村的关系，即一个都市群的关系。因此，城市规划是一项包括除城市空间之外的政治、经济、文化相互关联的整体性设计。城市设计基本只着眼于城市的部分设计，侧重于建筑、交通、公共空间、城市绿化、文物保护等城市子系统的交叉与渗透，从这一点看城市设计更像是一种整合性系统设计。城市艺术设计作为城市的细部设计，有效地补充和完善了城市规划和城市设计，涵盖了城市规划与城市设计没有关注的空间领域，如公共艺术、环境设施、道路铺装、建筑立面形态等。这些设计又不能脱离城市规划和城市设计，必须在纵向与横向方面取得与城市规划、城市设计以及建筑设计的协作，才能保障城市艺术设计与城市总体环境的协调性、一致性。可以说，城市艺术设计是一项系统性的细节设计。

4. 空间形态上的区别

从空间形态方面看，城市规划和城市设计与城市艺术设计的关系是相对而言的。城市规划与城市设计从城市空间形态角度上看属于城市外部空间设计，如对建筑高度、密度的控制，城市的天际线以及街道的宽度与建筑物的关系等。与城市规划和城市设计相比，城市艺术设计偏重城市内部的艺术细节营造，所以在空间形态上当属城市内部空间设计。但是，同狭义的环境设计相比，城市艺术设计又属于外部空间设计。

5. 视觉形象上的区别

城市规划的重点在于解决城市的用地、规模、布局、功能、密度、容积率等问题，在视觉形态上倾向于抽象性和数据性。城市设计关注的是城市功能、城市面貌，尤其是城市公共空间的形态，因此城市设计与城市规划相比具有具体性与图形性的特征。视觉秩序作为城市艺术设计的媒介，以艺术介入为理念，并结合人的感知经验、精神诉求以及城市历史、城市文化等，建立了一种具有艺术性、场所性和识别性的空间环境。

（二）联　系

1.城市艺术设计是城市规划和城市设计的发展延续

城市规划、城市设计与城市艺术设计的有机结合对一个城市的建设具有举足轻重的作用，是营建优雅、宜人的城市生活环境的基础。从城市规划到城市设计再到城市艺术设计是城市建设从宏观向微观、从抽象到具象、从参数到图形、从外延到内涵的转变。就这一点而言，城市规划、城市设计与城市艺术设计是一脉相承的。

2.城市艺术设计是城市规划和城市设计的深化

城市规划与城市设计可以看作按不同目的和原则进行的空间组织，力求实现不同空间之间的和谐发展。从这一方面来说，城市规划和城市设计侧重于物质形态空间的建设。城市艺术设计作为城市规划和城市设计的延续，在关注城市空间功能、结构、性质的基础上将重点从物质空间转向非物质空间，通过空间组织的有序性、可视性、参与性以及借助色彩、比例、韵律等艺术手段营造具有丰富文化内涵和空间美学的生活环境。因此，从某种程度上来说，城市艺术设计是城市规划和城市设计的深化。

3.城市艺术设计是城市的细部设计

“致广大而尽精微”是《礼记·中庸》提出的对君子的行为要求。这一要求同样适用于城市建设，其中“致广大”指城市的整体形态，“尽精微”指城市的细部设计。城市艺术设计作为城市规划和城市设计的延续和深化，是城市的细部设计。密斯说：“上帝存在于细部之中。”细部设计一座城市的精髓和灵魂。对于一座城市而言，评判其文化特色的优劣并不在于规模的大小，而在于能否在细微之中体现出艺术气息。

城市发展的历史告诉我们，只有整体设计而没有细部设计的城市是不能培养人们的积极性或自豪感的。这不仅包括建筑、道路、桥梁和广场的公众，还应具有脆弱、敏感、实质性、实用性、敏感性和可用性的细节。只有整体与细部相互协调发展的城市才能为公民带来安全、健康和福祉。

通过对城市艺术设计、城市规划设计、城市设计以及环境设计等诸多概念的阐释、对比可知，这些概念之间就如同一张网，彼此存在着相互交织、错综复杂的关系。城市的建设是一项综合性、系统性工程，并不是依靠某一个行业或学科可以完成的。“尺有所短，寸有所长”，各个学科只有通力合作、协调发展、相互完善才能构建和谐宜居的城市。

第二节　当代城市艺术设计与城市规划

一、城市艺术设计与城市总体规划

城市总体规划是一个战略性规划，城市艺术设计应与总体规划层面进行衔接。一是融入城市总体规划，成为城市总体规划的一部分，这有利于提高城市总体规划的质量和完整性，体现城市艺术设计的战略意义与价值。二是可以促进城市艺术设计的发展，使城市艺术设计有了规划内容的支撑。

（一）城市总体规划的作用与特点

城市总体规划是全市所有开发建设的综合计划，是城市规划工作的首要阶段，也是城市管理和城市建设的重要依据。

《中国大百科全书·建筑、园林、城市规划卷》提出：“城市总体规划是城市各项发展建设的综合布置方案。”

城市总体规划是时代性在城市一段时期内的体现，具有典型意义，从以下方面可以体现：建设和执法措施、发展目标、全面部署、空间布局、土地利用。城市总体规划不仅是城市规划体系中的一项高层次规划，还是一项综合性的城市规划，体现了政治和法律性质。

城市总体规划是根据自然环境和社会发展制定的规划，还根据资源、历史条件和现状等统筹安置决定城市发展的规模和方向，以期合理地利用城市土地、协调城市的空间布局规划，实现城市经济社会的发展，并且要在规定的时间内完成。

城市总体规划是按照长期国家城市发展和建设政策以及各方面规划，基于区域规划，加上经济技术政策、经济社会发展，根据其建设条件和当前城市特点，合理开发城市，确定城市规模和建设标准，城市土地功能分区安排以及建筑物的总体布局，交通系统布局，城市道路和选定的固定目标，发展规划，实施步骤，措施，等等。

整个城市规划时间大概为 20 年，建设规划一般为 5 年。可以说，建设规划是总体规划的组成部分，是实施总体规划的阶段性规划。

（二）城市总体规划与相关规划的关系

1.城市总体规划与区域规划的关系

区域规划与城市规划之间的关系非常密切，这些都是基于定向目标和长期发展目标的特定区域发展的全面部署。但是，二者在地理区域以及规划内容的重点和深度方面存在差异。

区域规划是整体城市规划的重要基础。城市总是连接到某一特定区域的相关区域，而指定区域要匹配相应的城市中心区域。

城市规划应着眼于区域经济发展的总体规划。如若非此，那么城市就难以了解发展的基本方向、性质、规模和外观等。

区域规划应与总体规划相互配合、协同进行，从区域的角度确定产业布局、基础设施和人口布局等总体框架。

2.总体规划与经济和社会发展规划的关系

我国国民经济和社会发展规划是国家和地方从宏观层面指导和调控社会经济发展的综合性规划。

国民经济和社会发展规划是城市总体规划的依据，是编制和调整总体规划的指导性文件，注重城市中长期宏观目标和政策的研究与制定；总体规划强调规划期内的空间部署。总而言之，两者相辅相成，共同指导城市发展。

3.城市总体规划和城市艺术规划之间的关系

城市总体规划是根据国家可持续社会经济发展的要求，在特定区域内开发、利用、治理和保护城市空间，包括时间和空间的一般性安排以及自然和社会条件。城市艺术规划是国家城市文化艺术资源管理与控制的基础。城市艺术设计规划是城市发展中的重要内容，可以提升城市环境品质与价值，增强城市吸引力，创造城市高附加值，提升城市“软实力”，增强城市文化认同感，为创造持续的文化吸引力和活力奠定基础。

（三）城市规划的战略性意义

城市是一个开放的复杂的大系统，总体规划工作的开展必须研究城市和区域发展的背景以及城市的社会、经济发展，以城市全面发展为目标，对一定时期内城市发展的城市性质、城市规模和城市空间结构进行分析与预测，并提出相应的引导调控策略和手段。

制定某一时期城市发展的目标并确定实现目标的途径是城市发展战略的核心，包括确定战略目标、战略重点、战略措施等。

1.确定战略规划目标

战略目标是发展战略的核心，是城市发展战略和城市规划的应选方向和预期指标。战略目标可分为多个领域，包含总体目标与多个领域的目标，一般用定性的描述明确城市发展方向和总体目标。值得注意的是，城市艺术设计应包含在各个领域中，但目前相关法律仍然缺位。

战略目标的实施需要对发展方向提出具体发展指标的定量规定。这些指标包括：经济发展指标，如经济总量、效益和结构指标等；社会发展指标，如人口总量和构成指标，城市居民的物质生活与精神生活的水平指标等；城市的建设目标，如城市建设、基础设施、结构、环境质量指标等。

城市发展战略目标的确定需要把握核心问题、判断宏观趋势，既要针对现实中的发展问题，也要以目标为导向。因此，开展城市发展战略研究是保证城市发展战略目标科学合理的前提。

2.战略规划重点的确定

战略规划重点是指，为了达到战略目标，必须明确城市发展中具有全局性或关键性意义问题的战略重点。城市发展的战略重点所涉及的是影响城市长期发展和事关全局的关键部门和地区的问题，通常体现在以下几个方面。

一是关于城市竞争中的优势领域。将优势作为战略重点，不断提升核心竞争优势，争取主动，不断创新和发展。

二是城市发展中的基础性建设。科技、能源、教育和交通经常被列为城市发展的重点，是推动社会经济发展的根本动力。

三是城市发展中的薄弱或缺失环节。不同系统共同组成了城市这一整体，如果其中某一个系统或者环节出现了缺位或者短板，最终整个战略的实施也将受到影响，所以要将城市发展中的薄弱或缺失环节作为战略重点。城市艺术设计专项规划就处于缺位或薄弱状态。

四是城市空间结构和拓展方向。城市空间增长的过程反映了社会经济发展的需求，城市的发展方向、空间布局结构以及时序关系都会随着不同阶段城市发展需求的改变而改变。

3.确定战略规划措施

战略规划措施是实现战略目标的步骤和途径，是把比较抽象的战略目标、重点具体化，使之可操作的过程。

城市发展战略的制定既必须在宏观上具有前瞻性、针对性和综合性，也必须在微观上具备可操作性。

二、城市艺术设计与分区规划

《中国大百科全书·建筑、园林、城市规划卷》对分区规划作出解释："要求将城市中各种物质要素，如工厂、仓库、住宅等进行分区布置，组成一个互相联系、布局合理的有机整体，为城市的各项活动创造良好的环境和条件。它是城市总体规划的一种重要方法。"

分区规划的概念不是凭空出现的，也不是单独形成的，而是依附于城市总体规划这个主体，进而对一些方面提出要求，如城市整体基础设施配置、局部公共设施配置、人口分布、土地利用等。

分区规划的编制要在城市总体规划完成之后进行，并且应该彼此兼顾，不能只顾一个分区而忽视其他分区。首先确定各分区的界线，要在总规划内将城市的道路、河流、街道、区位优势等自然和行政因素考虑在内。

分区规划编制任务应基于总体规划编制任务，然后进行一系列更深的、更具体的规划，包含城市基础设施、公共设施、人口分布、城市土地利用等。

分区规划的指标主要涉及四个方面：用地容量、建筑、居住人口布局、土地性质。

（1）用地容量：主要对范围做了规定，涉及用地面积、用地位置、公共设施分布。

（2）居住人口分布：对一些具体事物的规定，如交通标线、停车位、辅路等等。

（3）建筑：对用地界线、控制范围、位置等，具体针对对象有停车场、广场、交叉口，用地界线方面针对对象主要有风景名胜、交通设施、供电高压线、河湖水面、绿地系统等。

（4）土地性质：主要针对一些位置和具体范围，如工程设施、干管管径、干管走向、位置等。

三、城市艺术设计与控制性详细规划

城市艺术设计是通过控制性详细规划实现相关目标的，控制性详细规划具有承上启下的作用，将总体规划转化为更加具体的指标体系和内容。

《中国大百科全书·建筑、园林、城市规划卷》对城市详细规划是这样表述的："城市详细规划是根据城市总体规划对城市近期建设的工厂、住宅、交通设施、市政工程等做出具体布置的规划。"

（一）控制性详细规划

控制性详细规划依据的标准是分区规划或城市总规划。控制性详细规划对以下几方面进行了规定：使用强度、空间环境、工程管线位置、道路位置、土地强度、土地性质等。

依据《城市规划编制办法》，根据城市规划深化和管理的需要，一般应当编制控制性详细规划，包括控制建设用地性质、使用强度和空间环境，作为城市规划管理的依据，并指导修建性详细规划的编制。

政府的一些活动是在控制性详细规划的基础上进行的，如实施规划、管理规划等。这些工作完成后再进行更深一步的工作，那就是详细规划编制。

（二）控制性详细规划的编制要求

编制控制性详细规划需要多方位考量，使城市地下空间得到充分利用，因此编制过程非常严格，需要综合分析各方面因素，具体包括土地权属、公共安全、历史文化遗产、环境状况、资源条件等。编制的规范需要在严格的标准上执行。比如，依据严格的技术规范，遵守国家标准，不能忽略已获批准的城市总体规划。

具体来说，控制性详细规划的标准应该包含控制线、规模、范围、指标等。在控制线方面，分别用黄线、绿线、紫线、蓝线等对各个区域进行区分并控制。蓝线代表地表水体，紫线代表历史建筑及历史文化街区，绿线代表绿地，黄线代表基础设施。在规模、范围方面，对公共安全设施、公共服务设施、基础设施等提出了具体要求。在指标方面，主要对绿地率、建筑密度、建筑高度、容积率等提了要求。

编制控制性详细规划可以结合城市空间布局、规划管理要求，划分编制单元规划，提出具体规划控制要求和指标。组织编制机关应当制订编制工作计划，分批、分期地编制控制性详细规划。

四、城市艺术设计与修建性详细规划

城市艺术设计于修建性详细规划以控制性详细规划为基础规划未来的建设项目。对于需要进行开发建设的地区，应遵循我国《城市规划编制办法》第 25 条到第 27 条所列规定，制定详细的修建计划书以对后期各种设施设计和工程建设进行指导。

控制性详细规划与修建性详细规划的区别在于控制性详细规划是指标体系，一般通过指标和不同色块调控待开发土地的建设，是一种具有弹性的未确定方向的指导性设计规划文件。修建性详细规划则是在控制性详细规划的基础上，用以指导确定性的现场施工建设，涉及现场施工中的多项工作，包括建筑物各方向上的平面造型设计、各种道路基础设施的规划、环境绿化设计等。

详细的修建规划是计划管理部门根据详细的控制计划的要求在审核总体计划后确定的。详细的修建规划必须根据详细的控制计划中的规定进行功能分区、土地属性和指标划分等。

五、城市设计

城市设计是指以城市为研究对象，介于城市规划、景观建筑与建筑设计之间的一种设计。

《中国大百科全书·建筑、园林、城市规划卷》关于城市设计是这样定义的："对城市体型环境所进行的设计。一般是指在城市总体规划指导下，为近期的开发地段的建设项目进行的详细规划和具体设计。因此也称为综合环境设计。"

相对于城市规划的控制性、指标性和概念化内容，城市设计具有图形化和具体性的设计特征。城市设计的作用是为建筑设计和景观设计提供指导和架构，但城市设计与建筑设计或者环境景观设计有着明显的区别。城市设计是一种介于城市规划设计与建筑设计之间的设计，侧重于城市公共空间的体型环境的创造。

城市设计是联系城市总体规划、关注城市功能、研究城市风貌，尤其是关注城市公共空间的一门综合性学科。

城市设计通过对物质空间及环境景观的设计，创造满足人们物质与精神同等价值的目标与要求的环境，促进城市环境品质的提升与发展。

早期城市设计研究范畴局限于建筑和城市环境之间，到了20世纪中期开始出现了新的变化。除了同城市规划、建筑学、景观建筑等学科有着密切的关系外，城市设计开始与城市史、城市工程学、环境心理学、城市经济学、城市社会学、公共管理、人类学、政治经济学、社会组织理论、市政学、可持续发展等学科建立联系。可以说，城市设计是一门综合性跨领域的学科，但城市设计理论与实践主要关注的仍然是城市公共空间领域的设计内容。

（一）城市设计与城市规划的关系

城市规划更多地体现城市宏观性、全局性和整体性，涉及政治、经济、社会等综合发展政策和方向的要求。城市设计侧重于城市规划中的某一部分或单元，即城市规划中的公共或开放空间领域设计。这些空间领域需要进一步进行空间、体型、尺度、色彩甚至造型的系统设计，属于城市中观与微观层面的设计，因此与人的心理、行为关联更密切、更直接。

（二）城市设计与控制性详细规划的关系

城市设计主要在城市三维空间中进行空间形态系统设计，而控制性详细规划则偏重于以土地区域为载体的二维平面规划。

城市设计侧重城市中各种空间功能关系的组合，是一种综合系统设计，需要做到建筑、开放空间、绿化体系、交通、历史保护等城市各要素之间的相互交叉和融合。它关注的是城市视觉秩序、城市艺术设计、城市地域历史和文化、时代精神、城市意象与识别以及公共环境交往等问题。

控制性详细规划的重点问题是建筑的高度、密度、容积率等技术指标，表现为“见物不见人”的设计成果。城市设计侧重于设计要素的控制，调整与人心理、行为的关系，重视人的心理、行为感受以及个性化需求。

第三节　当代城市艺术设计的基本方法

一、视觉秩序分析

视觉秩序分析法的应用历史悠久，备受推崇，尤其是对于受过美学教育并且喜爱艺术品城市的建筑师。

西方的一些城市艺术设计对视觉秩序分析法的应用可追溯至文艺复兴时期，当时的建筑商和城市设计师对这种视觉秩序的推崇已经成为他们的潜在意识和力量之源。例如，尼克罗五世和西克斯特斯四世教皇对罗马城的更新改造和斯福佐对米兰城的改建设计，都是基于城市空间的美学。

众多拥有悠久历史的世界名城在规划建设之初就被当作一件艺术品而进行艺术设计，中国北京以及由法国工程师朗方设计的华盛顿都是此类城市的代表。工业革命后，由于人们对经济、人口和城市规模的过分热衷，这种视觉秩序分析方法通常被忽视了。

西特认为一个城市的整体计划应遵循令人兴奋和情感化的艺术原则。城市设计师和规划师可以完全自主决定城市环境中的建筑物，如广场和公共道路等，这些公共建筑之间的视觉关系必须是“民主的”和互补的。西特特别推崇中世纪的街道拱门，认为它打破了漫长而呆板的道路空间和视觉视角。在他呼吁倡导之后，这种城市分析方法终于回到人们的视野中。视觉秩序分析法影响了整整一代城市设计师的创作设计，在现代城市的规划设计中留下了不可磨灭的印记。

视觉秩序分析法主要基于少数政治家、建筑师或规划者，同时受到某些特权阶层的影响，是政治变革情形下的产物、某些政体寻求物质表达的媒介。

总体而言，关注城市空间和体验的艺术品质是视觉秩序分析法重要的优点。但是，它也有着明显的缺点。视觉秩序分析法过于关注视觉艺术与物理秩序之间的单一视角，却将城市空间结构的丰富内涵隐藏了起来，尤其是把社会、历史、文化等其他方面因素忽略掉了。因此，在现代这种方法通常与其他分析方法结合应用。

二、图形—背景分析

如果我们将建筑作为一个涵盖开放城市空间的实体进行研究，把建筑物视为图形，将空间当作背景，那么我们可以看到每个城市的物理环境在格式塔心理学的“图表和背景”之间有着类似的关系。这种分析城市空间结构的方法我们称之为“图底分析法”。它来源于18世纪的诺利地图，又被称为实—空分析法。“图底分析法”是一种经典的理论分析法，也是当代城市设计方法研究的热点之一。

从城市设计的角度看，这种方法试图通过增加、降低或改变模型的几何形状协调各种城市空间结构之间的关系，目的是创建层次分明的空间层次。这些层次单独封闭，并且以不同的规模彼此链接，并阐明特定城市或区域内的城市空间结构。美国研究员罗杰曾经说过：“一个城市的空间架构往往是通过预设实体和空间构成的‘场’决定的，城市结构组织的强化是通过设计布置代表性的建筑物与空间，如为‘场’提供焦点、次中心的建筑和开敞空间而使‘场’得到强化。”“图底分析法”能够非常高效并且清晰地展现出一个城市的空间结构组织，进而形成城市空间结构组织及建筑秩序的二维平面图，这样城市在建设时的形态意图就能被清楚地描绘出来。

“图形分析”理论说明，当占主导地位的城市形态呈纵向而非横向时，连贯的整体外部城市空间几乎不可能形成。在城市土地区域内，垂直延伸的竖向构件的设计和构造容易造成众多不适合使用和具有娱乐属性的开放性区域空间。比如，在很多现代住宅小区中，由于高层民居的存在，采光时长要求相邻建筑物相距较远，因此在空间上难以实现整体的连续性。与“诺利地图”相比，这种“空”的印象主要存在于主体的建筑物上，而相互关联的邻域模型不再存在。要弥补这一缺陷并重新获得外层的空间结构秩序，首先要把街道空间区域和周边建筑结合为一体，设计一些人性化的外部空间。

设计完善的外部空间更方便的方式是借鉴该城市历史上的建筑形态精华，使建筑覆盖率大于外部空间覆盖率，从而形成“合理的密集”。回到建筑空间本质分析，空间是由建筑形体组成的，这是在现今旧城区以及步行街改造中被证明可行的有效原则之一。

空间是城市体验的中介，构成了公共、半公共和私有领域共存和过渡的序列。空间和空间的界线搭建了城市不同的空间结构体系，决定了不同空间结构的秩序和视觉定位。在城市中，“空”的本质依赖于建筑实体的配置，同时在大多数城市的独特环境中，空间和实体的确定取决于公共空间的设计。“图底分析”也能够清楚地反映城市空间格局中形成的“结构”和结构组织的重叠。

三、关联耦合分析

在美国研究员罗杰看来，关联耦合分析最终的目标是搭建城市要素之间相互联系的“线”。运用这种分析方法能够较为清晰地组织相关联的系统和网络进行城市空间结构的创建，但其重点是循环模式，而不是空间格局。罗杰认为，城市的运动系统与基础设施在管理外部空间结构方面起着主要作用。在规划城市空间时，以通过基础的主线将建筑物与空间连接起来的耦合分析法应用为主，为项目设计提供空间参照标准。该参照标准可以是一个条形基底，也可以是一条明确的流向，抑或是有组织的轴线，甚至是建筑物的边缘。若某处空间环境必须改变、增加或减少，标准就要发挥它的指导性作用，从而显示一个持续不断的关联耦合体系。这种标准犹如五线谱，各种音符在此中有着无限的组合形式，但五线谱是一种恒常的基线，可以为作曲家提供编曲的基准。例如，麦基在《集合形态研究》一文中较为详细地探讨了外部空间网络的创造性要素，他认为耦合关联对于外部空间来说是非常重要的。他曾提出：“耦合性简言之就是城市的线索，它是统一城市中各种活动和物质形态的法则，城市设计涉及各种彼此无关事物之间的综合联系问题。”

麦奇在对城市空间形态的研究中发现空间形态可分为三种类型，分别是构图形态、巨硕形态、群组形态。

构图形态是指在二维平面图中抽象模型组合的独立建筑物。它们的耦合关联性是隐含的和静态的，建筑物形态与相对位置之间的交错组合形成了张力，在众多的现代主义风格城市布局规划中普遍存在。在此形态中，建筑本体比周边的开放空间更重要。巨硕形态的个体要素通过分层利用物质手段将耦合关联性与开放和互联的系统网络最终汇合到一起。例如，高速公路网常常成为形态发生器。群组形态是由各空间要素沿着线性枢纽逐渐发展的结果，此种情况在历史悠久的城市尤其是在小城镇中甚为普遍。这种耦合关联性并不是被隐含或强加的，而是有机物质自然演化的结果。例如，美国的爱丁堡、浙江绍兴的斗门、安昌等都是此类代表作，其空间是从内部获得的，乡野空间构成了限定社区场所的外部条件，聚落结构取决于内部要素和外部基地之间的一种必需的转换。可以看出，耦合关联性可以被用作常规建筑和空间设计的主导思想，并且作为公共空间的组成部分被系统性重构。

四、场所结构分析

场所结构分析基于城市深度设计，以现代社会生活和人性化作为出发点，主要关注和寻求人与环境的有机共存。

第二次世界大战后，城市环境恶化，人们开始尝试从不同学科的角度研究修复人类生活环境的问题。其中，最具影响力的设计思想是“十次小组”，核心理念就是对场所结构进行分析。

“十次小组”城市艺术设计概念的主要哲学基础源自结构人类学。著名哲学家、人类学家列维·斯特劳斯不仅运用深层结构概念分析世界各国神话，这扩展了哲学和其他科学领域的结构原理和分析方法。这种想法和方法的成功影响了大量失去信仰并寻求战后规范和重组的建筑师的想象力。根据现代主义空间和时间概念的理论，“十次小组”中的 Van Eck 率先提出场所感的概念并在城市艺术设计领域应用，试图挑战“技术等于进步”等教条主义。他认为，场所和场合结合形成场所感。在人类意象中，空间即场所，时间即场合，人们的居所需要将时间和空间融入进去。然而，这种永恒的场所感（深层结构）已被现代主义者所拒绝，我们现在需要对它进行审查和思考。

依据场所结构，当代城市设计的构思必须首先强调人际融合和解决生态的必要性。设计应该基于人的行为，而城市形态应该从生活的结构形态衍生而来。这与功能主义大师关注建筑与环境之间关系有所不同，“十次小组”关注的是人与环境之间的关系，公式是“人 + 自然 + 人对自然的观念”，通过构筑住宅地区和街道将垂直位置层次结构代替了原始雅典宪章的功能结构。他们认为社会的凝聚力和效率应该基于有利的交通条件，即交通问题。现代城市设计应负责不同流动模式（人，车等）的和谐组合，并应将建筑群组与运输系统进行融合。可以说，城市将一座巨大的建筑，而建筑本身也越来越像一座城市。

从方法论视角看，场所结构分析对于当代城市建设有以下四大贡献。

（1）推翻了“创造美丽的环境能够导致社会进步”的思想，并挑战传统的“为美而美”的观念。

（2）巩固了城市建筑设计的文化多元性理念。

（3）倡导城市设计持续而动态的改造过程。城市设计不能是一种传统的、静态的、激进的过程。城市建设要顺应自然，不能违背自然规律。

（4）强调过去时间的连续性。鼓励城市设计者服务社会，培养职业使命感，在尊重人的精神沉淀和深层结构的相对稳定性的前提下，积极处理城市环境中必然存在的时空梯度问题。

总而言之，场地结构分析的理论和方法在世界范围内具有广泛的影响。自20世纪60年代起，美国康奈尔大学兴起了黑川纪章等倡导的“新陈代谢”和“共生”思想、科林罗为代表的“文脉主义”分析法、亚历山大的树形理论、莱·马丁“格网作为发动机”的城市分析思路、SAR设计理论等，这些理论都体现了场所结构分析法的思路。

（二）社区空间分析

社区空间分析是一种建立在“图底分析”“关联耦合分析”和“社区分析”基础上的城市设计综合分析方法。早在20世纪80年代，英国专家希列尔就首次提出了“空间句法”并进行了系统阐述。希列尔认为:“它将给城市设计展开一个新天地，提出一个‘自上而下’进行城市设计的理性方法，并以设计影响社区生活，但最重要的是，空间句法是考虑城市设计最古老的问题的一种方法，这问题就是如何在旧城市中进行新的建设。”

空间句法是希列尔曾进行过的“环境范型”和“逻辑空间”研究的延续。当时，他已认识到设计师并没有掌握或具备相关的概念和技术以阐述和分析城市空间秩序，因此无法深入洞察空间的逻辑组织。同时，他们无法正确理解空间设计的社会效应。要回答这个问题，其核心在于系统地研究清楚城市的空间布局，正是空间整体组织的作用，才使城市成为产生、维护和控制人们活动格局的结构，其影响远远超出了设施位置和居住密度一类的问题。空间句法分析的过程是利用客观准确的方法来调查城市和建筑物层面的环境，并将不断变化的社会因素与建筑形式联系起来，然后通过计算机模拟实验作为启发和评估设计的工具。

这种方法借助了计算机应用技术并注重空间环境分析，因此比“图底分析法”又向前迈进了一步。而且，该法还将人类经验作为研究起点，并与起草“健全的社会生活”的目标结合起来，因此也涉及情境分析理论领域。不过，目前多数人对此仍持观望态度。原因有三：第一，在城市空间分析与社会效果之间尚缺乏试验；第二，过分贬低了“用途”对空间组织的作用；第三，在如何使用电脑及答案有效性分析方面还不具体。

第三章
当代城市艺术设计的构成要素

第一节　公共艺术要素

一、公共艺术的概念

公共艺术是当代的大众美学、日常的生活美学和社会民主化发展交相融合的必然结果，是一种艺术或者文化现象，打破了传统的艺术壁垒，拓展了艺术观念。就像刘茵茵所说，公共艺术是那种在传统画廊或画廊之外发生的当代艺术。目前，公共艺术的范围已经超越了视觉艺术的传统形式，如雕塑和壁画，主要满足人们精神需求的审美体验，并扩展了建筑、景观、公共设施和艺术的安装和其他视觉艺术形式或艺术行为领域。公共艺术概念的兼容性和广泛性等特点决定了它价值属性的模糊性和多样性。公共特定场所的艺术品在“美化”和“装点”环境的同时，不仅是对城市的“化妆”，还是一种物化的“文化符号”的提炼，能够起到传承历史文脉、追述城市记忆、体现场所精神、提炼城市特色、产生地域认同以及促进社会民主进程之功能。可以说，公共艺术的美学功能、文化功能与社会性是构成完整的公共艺术必不可少的部分，三者的相互结合最终产生了真正的公共艺术，偏执于任何一个方面都会导致对公共艺术精神的曲解。

二、公共艺术的发展

（一）公共艺术在国外的发展

现代公共艺术观念发轫于美国，思想根源最早可以追溯到 19 世纪末 20 世纪初美国的“城市美化运动”。1893 年，芒福德·罗宾逊借芝加哥举办世博会的机会呼吁通过增加公共艺术品，包括建筑、灯光、壁画、雕塑和街道装饰等对芝加哥的城市进行美化以改善颓废的城市形象，提升社会秩序以及道德水平。因此，芝加哥世博会的巨大成功引发了“城市美化”思想在世界各国的传播。其中，“城市美化”主张借助城市视觉形象的改变来改善社会秩序和物质环境的做法，被其他国家看作是重塑社会形象的一剂灵丹妙药而广为接受。

在 20 世纪 30 年代的经济危机之时，美国总统罗斯福为缓解经济危机导致的社会萧条以及为恢复美国经济、重振美国形象，在新政中再次提出旨在促进本国文化福利建设的艺术政策，并委派公共事业振兴署向艺术家提供大型壁画创作的工作机会。罗斯福寄希望于通过为艺术家提供就业机会，一方面缓解当时巨大的就业压力，另一方面来改善颓败的社会形象。这一政策的实施成为现代公共艺术介入都市空间的开端。20 世纪 60 年代，美国正式成立了“国家艺术基金会”。基金会的宗旨之一便是向美国普及艺术。当时，“艺术为人民服务”已成为美国的国策之一。

随着公共艺术在改善城市形象、提升城市品质方面的作用愈加显著，除国家层面积极推进公共艺术建设之外，美国各州也非常重视公共艺术的建设，并纷纷通过立法的形式进一步支持和推广公共艺术介入都市建设。例如，费城、芝加哥和纽约分别于 1959 年、1978 年和 1982 年相继颁布了《艺术百分比法案》。该法案规定：“任何新建或翻修的公共建设项目，包括各类图书馆、学校、医院、公园、法院、交通枢纽、警察局、公共卫生设施甚至监狱在内，其工程预算的百分之一必须用于购买艺术品以美化环境。”

虽然美国各州都制定了《百分比艺术法案》，但各州的具体情况不尽相同，所以各州的公共艺术法案的操作模式也迥然不同。其中，洛杉矶和纽约的《百分比艺术法案》最具代表性。

在公共艺术的建设方式上，纽约的公共艺术体制依据不同的场所及其不同的艺术类型将公共艺术管理机构分设成三个部门，即百分比公共艺术计划室、捷运公共艺术办公室和公立学校公共艺术计划室。这三个部门各司其职，分管不同场所和环境中的公共艺术建设。洛杉矶的公共艺术则是在重建局的统一管理下，由艺术计划、艺术设施和文化信托基金三个部分组成，这种模式为投资者提供了更多的选择，投资者可以选择其中任何一种方式参与公共艺术建设。

在资金的来源和使用方面，纽约和其他城市的《百分比艺术法案》规定只有政府投资的公共建设项目需要预留 1% 的公共艺术经费。因此，它的公共艺术资金的来源主要是以政府出资为主。洛杉矶的公共艺术法案规定，无论是政府公共项目，还是私人建设项目都必须留出一部分基金给公共艺术，因而经费主要来源就形成了政府出资、私人投资或民间捐助的多样化渠道。在资金的使用上，洛杉矶重建局也为投资者提供了多种选择，1% 的基金可用于购置公共艺术品或投资公共艺术建设，如果暂时不设置公共艺术亦可将全部基金悉数存入文化信托基金，由重建局做全盘统筹之后再决定公共艺术的计划或实施。

在公共艺术的导入机制上，美国以及其他国家的城市通过多年的公共艺术建设实践，形成了较为完善的融入制度。在公共艺术融入都市空间方面普遍采取一种横向联合模式，即艺术家在建筑设计阶段就介入整个设计过程，与不同领域的人员进行默契合作，以协调公共艺术与建筑和周围环境的关系。具体程序为：开发商在进行建筑的设计开发之前，就要向公共艺术主管部门提交包括建筑、景观以及公共艺术计划在内的方案和图纸以供审核。整个建设程序从方案构思、草案计划到方案修订再到最终方案的确定，每一个环节都要经过严格的核查，只有核查通过后方能进行下一步工作。因此，这种横向合作方式产生的公共艺术能与周围环境形成良好的融合与共生关系。

在公共艺术家的遴选制度上，美国各城市大多采用设立公开的艺术家档案数据库的方式。档案数据库向艺术家免费开放，每一位有志于参与公共艺术计划的艺术家都可以将自己的履历和作品等资料输入数据库，进行登记注册以备公共艺术委员会选择。

在公共艺术品的选择方面，美国的纽约、达拉斯和芝加哥等城市大都采取公共艺术顾问小组（艺术品遴选委员会）和公共艺术委员会相结合的方式。顾问小组由艺术家、社区代表、建筑师以及负责工程的政府代表组成，决定艺术品的选征方案。艺术委员会由专业人员、社会人士和负责公共艺术建设的政府代表构成，负责将顾问小组筛选的公共艺术方案汇总后报送市长建设咨询小组和市议会审核，经议员讨论通过后方可执行。这种公共艺术作品遴选制度既避免了公共艺术沦为少数人把持或垄断的对象，又使公共艺术的建设体现出民主性和公众参与性。

在公共艺术品的后续管理方面，美国达拉斯市的经验值得借鉴。达拉斯采取成立艺术管理委员会的方式对公共艺术进行管理。管理委员会的职责就是每十年对该市的公共艺术政策和艺术作品进行评估，以决定现存公共艺术品是否有继续存在的价值和必要。这种做法沿袭了美国国家艺术基金会的规则。国家艺术基金会规定每一件公共艺术作品一旦获准设立至少有十年的“生存期”，目的在于保障艺术作品免遭来自政治或其他领域因素的制约，不至于让公共艺术品成为政治纷争或城市改造运动的牺牲品。如果作品未到十年却遭到民众的反对或因环境的变更而需要对公共艺术的存留做出抉择，公共艺术主管部门就会书面通知艺术家然后再决定其命运。如果艺术品获准“拆除”，政府就会对艺术品进行公开标售，其销售所得的15%归艺术家个人所有，其余的85%则缴入公共艺术基金，由基金会决定其使用权。这种规程既体现了对艺术家的尊重，同时体现了对公众权利的保障。受美国公共艺术政策的影响，德国、法国、瑞典、日本以及澳大利亚等国也援例而行，相继颁布了类似的公共艺术法案。这为在本国发展公共艺术提供了重要的政策保障和基础。

（二）公共艺术在国内的发展

我国的公共艺术在20世纪70年代末已经开始萌芽，由于受各种条件的制约，90年代以后才获得了长足的发展。公共艺术观念在我国虽然仅有二十多年的历史，但在建设过程中也涌现了一批既有文化内涵、地域精神又有时代气息和美学涵养的公共艺术作品。例如，著名雕塑家潘鹤为珠海设计的“珠海渔女”，矶崎新为天津滨海新区创作的抽象雕塑等。这些作品已不仅是一座单纯的城市雕塑，还已经升华为城市的象征和文化符号，在静默中发扬着城市的精神、凝聚着城市的魅力。

据相关资料统计，我国公共艺术作品（仅以城市雕塑为例）在数量上已经超过欧美国家，成为新的艺术之都。但是，公共艺术数量上的优势并未成为质量上的优势。我们的公共艺术起步晚、发展快，各项政策制度滞后，加之理解上又有失偏颇，因此各城市的公共艺术建设都存在不同程度的问题。一些主体文化缺失、场所精神匮乏、质量粗劣的作品充斥于城市的公共空间之中，非但不能改善城市的品质，反而降低了城市的可观性与美誉度。

2004年，《北京青年报》刊发了北京市规划委员会对北京市城市雕塑普查的结果。数据显示，北京现有各类雕塑1 836座，其中优秀作品1 277座，占总数的69%左右；一般作品544座，占总数的30%左右；比较差的作品15座，占总数的1%左右。为规范公共艺术的介入制度以及最大限度地发挥公共艺术在城市建设中的作用，北京市在2006年由北京美术家协会、中国艺术研究院、中央美术学院、清华大学美术学院和北京市规划委员会共同组建了“北京公共艺术委员会”，其成立和成功标志着公共艺术在北京发展的规范化、制度化和秩序化。同年，上海也对城市雕塑展开了调查。结果显示，上海目前现有城市雕塑1 034座（也有数据为1 037座），其中优秀作品仅为104座，占总数的10%，其余90%大多为平庸之作。上海针对本市公共艺术的现状，为进一步提升公共艺术质量而制定了《2004—2020上海城市雕塑整体规划》，从空间布局、艺术形式等方面来规范公共艺术的建设。可以说，北京和上海在公共艺术方面的政策颁布和实施为公共艺术正常、健康地发展奠定了基础。之后，天津市针对公共艺术在城市建设中的意义以及为进一步加强城市雕塑的规划、建设和管理，体现城市文化、提升城市景观水平，于2007年12月出台了《天津城市雕塑管理办法》。该办法把城市雕塑的创作与环境、设置与审批、制作与施工以及后期的保养与维护等方面以法规的形式确定下来，并提出城市雕塑的设置要符合城市规划的要求，遵循合理布局、统一规划的原则，突出创作的创新性和独立性。鉴于公共艺术在塑造城市形象中的作用，2006年以来深圳、台州等一些城市在借鉴西方国家公共艺术建设经验的基础上也制定了旨在推进公共艺术建设的“百分比——文化计划”政策，将公共艺术的发展提升至城市建设的高度，为公共艺术进一步融入都市空间起到了积极的促进作用。

第二节　环境设施要素

一、城市环境设施的概念及性质

城市环境设施也被称为城市元素、城市家具、街道家具等，虽然称谓不同，但其内涵都是相同的，是指在城市外部空间供人们使用，服务于人们的器具。城市环境设施的概念源于室内环境设施，是室内环境设计的延伸。在传统的室内设计中，除了要对居住环境的地面、墙面、顶面做艺术处理，还要对室内的家具、用具，包括沙发、座椅、电话、灯具、餐具、收纳箱、烟灰缸、水龙头以及装饰性绘画等室内陈设进行设计，这些设施为人们的生活带来了舒适与便利。天津大学建筑学院董雅先生曾说：“城市环境设计与室内设计是道同形异，殊途同归的。城市环境设计就是打开的室内环境设计。”虽然室内外的具体环境不同，但人们基本的生活要求是一样的。若将室内陈设移至室外，沙发就成了公共座椅，电话就成了公共电话亭，灯具就成了街灯或草坪灯，收纳箱就成了垃圾箱，装饰画等艺术品就成了城市雕塑、壁画……

室内环境设施的设计体现着居住者的个性、观念以及文化品位。作为室内陈设延伸的城市环境设施同样体现着一座城市的艺术魅力、文化品质与民主程度。功能完善、设计造型优美的环境设施不仅能提升人们的审美情趣，规范、引导人们形成良好的生活习惯，还能规避不良环境所引发的障碍，从而给人们的日常生活带来便利。著名景观建筑师哈普林曾说过：“在城市中，建筑群之间布满了城市生活所需的各种环境陈设，有了这些设施，城市空间才能使用方便。空间就像包容事件发生的容器；城市则如一座舞台、一座调节活动功能的器具，如一些活动指标、临时性棚架、指示牌以及工人休息的设施等，并且包括了这些设计使用的舒适程度和艺术性。换句话说，它提供了这个小天地所需要的一切。这都是我们经常使用和看到的小尺度构件。”

城市环境设施虽然在城市中的体量很小，但与建筑、街道、广场一样是构成城市的必要元素，并成为建筑、街道和广场的中介，在人—城市—环境之间架起了一座桥梁。城市环境设施以独特的艺术魅力点缀了城市、美化了环境、方便了生活，在城市环境中起到了画龙点睛的作用。

二、城市环境设施的构成要素

城市环境设施是基于城市空间环境再加上时间维度和人的视觉、生理、心理感受的综合环境效应。环境设施通过人—自然—建筑—城市环境等一系列的关联行为将人的行为活动、环境感知、城市记忆有机地包容在一起。因此，对于城市环境设施的界定而言，每个国家和地区都会依据自身的环境特点、生活习惯和人的感知方式等具体条件进行研究。

于正伦先生在《城市环境创造》一书中提出城市环境设施的划分和定义要符合以下几条要求：第一，城市环境设施的基本内容应作为城市景观的一部分加以重视；第二，建筑物及其墙体内外表面的附着物以及经过人为改正改变了原有形态的天然材料都应作为环境物体的扩展或者相关类别；第三，开放性运动系统与建筑景观等环境设施、自然景观和人类活动等相交叉；第四，每个人对事物的关注点和观察角度各有不同，所以环境设施的区分要满足不同人群的需求，不必拘于一格。

城市环境设施大体可以分为以下几类。

（一）休闲娱乐设施

休闲娱乐设施旨在为城市居民提供舒适、轻松的休息场所，从而使城市能够真正成为有生活味道和勃勃生机的空间。休闲娱乐设施包含：休闲座椅、饮水装置、公共厕所、垃圾箱、烟灰器皿、健身设施以及游乐设施等。

（二）信息交流设施

信息交流设施是一座城市秩序性和民主性的体现，能够在最短的时间内为人们提供城市的详细信息并引导市民出行。在城市区域不断扩张、人口密度不断增加、交通越来越拥挤的今天，城市变化日新月异，即使是城市的原住民也会对城市的变化感到不适应，更不用说陌生人对这座城市的认知。因此，信息交流设施的设置能最大限度地减少人们的疑惑，也是城市生活方便、快捷的标志。信息交流设施包含：环境示意图、电话亭、邮筒、标志、标识牌、阅报栏、书报亭、街头钟等。

（三）交通安全设施

交通安全设施是为居民的出行提供便捷、安全的设施，以避免事故的发生。当代城市已经是一个车轮上的城市，无论是上班还是旅游，人们的出行都离不开地铁、汽车、自行车等交通工具的参与。交通工具的大量使用势必会引起三个方面的问题：其一是地铁、公交站点的设置与自行车存放处或租赁处的设立；其二是人车之间的分流、阻拦设施的建设；其三是方便人车等晚间出行的安全设备的增加。交通安全设施是一座城市与国际接轨的标志。交通安全设施包含：地铁站、公共汽车候车亭、停车场、交通隔离栏、电动车充电处、加油站、自行车架、绿篱、消火栓以及照明灯具等。

（四）商业服务设施

商业服务设施是一座城市商业活力和经济发达程度的标志。在商业化时代，人们对城市生活的要求日趋简便、快捷，满足人们从事某些商品、资金交易的设施的出现不仅方便了人们的生活，也节约了人们的时间。商业服务设施包含：银行自动存取点、售货亭、自动售货机等。

（五）装饰美化设施

在今天，城市环境里的绿化越来越普遍，但承载城市绿化的树池、树池箅子、花坛等设施却没有被受到足够的重视。这些设施对保护植物、保持水土、净化环境、增加湿度以及丰富城市立面等具有重要的意义。装饰美化设施包括：树池、树池箅子、花坛、花盆、花架、花箱、花镜以及喷泉水池等。

（六）无障碍设施

无障碍设施最能体现一座城市的人性化和对市民的关爱程度。我们的城市环境是面向全体市民的开放环境，是公众的环境，因此必须体现它的公众参与性。尤其是中国即将进入老龄化社会，60 岁以上的老年人日益增多，作为城市艺术的构成元素必须要体现对老年人以及其他特殊群体，包括残疾人、孕妇、儿童和病弱者等所有人的关怀和爱护。无障碍设施主要是指在交通、建筑、通信等系统中供残疾人、老年人或者行动不便者使用的相关工具和设施，如坡道、盲道、扶手、专用标志等。

三、城市环境设施的设计原则

（一）人性化原则

人性化原则是城市环境设施设计的第一原则，也是环境设施设计的终极目标。环境设施作为连接人和环境的桥梁，不仅要成为协调人与环境、社会之间关系的纽带，还要在带给人们生活便利的同时，能够对人们的生活方式产生一种建设性的规划和引导。这就需要从环境设施的造型、色彩、材料、装饰、布局位置以及人的情感体验和心理感受等方面积极探索和挖掘其潜在内涵，并在日臻完善的功能中渗透平等、关爱等思想，使人能感受到城市带给的亲切、温馨以及款款真情。可以说，环境设施只有真正地从人的生理、心理以及行为习惯等方面出发，最大限度地关爱人、关注人、体贴人，满足人们的各种需求，才能以饱含人性情思的设计去打动人。

（二）环境性原则

环境性是指以因地制宜的方式，达到设施与所处环境的和谐、统一。环境设施并不是城市中的孤立实体，而是特定空间环境的产物。如果不考虑环境设施所处的地域特点、环境特性而随意设计，就容易造成设施与环境的分离。设施的环境性可以通过设施的形态、色彩、质感、比例尺度以及空间布局等方式，形成与环境的协调和统一。

以城市公共空间中的照明设备为例，城市中的照明灯具设计不存在普适性原则，必须要考虑不同环境的具体情况，依据环境的特殊性进行选择和设计。例如，街头绿地、广场、庭院中的装饰灯具，主要不是用于照明，而是营造亲切、温馨的氛围，所以灯具的高度应位于人的视平线之下，一般控制在 0.3 ～ 1.0 米，灯光以暖色为主。步行道和散步道的照明灯具要兼具照明和装饰的功用，所以灯的高度在 1 ～ 4 米之间，灯具、灯柱和基座应富有个性、艺术性，并注重细节处理，最好是与雕塑、浮雕壁画结合，以适应人们在中、近视距的观感。主干道路灯是以照明为主，装饰是其次的，所以不需要做太多的艺术处理，但这种灯具对高度、投射角度以及配置方式的要求却是非常严格的，同时还要受道路环境的制约。道路越宽，灯杆越高，投射角度也越大。因此，城市环境设施的设计不能脱离具体的环境条件而天马行空地臆想，必须要根植于特定的环境之中，具体问题具体分析，这样城市的活力、魅力才能被释放出来。

（三）兼顾性原则

兼顾性是指环境设施的设计要兼顾功能与形式、技术与艺术、科学与人文的统一。与建筑体量较大的城市元素相比，环境设施的体量较小，容易被人忽略。为了引起人们的关注，环境设施在满足基本功能的同时要注重造型的独特性以及设计的新颖性。只实用不好看的东西是苍白的，而好看不好用的东西则是没有生命力的。

《考工记》认为一件良好的器物要具备四个方面的素养，即天时、地气、材美、工巧，合此四者，然后可以为良也。同样，作为艺术品的城市环境设施也必须是天、地、形、神、技、艺等诸多方面的有机统一。只有做到这几个方面的统一，才是一件好看、好用、耐看、耐用的城市艺术。

第三节　建筑装饰要素

一、建筑装饰的概念

建筑装饰作为一种构建城市艺术的方法和手段，通过对组成城市主体的建筑物的装饰和美化，使置身其中的市民或观者能获得各种不同的视觉体验，从而为其带来精神愉悦和身心享受的艺术形态。

在城市中，建筑装饰是人们感受城市人文气息、艺术氛围最直接、最便捷、最有效的方式之一。或许大多数人都有这样的感受，当来到一个陌生的城市，站在城市中心广场或街道上环顾四周，建筑装饰是人们认识一座城市时最初的、最直观的印象，其以独特的色彩、肌理、质感等信息传达着城市的历史文脉、城市风貌以及生活状态。例如，纽约、上海等城市的建筑装饰就应体现出一种高科技、现代感和快节奏的感觉；巴黎、北京这样的古城，其建筑装饰风格应该展现出一种精致、浑厚和瑰丽的感觉。沙利宁曾说："让我看看你的城市，我就能说出这个城市的居民在文化上的追求是什么。"

建筑装饰有着悠久的历史，并贯穿人类建造行为的始终。在长期的历史发展过程中，不同地区都形成了富有特色的建筑装饰风格。例如，欧洲专注于对石材结构的装饰；东方专注于对木质构造的点缀。

直到 20 世纪初期，装饰一直都是城市和建筑的主题。第一次世界大战后，由于战争导致的经济低迷和城市衰退，装饰从建筑的主体地位沦为可有可无的附属物，阿道夫·洛斯甚至提出"装饰即罪恶"的思想。于是，取消装饰、否认美感成为现代主义建筑的基本原则，城市建筑从古典时代的丰富多彩一度变得单调乏味，毫无情感。由于长期生活在没有美感的环境中，人们对现代建筑产生了厌倦甚至是厌恶的感觉。近年来，随着经济的发展以及人们生活水平的提高，公众对已建成环境的态度有了转变，人们对建筑的要求除功能合理、结构新颖以外，还希望城市建筑更富有装饰性，并以此改善居住环境、美化城市空间。因此，建筑装饰再次受到人们的重视。

二、建筑装饰的范畴

一幢建筑完整的装饰由连接建筑与地面的基座、拥有成排窗户的建筑墙体部分、建筑与天空衔接的屋顶轮廓线三个部分构成。

（一）基座

基座是连接路面与建筑的部分，是承托建筑的基础。基座距离人们最近，最容易被感知到，所以也是建筑最重要的装饰部位。鉴于这一部位的特殊位置，很多建筑通常借助简明的水平线条、鲜明的图案、精美的雕刻等处理方式加以强调。

（二）建筑墙体部分

建筑墙体，即位于基座之上并由檐部、线脚和界定性的垂直边界等元素限定出的部位。由于其在建筑中占有绝大部分面积，因此建筑墙体部分在设计时，不仅要满足基本的承重、围护、分隔空间、通风、采光等使用要求，还需要依据建筑不同的功能、形态进行装饰和美化。这一部位远离人们的视觉中心，所以在艺术处理上不需要像基座一样细致、严谨，而是借助色彩、质感和肌理完成，如可通过对窗套、壁龛边界的装饰或壁柱、阳台和楼梯间的艺术化处理来获得美感。但这有一个前提，设计师首先要清晰而明确地判断这一部分的主导材料和色彩。总之，无论何种装饰形式，必须要与主体背景墙的材质形成对比，才能使装饰形式脱颖而出，吸引人们的注意。

（三）屋顶

屋顶是建筑的外轮廓或墙体的最高边缘，是建筑与天空的交界线。设计师对屋顶进行具有一定趣味性和复杂性的装饰设计是现代城市变得更有艺术气息的方法之一。屋顶作为主要的建筑元素，既是建筑物遮风挡雨的重要构件，又是建筑形象中最为变化多端和富有艺术气息的部分，因而又被称为建筑的“第五立面”。屋顶轮廓线是城市天际线的组成部分，但它不像天际线那样只能从远处观看。屋顶是建筑中唯一适合在城市空间中被观者远距离和近距离同时感知的建筑部位，也是正反两面都要进行艺术处理的部位，所以建筑屋顶的装饰也就成为传统建筑重点刻画的地方。

三、建筑装饰的方法

（一）浮雕

浮雕是指在平面上雕镂凹凸形象的一种造型形式，依据表面凹凸程度的不同可分为高浮雕和浅浮雕。浮雕是中西方传统建筑装饰最常用的一种手法。在古希腊时期的建筑之中，建筑材料以石材为主，无法在上面施行绘画，古希腊人将建筑装饰的热情全部集中到对石头的雕刻上，因此古希腊的建筑就像一座雕塑。文艺复兴时期，浮雕装饰艺术达到高潮，无论是教堂还是府邸，从山墙到檐壁、从腰线到基座都布满了浮雕。浮雕在中国传统建筑中的应用也十分广泛。中国传统建筑是以木结构为主，砖、石为辅的建筑形式。为了增强建筑的精神功能，中国古人便将美好的愿望以雕刻的方式镌刻在建筑构件上，并依据材质的不同形成了木雕、砖雕和石雕等形式。浮雕这种装饰一直持续到20世纪初，现代主义兴起以后浮雕被取消了，但这种装饰形式却被传承下来。古典主义时代具象的人物、动物以及植物等图案被现代建筑以新的抽象形式所取代，如运用不同材质筑造而成的具有凹凸感的墙面。

（二）肌理

肌理是借助材质本身的质感或纹理，通过不同方式将其组合在一起而形成的大面积带有装饰性的图案。肌理是人们可以通过触觉和视觉感知获得建筑信息的一种装饰语言。建筑装饰的肌理分为两大类：自然肌理和人工肌理。自然肌理包括石材、木材、竹藤等，人工肌理包括金属、玻璃以及膜材等。与浮雕等纯艺术的装饰语言不同，肌理是一种具有情感色彩的装饰材料。例如，木材、竹藤等天然材质会带给人一种温馨、自然、返璞归真的感觉；金属、玻璃等人工材质则容易让人有生硬、冰冷之感。对于建筑装饰而言，选用何种材质需要依据建筑的使用功能以及视距来决定，不能随意选用，否则会弄巧成拙。一般来说，与人们生活密切相关或距离人的视距中心较近的建筑多选用自然肌理，而要体现建筑的高科技以及现代性或距离观赏地点较远的建筑则可选用人工材质。

（三）壁饰

壁饰，顾名思义就是壁面装饰，包括三个方面：一是以平面艺术的方式对墙壁表面进行处理（如壁画）；二是对墙壁表面进行附加艺术处理（如浮雕）；三是通过人工塑造手段形成艺术壁画或栅格。前两个方面与建筑外立面的关系密切，第三个则侧重于艺术与自然，而非建筑形态，但在空间中的阻隔、导向作用仍同于前者。与建筑物的其他部位相比，墙面的面积最大，所以壁面常常成为建筑装饰的主角。在城市环境中，壁饰运用非常广泛，如建筑物外墙、工地围篱、道路隔声墙、公园、学校以及私人庭院的壁面等。然而，壁饰与纯艺术不同，它在一定程度上要受制于环境的性质。因此，一件成功的壁饰不仅需要集合艺术家、建筑师、环境艺术设计师、景观设计师以及业主、使用者的集体智慧，而且要考虑建筑使用场所的环境特性。例如，学校建筑的壁饰应具有一定的文化意义和教育意义。如果随心所欲地发挥或自我陶醉，就有可能会适得其反。

第四节　城市色彩要素

一座城市的美是由形美、色美、材质美三种要素共同构成的，因此形、色、质也就成为组成城市艺术的主要元素。然而，由于视觉规律所致，人们对色彩的感觉是最敏感的。现代心理学研究发现，在“形”与“色”的比较中，人们对于“形”的敏感度只有20%，但是对于“色”的敏感度能够达到80%。因此，色彩可以说是影响感觉功能的第一要素。

由于色彩的不同，相同的城市会使人产生或华丽，或朴素，或典雅，或秀丽，或鲜明，或热烈的不同情感体验，从而带给人喜庆、欢乐、舒适的感受。反之，色彩的不和谐也会带给人一种或忧郁，或沉闷，或冷漠，或孤独的感觉，让人顿生厌恶甚至逃离。美国当代视觉艺术心理学家布鲁莫曾提出：“色彩能唤起各种情绪，表达情感，甚至影响我们正常的心理感受。”阿恩海姆也曾提出：“色彩能够表达情感，这是一个无可争辩的事实。”克利夫·芒福汀在《美化与装饰》中论述关于色彩在城市中的作用时也提出：“色彩是装饰城市最有效的方法之一，也是我们描述一座城市装饰效果的主要因素。”

一、色彩的基本理论

（一）色彩的三种属性

1. 色相：简单地说就是色彩的相貌。阳光通过棱镜会形成七种可见色光，即红、橙、黄、绿、青、蓝、紫，这就是色彩的基本相貌。

2. 明度：指色彩的明亮程度，用来描述一种颜色的深浅程度。

3. 纯度：又称饱和度或彩度，是指颜色的鲜艳程度或纯净程度。在无彩色系中，最亮的是白色，最暗的是黑色。在有彩色系中，黄色明度最强，而紫色最弱。

（二）色彩的三种元素

1. 固有色：就是物体的原色。严格来讲，所谓物体的原色，取决于物体表面色与照射物体的光线。实际上，物体的颜色都是在光线的照射、影响下产生的。

2. 环境色：是物体所处环境的颜色。例如，一栋建筑处在一个红花绿树的包围之中，红花绿树就是建筑的环境色。

3. 光源色：这里所说的光源色，是指发光物体，如太阳、电灯、火等光线的颜色。宇宙中所有的东西都会因为光线强度不同和方向不同而产生不同的颜色变化。

以太阳光线为例，早晨的光线较暗，色调偏蓝；中午的光线强，色调偏白；下午的光线较暖，色调偏黄。由于光源色变化不一，接受光线的城市环境色调也会给人以不同的感受。

（三）色彩的感觉

虽然色彩感一般被归类为心理学研究领域，但色彩感的应用对于城市艺术设计也是不可或缺的。如果设计师不了解缤纷的色彩是如何影响人们的感知的，那么就谈不上使用色彩来引导或改善人的心理感受。不同的颜色会影响人的微妙情绪，所以在设计城市环境时使用不同的颜色会给人以不同的心理感受。基于感受和经验，人们普遍认为不同的颜色带给人不同的感受。

红色是一种令人兴奋的颜色，代表热情、喜悦，能对人产生刺激效果，令人冲动、愤怒，激发热情。

绿色介于冷暖色调之间，代表生命与活力，有一种和平、安宁、健康和安全感。它与金色和白色灯光搭配，能营造出优雅舒适的氛围。

黄色是一种华贵的色彩，代表高贵、富有、幸福、希望、智慧和光明，并且具有最高的亮度。

蓝色是代表天空和海洋的颜色，是最新鲜、最清爽和最深沉的颜色。它可以与白色搭配营造轻盈浪漫的氛围。

棕色是一种厚重的颜色，代表土地，给人稳重、高雅的感觉。

白色是一种纯粹的颜色，代表纯粹、简单、洁白、明亮和纯真。

黑色是严肃的颜色，代表严肃、夜晚和沉默，给人神秘、沉默、悲伤、沮丧的感觉。

橙色也是一种令人兴奋的颜色，给人轻盈、欢快、温暖和时尚的感觉。

灰色是一种包容性的颜色，代表谦虚、礼让，给人中庸、平凡、温和、中立和文雅的感觉。

紫色带有神秘色彩，代表贵族、奢华、优雅，同时象征着邪恶、黑暗、悲伤等。

另外，一些颜色给人的感觉并不是恒定不变的，而是多重的。例如，黑色有时会给人以沉默和空洞的感觉，但有时也意味着庄严肃穆；白色有时会给人以无穷希望，但有时也会给人一种恐惧与悲伤的感觉。每种颜色的纯度和明度都略有不同，给人以不同的心理感觉。

二、色彩的心理

（一）色彩与年龄

实验心理学研究表明，人类随着年龄的增长对色彩的感知也会发生一些微妙的变化。有人做过统计，儿童大都喜欢鲜艳的颜色。红和黄就是一般婴儿的偏好，四岁至九岁的儿童最爱红色，九岁以上的儿童最爱绿色。如果要求七至十五岁的小学生把黑、白、红、蓝、黄、绿六种颜色按喜好程度依次列出的话，男生平均次第为绿、红、蓝、黄、黑、白，女生平均次第为绿、红、白、蓝、黄、黑。绿与红为共同喜爱的颜色，这也就是为什么幼儿园、中小学校园、妇幼保健机构和青少年活动中心的建筑及其室内均要设计丰富色彩的原因了。

婴幼儿时期的颜色偏爱可以说完全是由生理作用引起的。随着年龄的增长，联想的作用会渗入进来。生活在乡村的儿童较爱青绿色，部分原因就是青绿色和植物最接近。女孩比男孩偏爱白色，由于白色易让人产生清洁的联想。青年和老年因为生活经验的丰富，对于色彩偏爱的联想更为丰富。

（二）色彩心理与地域

各个国家和民族由于文化背景、地理环境以及生活习惯的不同，对色彩的偏好也是不同的。中国人偏爱黄色和红色。黄色在中国封建社会是帝王的专用色，这与中国传统的五行文化有关。五行代表五个方位，这五个方位又各代表一种颜色。黄色位于中间，代表帝王，所以黄色就成为历代皇家专用色。红色在中国代表热烈、吉祥，是中国最为常用的一种喜庆色彩，无论是王侯将相、庶民百姓，还是宫殿庙宇、庶人宅邸均可看到红色。地理环境对人的色彩偏好也有着重要的影响。例如，位于地中海沿岸的希腊、意大利等国，自然环境优美，蓝天、碧海、绿树、沙滩是环境的主色调。为了与这种环境色形成对比，城市中的建筑更喜欢运用红、黄等暖色。另外，气候对一个国家和地区人们的色彩审美倾向的影响也是非常重要的。位于寒冷地区的人们每年有很长一段时间生活在缺乏色彩的环境之中，甚至常年与冰雪为伴，为了驱除寒意，便会利用色彩联想来获得情感上的满足，这就使高寒地区的人们更喜爱诸如红色、土黄、棕色以及褐色之类的暖色调。这一偏好自然也影响了他们对城市色彩的选择，如俄罗斯以及北欧等国的城市色彩多以红褐色为主。

（三）色彩心理与社会心理

由于经济水平、社会制度、生活方式等社会时代的不同，人们的审美情节、审美意识、审美需求、审美感受等也随之产生了变化。色彩心理会随着时代的变化而变化。例如，在古典主义盛行的时期，在社会上被认为不和谐、突兀的颜色，在现代社会就有可能被认为是新颖的、时尚的、美的配色。可见，不同时代的色彩审美心理受到社会心理影响的作用较大。因此，我们也可以将“流行色”看作是社会心理的产物。“流行色”之所以能够流行，就是因为它们符合了当时社会人们的心理、认识、理想、兴趣、爱好、欲望等需求，被赋予了时代精神的象征含义。但是，受审美疲劳的影响，人们又普遍存在一种视觉互补心理或者称作视觉逆反心理。当一种色调长期流行以后，人们就会对该色彩产生淡漠感或厌恶感，进而追求与此相反的色彩来满足心理需求。例如，长期流行红色调后会追求绿、橙色调；长期流行浅色调后会追求深色调；在鲜明的色调长期流行后便会追求颜色沉着的色调；长期流行暖色调后会追求冷色调。

（四）色彩心理的个人差异

由于种族、年龄、性别、地区的不同，人们对于色彩的喜好也会产生差异性。同时，同一地区、年龄、性别的人由于性格、生活环境、气质等的不同，对色彩的喜好也会有所不同。

“绿肥红瘦”“怡红快绿”“红衰翠减”是古代诗人在不同生活境遇中通过色彩对不同情绪或心理感受的传达。就现代人而言，尤其是居住于繁华闹市的居民，更倾向于喜爱浅色、灰色等简洁、明快的环境色调；而生活在偏远地区，远离繁华之地的人则倾向于热爱灯红酒绿的热烈色彩。受过高等教育、文化层次较高且工作、生活压力大的人群，更喜欢色彩淡雅的环境色调；而文化层次较低或工作、生活压力较小的人群则更喜爱相对欢快、浓重的环境色调。

三、色彩的搭配

19 世纪德国美学家谢林说：“个别的美是不存在的，唯有整体才是美的”。色彩也是如此，单一色彩并不存在美丑的问题，美丑总是存在于与其他色彩的对比之中。正如人穿着衣服的颜色总要与人的肤色和环境相适应一样，色彩的美是在色与色相互组合、相互搭配的关系中体现出来的。色彩的搭配在一定意义上就像音乐的曲谱，七个音符可以谱成各种悦耳、动听的乐曲，同样红、橙、黄、绿、青、蓝、紫七种颜色也可以构成千姿百态、丰富多彩的城市色调。然而，并不是所有的声音和色彩的搭配都会给人以美感。没有节奏和韵律的声音可能是“噪音”，同样不和谐的环境色彩也只能给视觉带来污染。花是有颜色的、是美的，但颜色并不等于花，也不等于美。因此，美必须要经过精心的组织与悉心的调和才能达到令人愉悦的效果。

（一）色相搭配

两种颜色放在一起会产生对比效果，这些对比效果可以相互对应并向各自极端转变。例如，红色和绿色在对比中，人们会发现红色愈红，绿色愈绿；黑白对比，黑色更黑，白色更白。这是因为人们的眼睛有“视觉残像”效应。若试图产生尖锐而强烈的对比时，可以使用互补色的“残像”原理来达到颜色双方的互补效果。例如，以绿色为底色的红色和橙色会比以黄色为底色时给人的感觉更鲜艳。当你想要一个安静平和的色调，你可以利用少量互补色对每种颜色进行调节，以降低对比的强度。此外，我们还可以使用类似的相似性和颜色关系来消除“残像”的效果，并以各种和谐的色彩吸收和融化相似的颜色。

（二）明度搭配

明度可分为高中低三个等级。明暗搭配会给人一种清晰、强烈的感觉，如深黄色和亮黄色的搭配。暗色和纯色搭配会给人一种平和、稳定和深沉的感觉，如红色和深红色的搭配。中性色和低亮度的色彩搭配会给人一种模糊、暧昧和神秘的感觉，如草绿色和浅灰色的搭配。纯色和高光泽的色彩搭配会给人一种欢快律动的感觉，如黄色和白色的搭配。纯色和低明度的色彩搭配会给人一种轻柔、愉快的感觉，如蓝色和白色的搭配。纯色与深色之间的对比赋予人们一种强硬、果断和不容置疑的感觉，如一个灰色块置于高明度的城市背景时会显得较暗，置于低明度的城市背景时就会感到比原来要亮些。

（三）纯度搭配

纯度可分为高中低三个等级。纯色对比给人提供了强烈的视觉刺激，使色彩效果更加明确。比如，红色、黄色和蓝色是最极端的颜色，这三种颜色不会相互影响。黄色是一种鲜艳明亮的颜色，加入灰色会使其失去耀眼的色彩。根据研究发现，黄色通常可以混合黑色、白色和灰色以降低纯度。

（四）整体色调

城市色调与观众的整体感受是由全体的配色效果所决定的。整体色调决定了城市环境的氛围，或温暖，或激情，或寂寞，或稳定，而其又是由配色的明度、纯度、色相和色彩面积大小所决定的。可见，城市色彩的均衡稳定首先是由配色的色彩比例所决定的，所占面积最大的色彩决定着一座城市或街区的主色调。主色调通常在城市中的比重可以达到 60% ～ 70%，起到统领的作用。如果主色调比例低于 30%，城市色调就会显得混乱。其次是要有多样化的辅助色和点缀色，如行人、交通工具的色彩，这两者虽不具有定调作用，但对活化城市环境、提升城市魅力具有不可小觑的作用。

四、城市色彩的美学法则

城市色彩的审美规律是指城市环境或建筑空间中色彩的表现和色彩构成的规则。城市色彩外观的基本原则是色彩的对比和协调。色彩的对比很大限度上决定了城市色彩表现的不同变化，而色彩的对比与调和又决定了色彩的调和与多样性变化。色彩在城市空间中的一般应用法则如下。

（一）色彩的均衡

从某种意义上说，色彩均衡的原理与力学上的杠杆原理是极为相似的。在整体的色彩构图时，每种色块的布局设置应以画面为中心，进行上下、左右或者对角线力量相等的配置。但是，色彩均衡并不是指各种色彩占据量的平均，其中包括明度、面积、强弱、纯度等配置的平均分配，而是要依据设计的要求达得视觉或心理上的均衡。

（二）色彩的呼应

在进行城市的色彩布局时，任何色彩不能单独、孤立的出现，都要与其他色彩产生关系，这种关系可以是在位置上下、左右、前后等产生彼此呼应，呼应的方法有两种。

（1）局部呼应。当在黑色底上点红点时，这个红点被大面积的黑色包围，有被吞噬的危险，给人以窒息感。若增加红点的数量，这种布局就会迅速被打破，当增加到一定数量时红点不再孤立，这就是同种色彩在空间距离上呼应的结果。

（2）全局呼应。色彩的全局呼应是指城市色彩设计中的各种色彩融入同一种色相的颜色，最终每种色彩产生出一种内在的联系，这是构成主色调的重要方法。

（三）色彩的主从

城市色彩的搭配应根据环境要求分出主宾。主色和宾色是一对主从关系。主色一般用在主体部分，占据面积大，能对整个城市和街区的整体色调起到统摄作用。宾色是处于从属地位的色彩，面积较主色小。在色彩的选择方面，主色一般应以对比鲜艳的颜色为主，宾色以调和色为主。由于两者是相对而言的，如果主色是调和色，宾色就应以纯色为主，以形成对比，不能随心所欲。正如苏轼所云："欲把西湖比西子，淡妆浓抹总相宜。"

（四）点缀色

城市色彩中的点缀色包括两种：一是建筑物中面积较小，仅起装饰作用的色彩，如窗口、檐口等部位；二是城市环境中的公共艺术、环境设施或交通工具等。

点缀色虽然面积小，但在城市中往往起到画龙点睛、调节环境的作用。点缀色的应用能达到一种“平中见奇、常中见险、朴中见色”的意外效果。例如，一片沉闷或平淡的色调中点缀少量的对比色，犹如一石激起千层浪，能使沉闷的环境顿时有生机之感。

五、城市色彩的设计原则

城市色彩是一个由环境色、主体色、辅助色以及点缀色等多种不同色相的色彩组成的系统整体。这些不同色相、面积、比例的色彩元素要在城市环境中和谐统一，并产生美感就必须遵循一定的章法和原则，切不可随意乱用，更不可过度追求标新立异或自我陶醉，否则会让城市在视觉上变得凌乱。因此，城市色彩的施行需要谨慎，在设计时须遵循以下几个方面的原则。

（1）在同一城市或街区建筑物上的色彩种类（色相）应加以限制，3 种为宜，最多不超过 5 种。过多的色彩同时进入人们的视觉感知系统，不仅会带来辨别色彩的难度，同时容易造成视觉混乱感。

（2）在城市环境中，要根据构筑物或者建筑物的重要性来进行颜色的选择。一般来说，重要的对象应选取对比强烈或者醒目的颜色，而非重要性物体则可以选用低明度或低纯度的色彩。

（3）一个区域中各种颜色设计应该一致，尤其是新建成的街区，色彩应尽量统一。老城区或历史街区则不受这一原则的限制，可以保留色彩的多样性特色，通过丰富的色彩可以窥见城市发展的历史痕迹。

（4）色彩的选择应尽可能符合人们的视觉习惯以及地域特征。例如，高寒地区的城市主体色、辅助色和点缀色尽可能选用暖色；热带、亚热带地区的城市主色调应以淡雅的颜色为主，以满足人们的心理需求。

（5）城市的背景色一般选用饱和度低的浅色，如灰色、乳白、淡蓝等。人眼对这些色彩并不敏感，相对于较大面积的背景或区域比较合适。但是，绿色不适宜作为建筑的主体色，一方面因为绿色与其他颜色难以调和，另一方面是在光照充足的情况下，绿色受“补色残像”的影响，建筑立面上的辅助色或点缀色容易形成黑色或深色“视觉残像”。

（6）为了使色彩醒目和便于区分，城市的主体色、辅助色与点缀色在色相、明度、面积以及大小的比例上应有一定的区别，切勿同等对待。

具体做法可以参照表 3-1。

表 3-1　城市主体色、辅助色、背景色和点缀色

序　号	1	2	3	4	5	6	7	8
主体色	白	黑	红	绿	蓝	青	紫	黄
背景色	蓝	白	黄	黑	白	蓝	黑	红
辅助色	黑	黄	白	蓝	青	黑	白	蓝
点缀色	红	红	黑	红	红	红	蓝	黑

第四章 当代城市建设中的形象设计

第一节　城市形象设计概述

一、城市形象设计的思想脉络

城市形象设计作为城市设计理论与城市设计实践相结合的产物，是城市设计发展史上的又一次重要飞跃。从远古时代的原始设计思维、中世纪封建城市到文艺复兴和巴洛克时期“城市美化”运动，再到近现代田园城市设计、新区建设和现代的“集中主义”城市理论，我们可以清楚地看到城市形象设计的思想脉络。

（一）远古时期：城市设计背后的王权逻辑

《周礼·考工记》提出：“匠人营国，方九里，旁三门。国中九经九讳，经涂九轨，左祖右社，面朝后市，市朝一夫。”这里所提到的“营国”可以视为我国城市规划的鼻祖。整个城市的格局以王室为中心，形成阡陌经纬、方正严整的城市形态，并奉行礼制营建制度，严格划分等级。这种王城模式一直为后来历代封建王朝袭用。明代建成的北京旧城就是这一思想的集中体现，我们从中可以发掘出它所隐藏着的王权等级制度的逻辑。

在西方文化发源地的希腊，城市设计思维沿着另一个方向发展。古罗马时代，奴隶主在首都罗马建造了为数众多、规模宏大、装饰华丽的公共建筑，如剧场、竞技场、浴室、斗兽场等。其后的历代皇帝同样为自己建立了一系列的宫殿、广场、纪功柱、凯旋门、陵墓等。但是，建筑设计本身的精雕细琢并没有避免城市建设所产生的一系列问题。例如，城市道路完全是自发形成的，总体显得狭窄、紊乱；建筑之间无论是在体量、样式，还是风格、色调方面都无法协调；整个城市功能失调，难以得到发展；城市形象也并不雅观。在远古时期，希腊的希波丹姆斯规划建成的米列都城和普南城可以算作城市设计的典范。希波丹姆斯还对城市进行了功能性分区，采用了棋盘式方格网道路系统。他的广场设计甚至蕴含了三维空间设计思想。

（二）中世纪：人性与等级秩序的冲突

在封建时代，中国城市设计的思想便走上了两条似分似合的道路，一条是追求等级制度的森严、庄重、瑰丽的道路，这在帝王之都得到充分的显现，旧北京城、西安城、洛阳城是其中的典型；另一条是追求个性发展的淡泊、恬静的道路，力图彰显个性，符合人民生活的需要。两条道路在发展中相互交织，手法上互相借鉴，空间上渗透融合，意境上穿插流露，人性与封建等级秩序的冲突隐含其中，展现出了中国城市形象特有的魅力。

欧洲中世纪城市规模很小，战乱频繁，因此城市道路很注意防守之功用，四周有城墙、护城河，形成城堡式的布局形态。全城以高耸的教堂为中心，前面形成广场。但是，广场是逐步形成的，常常是不规则形，且围合感很强。总的来说，欧洲中世纪的城市设计是没有设计思想和整体规划的，仅仅是人民群众生产实践劳动的产物，城市形象也是自发形成的，没有经过刻意的设计。

（三）文艺复兴与巴洛克时期：人文主义的刻板表达

文艺复兴带来了人文主义思想的兴旺，以往的城市设计都致力从事神灵空间或政权氛围的塑造。文艺复兴之后，人的因素才开始受到重视，城市设计一反中世纪自然、狭窄、曲折的道路系统，形成了气派、规整、便捷的干道系统，并且将城市中的广场与重要的公共建筑用干道相互联系起来，从而创造出一种新的视觉景观。到文艺复兴后期，特别是到了巴洛克时期，由于形成了强大的中央集权大国，缔造了绝对的君权，城市设计成为炫耀国王与宫廷无上权力与财富的象征。城市设计片面地追求规整、对称、豪华、气派，使城市布局缺乏人情味，最后形成一种刻板的公式。因此，这一时期城市形象美的展示显得呆板。

（四）近现代时期：从对比中展示城市形象

20世纪以来，工业化带来了城市生存空间的重组，“可持续发展”和“回归人性”的思想渐渐显现出来，人文主义思想成了现代城市设计的主流思想。人们开始认识到人才是城市的真正主人，因此开始了以人为中心的城市实体和小居住空间的设计模式。此时，更广阔的城市设计思想出现了。勒·柯布西耶集中城市主义理论与霍华德花园城市理论成了其中最具有代表性的理论。

20世纪上半叶，西方国家的现代工业技术得到了快速的发展，但随着城市空间的日益拥挤，城市的生活质量迅速恶化。城市设计者开始重视城市三维空间设计，以求合理利用城市空间，同时“区域—城市”系统设计的思想得到重视，“新城运动”应运而生。随着城市发展的社会经济因素日益复杂，区域发展战略及其他各种政策与管理机制逐渐显得重要，城市设计技术和手段不断进化，现代城市规划趋于宏观和综合，形象设计更具有计划性和战略性。

（五）后现代时期：以人为本

近现代城市理论在发展的同时暴露了自身的不足，过分地强调功能分区和规划者的主观意志，而对城市历史脉络认识不足，使城市设计缺乏围合感和亲切感，城市形象缺乏亲和力。在对旧理论进行批判的过程中，出现了后现代的城市设计理论，即以人为本的“人际结合”设计理念，号召将社会生活引入人们创造的城市空间之中。这种理论认为，现代城市生活的特点是流动、变化和生长，集中表现为“簇群城市”的城市形态，主张在设计实践中使人的需求得到完美的体现。

（六）信息时代：关注形象设计

20 世纪中期，美国著名学者凯文·林奇对城市的公众意向进行了调查，最终确定了城市设计的五个要素：边缘、街道、区域、节点、标志。这是对城市形象实体要素的首次界定。随着社会的发展和科技的进步，人类已经步入信息化时代。信息时代的城市形象如何塑造和传播？城市形象如何在城市设计中得以体现？这些问题开始引起人们的重视和思考。20 世纪 70 年代以后，兴起的企业形象设计给我们带来了极大的启示，对城市形象设计产生了重要的影响。1992 年以来，国内的一些城市运用企业形象设计理论探讨城市形象设计，最终进一步拓展了近现代城市设计的视野和范畴。现代城市形象设计是把城市精神、市民行为等一些非物质领域的东西纳入研究范围，不仅按人们的需要进行设计，考虑了设计结果对人们心理感受的冲击，而且考虑了城市市民的心理需求，更重要的是考虑了更大范围内社会公众的态度和行为。现代城市形象设计应用城市物理设计作为工具和纽带，突出了不同城市中的设计特点，以期在公众中塑造独特的城市形象，最终实现差异化的目标，形成战略优势。以市民的需要作为出发点和归宿的城市形象设计，融入了战略性、综合性、实践性的思想，对影响城市发展的各个因素都给予了应有的关注和分析，从而使城市设计更加科学、有效。

二、城市形象设计的勃兴

城市形象设计是企业形象设计的扩大、延伸、深化，是在更高层次上的发展。虽然两者的核心概念和基本手法大体相似，但是两者之间又存在着明显的区别。

（一）现代 CI 设计：从企业到城市

形象设计的思想古已有之。在现代城市生活中，城市不同群体的理念、行为规范及外观标识也是不尽相同的。例如，宗教信徒以自己独有的信仰区别于芸芸众生；

军队凭借自己的严明纪律展示着威武风貌；封建社会的达官贵族通过穿着特有的官袍体现自己的身份。正是依靠这些与众不同的要素，他们在公众心目中形成了特有的“形象”，并区别于其他群体。事实上，这就是“形象识别”的作用，隐含了形象设计的思想。但是，这一时期的形象设计思想还处在自然状态而非自觉状态。

工业革命兴起后，企业在形象设计方面成了主要受众者与主力军。1907年，德国AEG通用电器公司率先将作为企业标记的AEG三个字母的图形形象统一使用于产品、包装、信封、海报、信纸等方面，形成了统一化的整体形象识别。在1930年左右，美国著名设计家保罗·兰德和雷蒙德·罗维首先提出了“企业形象设计”这个崭新的概念。二战以后，继IBM公司成功地导入企业形象识别系统之后，美国东方航空公司、西屋电气公司、3M公司、可口可乐公司等国际知名企业纷纷引入企业形象设计（Corporate Identity System，简称CIS），并获得巨大成功，从而在世界范围内掀起了一股“CI热潮”。日本在20世纪60年代末引入企业形象设计。日本企业不仅成功地运用了这一理论，而且还根据自身实践发展的需要对企业形象设计理论进行了补充和完善。形象设计理论由单纯的视觉识别发展到由视觉识别、行为识别和理念识别三者所构成的完整、动态的企业形象识别系统，CIS理论进一步成熟。

在改革开放十多年以后，中国的企业形象问题逐步得到了重视。广东省率先尝试，广东太阳神集团有限公司于1988年导入CIS并取得了令人满意的成绩。随后，健力宝集团有限公司、李宁运动服装有限公司等大型企业相继导入CIS。在短短的几年之内，企业形象设计的浪潮席卷全国。到目前为止，绝大部分上市公司和相当数量的中小企业都导入了CIS。不仅如此，形象设计的思想逐渐得到了人们的认同和重视，并开始在其他相关领域进行渗透和扩散。另外，城市形象设计、政府形象设计、社区形象设计、个人形象设计等得到了广泛的应用和迅速的发展。

（二）城市形象设计与企业形象设计之异同

城市形象设计和企业形象设计之间存在着众多相同之处，形象设计的方法更是可以广泛地相互借用。在城市形象设计过程中，设计师可以借鉴企业形象设计中的一些成功的经验。城市形象设计追根溯源是由企业形象设计演变而来的，是形象设计理论发展过程中的再次创新。

1.形象设计的主体不同

形象设计的主体是设计过程中的推动者和受益者。企业形象设计的主体是企业，是要素所有者（包括劳动、土地、资本、企业家才能等）之间的联合。企业对内部公众拥有“行使权威”的权力，但这种权力局限于经济生活中的“资源配置”，并且必须以“对方服从”为条件，否则对方可以“退出”。对于外部公众，企业只能通过市场中介，以一个市场经济主体的身份行事，与其他的经济主体是平等的。双方以平等的契约关系进行合作，企业只是拥有“说服”和“谈判”的权力。与此相反，城市形象设计的主体是政府。政府拥有凌驾于城市中的企业、居民等经济主体之上的政治权力。这种政治权力可以运用到社会、经济、文化等诸多领域。在中国，政府的角色是多元的。作为统治者，他行使权力并不以对方的服从作为条件，具有一定的强制性。政府与企业这两种组织在性质上的区别，决定了城市形象设计和企业形象设计的区别。

2. 形象设计的目的不同

在分析企业经营目标时，先后出现了利润最大化、市场份额最大化、企业价值最大化等多种解释。现代企业理论认为，企业“契约的联结点”和企业的经营目标是由契约的各方当事人博弈所决定的。企业的良好形象也是由契约当事人博弈所决定的，是各方当事人在博弈过程中共同实现利益最大化的结果。良好的企业形象既有利于促进产品销售、吸引股东投资，也有利于企业顺利偿还债权人的债务，同时有利于加强员工管理，最终帮助企业获得持久而稳定的利润。

对于政府的目标，美国学者道格拉斯·诺斯曾做过精辟的分析。他认为政府目标包括两个方面：一是统治集团的租金最大化；二是降低交易成本，以促进社会经济的发展。我们可以把政府看成是市民达成契约的结果。从市民个人目标过渡到政府目标，中间要经历一个公共选择环节，而个人根据达成的协议可以控制政府行为。因此，与企业相比，城市推行形象战略，更多地依赖政府的推动。目标也不限于经济领域，而涉及人际关系、意识形态、价值观念、审美情趣等要素，关系到经济发展、物质利益、社会和谐、环境保护以及城市长远发展等方面。政府的目标在于为经济主体塑造一个良好的生活环境和经营环境，以提高市民的福利水平。可见，城市形象在很大意义上是一个“公共产品”，每位市民都可以从公共产品的消费中改善自己的福利水平。

3. 形象设计的客体和依据不同

城市形象设计的主要针对对象是城市实体和空间的设计，包括的范围比企业形象设计要广泛得多。企业形象设计囿于企业内部的诸要素（如企业员工服饰、行为、企业建筑、企业产品、办公用品等），而城市形象设计的范围包含了自然要素和社会要素。自然要素既包括“天然景观”（如江河湖泊、高山平原等），也包括“人工景观”（如房舍、村庄、街道、城市交通系统、城市轮廓线、城市广场、城市公园等）。社会要素中囊括了经济、文化、政治等人类群体生活和群体关系所特有的各种活动。

从形象设计的依据看，城市形象设计以城市规划法为依据，具有法律上的强制性，适用于城市范围内的各个经济主体。企业在进行形象设计时，也必须服从城市形象设计中的一些规范，如遵守城市布局、城市建筑、环境保护、征地、用水等诸方面的规定。城市形象是在众多企业形象的相互协同中产生的，比企业形象高一个层次。

三、城市形象的理论阐释

（一）城市形象和城市形象设计

1.城市形象

城市是人类文明活动的载体和产物，表现为物质形式与整体形态环境的相互融合，是一种文化过程和文化形象。城市形象成了一种“文化符号”，这种符号的不断积淀和呈现，最终得到主体的认识和感受。可以说，城市形象是指城市内、外的公众在认识与感受城市的整体印象之后形成的对城市内在的综合实力、外显发展动力及其未来发展前景的相关评价与认可，是城市发展状况的综合反映。城市内、外部公众是认识和评价城市形象的主体。城市的日常活动能够对公众心理产生一定影响，而公众也会对城市的动态行为和静态因素做出自己独特的认识和评价。各种信息在经过无数次的传播、吸收、反馈后，经过公众的意识陈述，最终形成了公众对整个城市的形象认识和评价。

城市形象对公众来说是一个形象再造的过程，也是公众与城市二者进行互动、相互影响的一个过程。这个过程是主体与客体的融合。公众对城市的判断决定了城市的形象，但这种基于城市不同元素而形成的评估又具有一定的客观性。同时，城市的形象在形成后，可以作为城市内部与外部公共行为交流的中介，时时影响城市状态的发展，最终形成完整的周期性循环。

各种要素决定了人们对一个城市形象的认识和判断。构成城市特色的要素通常可以划分为自然要素、社会要素、人工要素三种类型。

自然要素是城市所处的自然地理环境，如山川大河、地理地貌、树木植被、名胜古迹等，这些都是形成城市特色的基本要素。比如，苏州“小桥流水人家”的水乡特色，雾都重庆的山城特色，关中平原的西安古城特色，等等。这些富有特色的城市不论在地理地貌上，还是在建筑及城市特色上都存在着显著的差异。在城市建设和发展过程中忽视生态环境是要自食其果的，如西安的地裂缝、京津冀地区的地下水漏斗、比萨斜塔的过度倾斜等。可见，只有遵循自然、利用自然、表现自然才能将城市建设的富有特色。

所谓社会要素，指的是城市发展理念和战略以及城市管理规章制度，既包括市民的道德标准和语言行为，也囊括了公民的精神面貌和文化素质。人们按照自身的风俗习惯、道德情趣以及行为方式对城市加以创造，并且有意识、无意识地把他们的文化愿景融入物质实体的塑造之中。比如，由于“礼制”的影响，我国古城的布局基本上为方正形；欧洲人信奉的是基督教，教堂是整个古城市的中心，教堂的尖顶体现了城市的名誉高度。为了同现代生活相适应，现代城市具有清晰的分区以及宽广的街道，人们的服饰、民族习俗、方言等有机融合于承载的物质实体中，从而形成富有生机与活力的生活画面。例如，北京的四合院承载着“老北京”的生活方式及和谐亲密的邻里关系；上海的里弄住宅再现了江南都市生活的紧凑与和谐。

人工要素主要指人类活动的集合，是城市特色中最为活跃和具有活力的因素，也是建筑规划者创造性工作的意义所在。人工要素含义广泛，包括人类可以通过视觉感知的各种物理对象，如城市规划、建筑风格、广场、街道、花园、绿地、雕塑、草图、停车标志以及公用电话亭等。在城市建设中，不同建筑的规划布局不尽相同，不同建筑物也形成了不同的城市特征。比如，我国首都北京在整体的城市规划上雄伟庄重，永定门到钟楼距离长达 7.8 公里的中轴线，体现了城市严正的恢宏气势；在天津，沿海河流沿着道路延伸，弯曲街道使人们感觉到道路不间断的变化，给人新鲜和充满活力的印象。在住宅区规划中，单调的一排排兵营似的罗列组合也包含着丰富的社区空间规划，同时布局也能够影响到个体建筑的呈现。例如，天安门广场被周围的建筑物相拥形成众星拱月之势，显得尤为壮观。另外，建筑的体积、高度、颜色和形状也能构成城市的特征。为了使个体建筑物显得与众不同，设计师就要独树一帜、别出心裁地进行设计。如果城市想具有自身的特色，大量建筑在风格、颜色、样式等方面都会存在着不同。比如，上海外滩的建筑群是由不同风格的单体建筑排列组合而成，跌宕起伏，浑然一体；青岛城市的主要特色就是由红瓦、绿树、碧海、蓝天来共同体现的；皖南民居的特色主要体现在粉砖、青瓦、马头墙的组合与韵律。个体建筑上虽有不同，但是拥有相统一的格调、风格，具有整体统一的形象特征，虽然在某种意义上进行了一定的重复，但最终会形成其特色。没有任何变化的重复是单调乏味，没有任何联系的变化则是杂乱。城市的树木、花草、园林是人工化的自然，如新疆的钻天杨、南京的梧桐、海口的椰树、大连的草坪等都构成了城市的特色。

人工园林又可被称为大自然的化身。人们对于大自然的欣赏方式不尽相同，从而风格迥异。例如，凡尔赛花园瑰丽奢华、宏伟壮观，强调人造雕塑的创造力；中国古典园林讲究以小见大，突出表达的是自然的意境之美。如果一座城市的雕塑内容较为丰富，便能较好地营造出丰富的城市人文特色。雕塑中景观小品的类型较多，包含灯具、座椅、栏杆、花坛、电话亭等，除了使用功能外，还可以装饰环境，不仅能够满足公众的使用需求，还可以妆点城市，从而提高市民的文化素质与艺术审美水平，为城市精神文明建设做出杰出的贡献。近几年来，城市雕塑的发展在城市建设中引起了广泛的关注，表现形式也种类繁多。例如，具象雕塑由于有具体的形象可以作为唤醒主题或者展示人物的事件，抽象雕塑可以引发联想思维或者激发创作灵感。一些成功的城市雕塑作品已经成了这座城市的标志性建筑，如深圳的拓荒牛、广州的五羊群雕、珠海的珠海渔女等。

综上所述，城市特色的基本要素是自然要素，人工要素则体现了城市建设人员的思维智慧以及辛勤劳动。社会要素作为人工创建的基础，城市形象的营造不仅被约束在传统城市设计的视觉美感与目标形象的简单组合中，在一定程度上能够将其作为城市设计的全部内容，而且要关注城市的艺术美，对城市居民生产生活的使用情况综合考虑，同时应该注意继承、创造城市文化。除了在最大限度上利用城市的自然元素，如水系、植被以及地形等，还需要最大限度地对城市文化的特征性要素进行明确与掌握，尤其是关于城市形象是否受到主体认同的问题。总之，创造城市形象要基于主体和客体间的相互关系，在理解、体验以及应用过程中对主体的感知和反应进行关注。

2.城市形象设计

城市形象设计是在城市文化发展意义的“共识”基础上，通过有意识地组织、体验、整合、运作，创新和创造既具个性化又有共性化的城市形象塑造的过程。城市形象设计的基本理论最初源于一定时期城市规划过程中城市发展计划与各项建设的综合部署的研究方面。城市规划是指研究城市的未来发展并管理各项资源以适应其发展的具体方法或过程，并指导安排城市各项工程建设的设计与开发。城市规划学属于综合性学科，牵涉众多学科，如美学、经济学、环境科学、地理学、工程学、社会学以及建筑学等。从公共管理的角度，城市规划是政府城市管理非常重要的组成部分。城市形象设计的学科基础与城市设计密切相关，旨在合理、有效地创造一种良好、有序的生活与活动环境，在充分研究城市社会发展、综合城市历史文脉的基础上，协调城市空间布局，合理配置城市功能，协调好交通和科学安排城市形体等。两者虽然相互覆盖和层叠，并且牵涉领域囊括城市建设系统中的方方面面，但也有其显著的区别。城市设计属于城市规划，为城市规划中的某一空间领域。《中国大百科全书》指出：“城市设计是对城市形体环境所进行的设计。一般指在城市总体规划指导下，为近期开发地段的建设项目进行的详细规划和具体设计。城市设计的任务是为人们各种活动创造出具有一定空间形式的物质环境，内容包括各种建筑、市政设施、园林绿化等方面，必须综合体现社会、经济、城市功能、审美等各方面的要求，因此也称综合环境设计。”可见，城市设计主要指构建城市物质因素环境形态的综合部署所做的合理的部署安排，着重于城市物质要素与空间的构成组合。而城市形象设计既涵盖了城市有形要素的组合，又囊括了对无形要素的合理规划、引导与协调。城市实体、物质空间是有形要素，而市民行为规范、城市管理行为规范以及城市发展理念是无形要素。换句话说，城市设计是包括城市形象的调研、定位、导入、传播、拓展和管理的完整系统，通过对城市的历史、风情、人文文化等诸多因素“由表及里”的体现，将城市形象的深刻内涵“由表及里”地逐渐显现出来。

当代城市发展需要城市形象设计，而城市形象设计也已经成了城市规划设计的最新课题。即便包含城市形象设计的内容在之前的城市规划中有所体现，如规划城市景观、明确城市性质等，然而作为城市形象的总体设计，仍需要构建相对完整的设计体系，主要包括城市的总体形象、城市的景观形象以及城市的标志形象三个方面如表3-2所示。

表3-2　城市形象设计体系

城市的总体形象	这是城市形象的核心和本质，由城市的性质和主要职能决定，最能体现城市的个性。城市总体形象有两方面的内涵：规模形象和产业形象。规模形象的意义不言而喻，有大城市的恢弘和小城镇的精巧。产业形象则以特色最鲜明的产业为代表，而不一定以最大的产业为代表
城市的景观形象	这是城市形象最直接的表现形式。它包括城市的平面布局（鸟瞰构图）、轮廓线（平视构图）、沿街立面的构图和色彩、公园和绿地系统、商业街等，能反映城市特征的各种景观要素。城市的景观形象就是城市形象景观
城市的标志形象	这是城市形象浓缩的表达形式，是经过抽象化的典型形象。它可以分为直观标志形象和无形标志形象两大类。城市的直观标志形象包括市徽、市旗、市花、市树、市鸟及带有特定城市象征意义的雕塑和建筑。城市的无形标志形象包括城市的名称、美称、市歌以及宣传口号等

（二）城市形象设计中相关理论的阐释

在城市形象设计过程中，有目的地塑造城市形象是实践发展的趋势。同时，从理论的高度而言，这也是城市设计理论发展的必然结果。城市形象设计兼顾了建筑学、规划学、地理学、生态学、社会学、传播学、系统学、设计学、人口学、未来学、经济学、管理学、公关学、美学等学科，为城市制定全面、长远的发展目标，以体现城市的个性特色。

1. 城市形象传播与公众行为

在知识经济时代，每个人都必须接受和处理许多信息。组织行为学认为，如果潜在的投资者、外来人员、旅游人员等社会公众所接收到的关于同一个城市的信息是相互矛盾的，那他们的认识就会有差异甚至是相反的。然而，城市形象设计使行为识别系统要素与视觉识别系统要素共同表达了完整统一的城市理念，社会公众接收到的信息内容也就相应地得到了统一。通过城市形象传播，统一的信息流不间断地对公众产生冲击，信息之间的矛盾将被消除，公众不仅会形成对城市的良好印象，而且会倾向做出对城市有利的决策。从这个角度来说，城市形象建设的关键在于统一对内对外的传播信息，以促使公众做出有利的反应。

（1）城市形象与信息不对称。信息经济学认为，搜集信息要花费成本，信息不对称是客观存在的。从公众和城市所构成的城市形象信息看，公众处于信息劣势的一方，在收集、加工、处理信息时要付出很大的代价，因此交易成本很高。公众欲到某个城市进行投资或决定到该城市就业，却苦于搜集不到足够的信息，从而无法评价该城市并做出决策。然而，城市形象本身可以被视为一种信息的显示机制，有了它，公众可以不必再去搜集其他信息。城市形象可以起到“品牌信号”的作用，从而帮助公众节约交易成本，做出决策。

（2）城市形象与城市战略。所谓战略，从某种意义上可以理解为一种长期行为。从战略角度看，城市形象战略便是城市形象设计。基于战略学角度而言，差异化的战略即为城市形象战略。城市与城市之间存在着竞争关系，如争夺稀缺的资源、争取优惠的政策、争取市场等。公众对城市形象越是认同，就越会做出有利于这个城市的选择。可以说，形象的差异性越大，城市在竞争中拥有的“垄断力量”也就越大，从而城市可以形成“竞争优势”，获取一笔长期、稳定的“超额收益”。

因此，我们可以把塑造城市形象的过程视为一个战略的制定和实施过程。城市形象战略的关键在于培育和创造“差别优势”。按照迈克尔·波特的定义，战略的核心就是营造差别优势。城市特定的资源禀赋条件以及地理环境能够作为其本源，或者特有的产业结构、历史文化资源、经济实力以及人文资源等也能够作为其本源。例如，泰安市背靠泰山，杭州拥有西湖，张家界拥有森林公园，福建莆田市拥有妈祖庙，这些自然资源的优势是别的城市无法获得的，各个城市可以凭借这些自然资源塑造城市形象。当然，战略优势也可以人为地去创造，如深圳市华侨城，以前还是荒地，现在建起了锦绣中华、世界之窗等主题公园，从而产生了具有自身特色的战略优势。

2. 城市形象的特征

（1）稳定性与动态性。由于时间的流逝以及外界环境的改变，城市形象一直处在不断变化中，具有开放性并且充满活力。一方面，城市形象自身在不断地发生变化。深圳在 20 世纪 80 年代初仍是以小渔村的形象出现在公众面前。当前，深圳的形象则发生了彻底的变化，其已经有了大都市所具有的开发性特征。另一方面，深圳也具备较为稳定性的特质。当某个城市的形象发生改变后，公众必须重新获得信息，进行再次的体会信息与评估。因此，在短时间内，这座城市的形象必须具有稳定性。在重新定位城市形象时，该问题最为明显。譬如，作为老工业基地形成的吉林省吉林市，"东北形象"已经根深蒂固，若要改变就不容易。

（2）整体性与多维性。城市形象包含着很多元素，公众可以在各个视野中理解和评估城市形象，城市形象设计也可以采用多种形式的方法、途径以及媒介。从这个角度看，城市形象具有多维性。在城市形象评价指标体系的设计过程中，我们要着手于很多方面（心理与道德、制度与文化、科技与经济）。在塑造城市形象时，我们也需要从各个角度着手。城市形象通过公众综合信息形成了独一无二的印象，城市实施信息传播旨在使公众产生一个统一的整体性形象。从这个角度看，城市形象有其自身的整体性。总之，城市形象是多维性和整体性的统一体。只有多种因素的协同作用才能创造完美的城市形象，而一旦某一维度在塑造过程中发生错误，城市形象的完整性就会被破坏，整个城市的形象就不会形成。

（3）层次性。很多方面都能够体现城市形象的层次。一方面，公众是分层次理解城市的，而表面形象与深层形象是城市形象所囊括的。其中，前者以市民体会的城市外表特性为来源，主要指向城市形象中的有形要素，而后者以公众无法直接感知的形象为主要来源，主要是一种视觉效果。公众对表层想象的形成不难，也易于更改，但表层想象影响公众行为方面的时间相对较短。同时，公众的价值理念、文化底蕴以及对城市进行观察的途径等众多因素影响了深层形象的产生与变化。另一方面，城市空间是分层的。公众了解其他空间层面的形象是分层次的，包括结构层面和文化层面。

3. 城市形象的主要内容：交相辉映的多棱镜

（1）城市功能形象。城市功能的需求在很大限度上决定了城市形象。城市形象的核心即功能形象，实质体现就是功能形象。城市重要职能、城市性质决定了城市功能形象，因此城市功能形象能够有效地呈现城市个性。城市功能形象包含了产业形象与规模形象两个最主要的含义。

规模形象与城市实力、人口、面积等因素有着密切的关系。大城市的恢弘和小城镇的精巧，各具特色，各有千秋。通常而言，大城市（如上海市）的功能形象作为区域性的经济、文化中心，具有显著的辐射与带动价值。而小城镇在城市网络中则应该自觉地探寻发展之路，以适应本身的功能形象。相反，如果小城镇追求塑造国际大都市的功能形象，往往陷入失败的境地。因此，城市在提出“塑造国际大都市形象”的口号时，要慎之又慎。

城市形象在代表有明显特色的产业所反映的产业形象中，未必会以最大产业为代表。譬如，铜陵的产业形象是通过冶金行业所实现的，其城市形象被赋予为“铜都”；桂林的城市形象代表为旅游产业，其作为旅游城市是通过“山水甲天下”的有意识地塑造而实现的。总而言之，城市形象内容所具有的差异性取决于其所具有的各种功能形象。

城市形象最直观的表现方式即为城市景观形象，其囊括了可以体现城市特性的人文景观与自然景观。例如，北京的布局方正而又严整，体现出古都王城的庄严；苏州小桥流水的情调使其蕴含了园林的人文氛围。自然地理条件在城市区域中可以产生自然景观，而自然景观的特性被进一步加深与渲染是通过人文景观所实现的。譬如，作为港湾城市的青岛，通过匠心筹划与设计，借助当地的自然资源条件优势，塑造了丰富而多样的自然景观。城市建筑风格同自然有机地融合在一起，使青岛自然景观特征表现得淋漓尽致，给人留下深刻的印象。

（2）城市政府形象。城市的政府机构很大程度上决定了良好城市形象的最终形成。一方面，在城市形象中，政府的自身形象是一个极为关键的内容，同时政府必须具备指导和管理城市形象建设的任务。换句话来讲，从普通大众的常规生活直至筹划城市发展战略都带有政府行为的印记。评价政府形象良好的因素有很多，如政绩斐然、管理卓效和开明、廉洁。比如，浙江省金华市所创造的城市形象为高效与务实、廉洁与公正并存，对政府与上级、企业和公众间的关系进行合理地规范，政府每个部门具有较高的办事效率，因此投资者也纷纷愿意入驻该市。在城市内、外公众中，通过政府的行为塑造城市形象，能够最大限度推进城市社会经济的迅速发展。

（3）城市市民形象。城市的主体是市民。确切而言，对某一城市的进一步认识，人们通常是借助在和该城市中的“人”产生不同的关系来达到的。市民的众多方面（受教育程度、言语行为等）体现出其综合素质，同时在一定程度上体现了一座城市的风貌。人们在与市民打交道的过程中可以对城市形象做出直接的判断。例如，浙江省金华市从社会公德、工作态度、工作效率、生活态度、行为方式、服饰打扮等各个方面着手，塑造金华市民形象。他们塑造的市民形象是“勤劳俭朴、诚信守业，遵纪守法、尊老爱幼，和睦友善、热情开放，崇文重教、自信自强”，这些内容已经成为金华形象的重要组成部分。

（4）城市标志形象。城市形象的缩影可谓是城市标志形象。城市标志形象作为典型的抽象象征，能够划分成两种：一种是较为直观的标志形象，包含了城市的市徽和市旗、市树与市花、市鸟以及某些具有某种城市特定象征含义的建筑和雕塑；另一种是无形的，没有具体形态的标志形象，包含了城市的声誉、市歌、名称、宣传语等。譬如，木棉作为广州市的市树，美人鱼是丹麦哥本哈根的象征，鱼尾狮是新加坡的城市地标，埃菲尔铁塔是法国文化的象征，均可以有效地呈现一座城市的精神内涵。当人们看到这些标志时，他们自然会想到其所代表的城市的形象。

（5）城市环境形象。城市环境的三个主要层面包括了人工环境、社区环境与生态环境。环境作为人类赖以生存与发展的基础和一个极为重要的媒介，不仅体现了一个城市的形象，也是建立城市形象的基础。倘若破坏生态环境，一方面将阻碍城市的健康可持续发展，另一方面也会降低公众对城市的喜欢程度。一个地方的污水、垃圾、臭水沟能够破坏整个城市的完美形象。例如，上海市的母亲河——苏州河曾经被称为“臭水河”。经过20世纪90年代的综合整治，如今苏州河的水体生态功能已经逐步恢复，正在变为上海市的景观河。人工环境指的是一些基础设施，如城市通讯、道路以及建筑。这些基础设施成为公众搜寻城市形象特性的关键路径，也是城市个性呈现的主要途径。人们之间互动、情感融合的纽带是社区，而社区也是一个展示精神文明的主要窗口。可见，城市形象主体认可观念取决于对人工环境、社区环境、生态环境的城市评价。

4. 城市形象建设：高回报的生产投入

设计和建设城市形象旨在推进城市经济的健康可持续发展，此种发展的实现得益于外部公众以及内部公众间的良好关系。市民与城市间实施信息互动和交流，建立良好的城市形象，城市发展与市民行为高度融合，进而达到两者目标的有机统一。从经济价值的角度而言，拥有较高回报率的生产性投入即为塑造城市形象。

（1）聚四海人才，纳八方资金。一个城市的经济能够快速增长，资本要素（资金）、技术要素（人才）起着决定性的作用。倘若在技术人才、投资者的脑海中能够产生良好的印象，那么该城市就会被他们所认可，并且会得到投资者和技术人才的青睐。在个人就业决策以及投资者投资决策过程中，该种直觉或印象往往发挥了关键性作用。现在，一些新兴的中小城市在高校招聘毕业生时往往“颗粒无收”，分析其中的原因，主要是毕业生的心目中没有认同该城市形象。

（2）强化外部环境，拓展发展空间。外部环境是发展城市的条件，通过形成城市形象，有助于政府间对这座城市留下良好的印象，舒适的政策环境容易被形成，同时良好的城市形象也能够获得异地消费人员的认可，拓宽当地产品市场销售途径。此外，良好的城市形象将吸引许多游客，并为其创造就业机会。例如，张家界以前的经济较为落后，自发展旅游业以来，当地人们通过树立旅游城市形象，使旅游业获得蓬勃发展，旅游形象日益完善。绝大多数人不仅摆脱了贫困，还解决了就业问题，而且再次拓展了城市发展空间。例如，“国际森林保护节”的举办，建立了绿色环保的新理念，打造了一个闻名遐迩的城市——张家界。

（3）提升公众满意度，强化内聚力。遵循以人为本的原则，明确城市形象，能够有效地促使公众认可和称赞城市，最大限度上改善城市软件和硬件设施，使每一位市民在塑造城市形象中成为受益者。即使在一些不利的环境下（如工人下岗），政府也要努力赢得市民的理解和支持，共渡难关。福建省福州市近年来大力抓城市绿化、美化工作，突出“传统文化、显山露水、依山傍海”的城市形象。经过努力，一个园林城市展现在市民面前，福州市民也对城市环境的变化赞不绝口。美好的城市形象激发了人们的爱美之心和对城市的凝聚力，提升了市民的精神文化水平，同时良好的氛围激发了福州市民积极参加城市形象建设。例如，一位计算机厂的青年员工，利用业余时间考察了福州市的数十条内河，向市领导提出了十条治理内河的建议。

（4）以德治市，促进精神文明建设。社会主义优越性关键在于高度的精神文明。城市的发展体现在物质文明和精神文明两者的高度发达，必须“两手抓、两手都要硬”。城市形象建设、精神文明建设、物质文明建设三者有机互动，互相推进。

（5）加强城市的识别性，提升竞争力。城市形象设计为公众带来了具有强烈印象的视觉识别标志，从而建立起差异性的城市发展观念，以此将该城市形象与其他城市形象进行区别，最终在日益激烈的市场竞争中能够获得一席之地。例如，新加坡通过创立自己的城市形象，使其经济发展提升了一个层次，并成为世界知名的交通枢纽；吉林省通化市利用制药产业优势，树立了制药城市形象，在制药行业上进行积极发展，从而提升了与其他城市之间的竞争力。

第二节　城市形象设计的原则

城市之间至高层面的竞争是一种形象竞争。良好城市形象的形成是以城市社会经济的可持续良性发展为基础的，城市经济的发展有助于设计相对完美的城市形象。在设计城市形象过程中，当前某些区域存在着舍本逐末的倾向，往往把经济发展置之脑后。为了避免这样所导致的不良后果，政府在进行城市形象设计过程中应该遵循一些基本原则。

一、夯实城市社会经济基础

目前，城市形象设计在实践中存在着一种“形象设计万能论”的倾向，似乎只要城市形象设计搞好了，就可以解决任何问题。这是一种极其错误的认识。城市形象是城市内部众多要素的外部特征表现，应该视城市内部不同要素的排列组合与素质高低的状况决定。

一座城市形象的好与坏取决于城市社会经济能否可持续地良性发展。城市社会经济是内在的内容，城市形象是外在的形式；城市社会经济是本，城市形象取决于城市实力。换句话而言，城市形象的形成得益于事物本身，所以在设计城市形象时必须将发展城市社会经济作为一项基础性工作。城市形象设计的提升需要依靠经济的发展，社会经济发展不能被形象设计所取代。城市形象建设、经济建设两者应该良好互动、有机融合，不可孤立或排斥。无论何时何地，此为一个必须遵循的基本准则。

一方面，城市形象建设的质量取决于社会经济的形态。要想提高公民素质以及城市形象，就离不开城市的经济发展。唯有如此，方能建立良好的城市形象。公众感知和评估城市形象是基于客观事实的。即使政府通过在一段时间内发布错误信息而获得了良好的公众意见，它也不会长久，最终的公众评估将不可避免地揭示城市发展的本质。另一方面，在城市经济快速发展后，城市向市民传播的信息势必会发生变化，市民必将据此评估和理解城市。换句话而言，经济发展是对城市形象进行变革的原始“动力”。另外，社会经济的发展也给城市形象设计给予了重要依据。经济快速发展能够推动人民群众需求的进一步发展，这将把诸多客观实体诸如城市公园、广场以及建设等提升到更高水平，持续地增强城市功能。只有在拥有这些物质条件的情况下，才能为城市形象设计给予客观的对象。

二、突出城市个性

城市个性是城市形象和城市生活的灵魂，强调城市特色是城市形象建设的重要思想和最佳指导原则。城市个性在城市形象定位中，应该广泛地应用城市的历史、内涵、自然文化等。城市的观念凝聚于城市个性之中，而城市个性的表达则在一定限度上可以理解为城市行为识别系统和城市视觉识别系统。城市个性化的最高指导原则必须在城市形象的不同阶段和各个方面都要有所体现。

城市个性是一种高度概括和独有的特征，它关注城市本身的各种功能。这一特征往往通过文化反映出来。城市的特性既能够是自然的或历史的，又能够作为民族的、政治的或者经济的。例如，时尚之都、音乐之都分别是巴黎和维也纳的个性；钟表王国、水上乐园分别是瑞士和威尼斯的个性。

城市个性反映在以下两个方面。其一是城市的外表特性，这主要依赖于当地自然地形地貌及其基本形状。例如，位于长江与嘉陵江交汇之处的山城重庆，房屋多为临山建造，吊脚楼便成了主要的建筑形式。可见，城市的外观主要取决于该地区的特点，人们能够借助建筑物实施一些改变。另一方面是城市的内在特性，主要由军事与科技、政治与文化以及科技与经济的地方实体形态组成。譬如，地处华北平原中部的北京，所处位置极其重要，加之具有丰富的历史文化底蕴，使其成为长期的政治中心。

城市形象的形成作为一种战略行动，关键是通过强调城市的个性来创造差异化的利益。没有个性的城市形象设计常常被视为失败的城市形象设计。城市特色最为关键的功用即为凸显其独有的特征，具有鲜明特色的城市形象能够助力城市处于不败之地。究其原因，与其他城市不同的要素是城市所具备的城市个性，可以成为一个独特的“销售点”，在进行竞争时形成优势。例如，旅游的优势成就了杭州特色，这在长江三角洲城市群中是特有的，所以杭州市能够充分利用旅游产业这一优势塑造城市形象。

在建设城市特色时，我们必须“集中”城市的一个方面。首先是查明一个城市与其他城市相比后的基本特征，其中了解城市的利弊尤为重要。其次是，按照“优势集中”的原则，从一个方面收集优势，将所有功能与其相关联，并最大限度地发挥关键优势。从城市特征向城市个性的转变涉及多种信息的多方面途径，如搜寻、筛选、处理、存储以及传播。这不但应该借助形式多样的数学工具，企业也要通过公众的参与以及专家的判别参与其中。

三、延续城市历史文脉

历史的持续发展致使城市的产生，在一个城市中共存各个时代的文化遗产；而历史的连续发展也会致使城市形象的产生，在一定时期内城市形象必须逐渐更新，还要注重历史背景的连续性。城市的历史能够反映这座城市的城市特色、独特的艺术魅力以及城市个性，因此不仅要对有形文化遗产进行保护和开发新建筑物，还要保护和发展城市文化底蕴（城市无形之物）。唯有如此，方可彻底地振兴城市历史文化，才可以让新建设同长远历史以及富有底蕴的城市文化有机地融合在一起，进而真正意义上将历史文化名城转化成人类的瑰宝。

无论何时，城市形象设计都应该利用现有的城市结构和建筑形象，在历史和文化背景下塑造城市的未来。日本的京都作为著名的历史文化名城，不管城市发展如何迅速，其自始至终都留存自身特性，不但有许多寺庙和花园，而且具有保存完整的有轨电车（工业文明初期）以及当代化的多种服务设施车。在京都，市内很少看到高层建筑或者立交桥，旨在保护京都原有的风貌，人们既能够感受到城市厚重的历史文化内涵，又可以在其中探寻城市历史发展的独特印记。另外，作为日本新兴科学城市的筑波市以及作为中国经济特区的深圳市，都凭借其独特的特点而得到可持续良性发展。筑波市融合了大量的教育教学机构以及科研机构，植物群落包围了诸多的研究机构、现代化建筑以及矗立云天的火箭模型，这些让人们体会到其是名副其实的科学城。作为香港与内地间的经济连接城市，深圳同样将本身的经济优势以及地理条件充分地发挥出来，其重要特性体现在具有浓厚的现代化氛围、繁荣的商业氛围以及富有活力的创新氛围。

四、与自然相融合

人类社会发展最基本的主题永远是人和自然。城市形象的塑造是以人与自然的有机互动为基础的。在国内，传统哲学的“天人合一”思想具有较大的影响作用，在城市建设活动中融入自然的城市设计观念已经由来已久，同时蕴含山水独特的城市形象已经具备。然而，某些城市的建设过程由于缺乏融入自然理念，破坏了城市原有的地理地貌、自然风光以及原有城市空间的特点，最终城市形象在塑造完成后没有具备应该具备的基础。

可见，塑造城市形象需要尊重自然，与自然有机融合在一起，达到二者的和谐，在城市空间体系中良好的融合特色鲜明的城市山水空间与自然要素，通过人和自然的和谐一致凸显城市形象。当人为介入的印记在人与自然的平衡协调中清除以后，城市的形象是完全自然的。譬如，临山靠水的湖南省浏阳市，其能够最大限度地运用此起彼伏的丘陵和风景优美的自然环境，建造出灵活布局的道路和建筑，散发着人与自然的独特气息。河流、山脉、绿水和城市无缝隙的融合，使城市成为林立于花草树木之间的独特风景。

五、凸显地域特色

在悠远的历史长河中，人类按照其地域特点构建了极具差异性的地方文化，这是人类适应、改造以及运用自然环境的结果。城市形象的塑造和发展在很大程度上取决于地方文化。同时，地域文化在诸多方面被淋漓尽致地体现出来，如社会风气、城市景观、建筑形象以及城市布局（依山而立的重庆、临水建街的苏州）等。在建筑层面，自然条件在很大程度上影响了传统的建筑形象，尤其是气候。例如，寒冷的北方的建筑物多淳朴稳定，具有丰富多彩的色彩；而南方由于天气潮热，建筑则凸显轻盈淡雅。可见，虽然当代建筑趋于一致，但区域差异依然存在。在城市绿化景观层面，不同地区的植物群落的立地条件有所差异，品种也有不同，因此人们遵循的自然规律并不是同一个过程，而是需要根据当地的生活习惯、道德情操以及行为方式对城市加以塑造。从某种程度上而言，设计城市形象可以从城市文化方面所汲取，一方面可以对某区域的城市文化特性进行最大限度地体现，另一方面也要以该城市独特的文化底蕴为基础。

六、强调整体与协调

城市的形象设计是设计整个城市的所有元素。从整体角度看，其应该对各个要素之间的有机联系进行考虑，并使塑造的城市形象转化为联系在一起的有机体，进而在市民感知城市形象的过程中形成统一化的影响。同时，设计城市形象的方式与内容应以完整性原则为基础。唯有如此，方可加大塑造整体而又丰富的城市形象的可能性。详细而言，从历史层面，城市形象是持续的；从空间层面，城市形象是有次序的；从结构层面，城市形象是合理的。这是统一连续性原则所要求的，可以体现出城市发展历程以及不同城市形象的要素之间的有机联系。

当代城市形象的关键组成部分之一是建筑物。在施工时，设计师应充分注意建筑物与整体环境的协调、建筑物的高度、建筑物之间的距离、建筑物的色彩以及建筑物与周围背景之间的比例。只有整体协调的建筑，才能够组建整体的视觉识别，进而将城市观念进行整体性的传播，形成良好而完整的城市形象。例如，北京天安门广场周围建筑设计时注意了这个问题，整个建筑群浑然一体，形成了庄严、肃穆、开阔的城市形象。杭州市把主要街道临街的墙面颜色予以统一，具有较强的视觉效果。相反，某些著名的游览风景区对此问题并未重视，造成周边诸多建筑物同风景区不相符的现象，破坏了风景区的协调，使其丧失了以往诗情画意的意境，城市形象也因此受损不少。

七、着眼于城市未来发展

建设城市形象是一项长期任务，为实现重大成果，目前的投资可能需要数年的时间。城市形象不容易建立，但容易摧毁，不断努力的结果可能会随着一两次错误而消失。可见，城市形象的建设是一个长期的持续不断的过程。例如，城市形象的建设在大连引起重视的时间能够追溯到十几年前，也愿意在必要的情况下牺牲某些短期的经济效益。当其他市在各处建造房屋时，大连市却在努力建造广场和绿色空间，并没有在意房地产对其可能带来的巨大利益。然而大连美丽的城市形象却创造了良好的社会效益以及经济效益，获得了不少称赞，每年吸引了不少投资者和游客。

城市未来发展要注重的另一个关键点是在城市形象形成时，有必要在城市中确保一定数量的公共文化空间，并为体育场馆、图书馆、博物馆以及广场、公园是建立预留空间。未来城市的大部分形象都是以城市公共文化空间为基础的，城市建设必须得到重视。从战略的角度看，政府需要尽快地计划，并且加以考虑。

塑造城市形象要以发展和未来为关注点，必须精准预测城市发展中或许会产生的新问题，并提前准备和计划。例如，自然环境、城市人口、生活方式的改变以及城市产业结构的调整都或许会导致建设城市形象出现困难。诸如类似于大庆这样的一些能源城市，倘若将来自然能源被用完，如今大庆被赋予的“石油之都”的形象又会出现什么样的变化？针对此问题需要提前思考，在国际上成功与失败的例子并存，而战略目光决定了成功与失败。

第三节　城市形象设计的程序

城市形象设计是调查、定位、设计、宣传、营销、维护、再定位、再修正的一个循环过程。

一、城市形象调查

城市形象设计有初次设计和重新设计两种。在不同情况下，调查的内容是不同的。

（一）初次形象设计的调查

首次调查的目的是获得城市形象设计需要的基础资料，如这座城市的历史轨迹和文化脉搏、周边的地理环境和天气气候、城市的区域位置、人口的数量与规模、城市经济产业的机构组成及发展前景、当前城市的标志性景观及具有识别性的城市标志等城市形象要素。通过调查分析，设计师从中找到最能够反映该座城市个性的关键性元素。城市形象不仅要具有吸引力，而且要能够满足城市的实际需求，最终得到城市内部居民和其他城市居民的认可。

调查不仅要全面，而且要有重点。调查的全方位是指调查应该包括城市政治、经济、地理、历史、文化等各个方面的情况，掌握的资料要尽量翔实。突出重点是指调查应该集中放在城市发展中具备个性的某几个方面。譬如，杭州市的城市调查应该突出旅游资源方面的情况。总的来说，规模较大的城市形象设计要对综合性多加考虑，要能够全方位地反映城市文化底蕴；规模较小的城市形象设计要多注重个性化，重点显示城市特征风貌。总之，调查的时候要依据设计要求的不同而有所侧重。

（二）重新设计的调查

城市根据自身发展需要所设计的形象与公众接受和期望的形象之间必然会存在一定的差距（称之为形象差距），这是城市形象重新设计的动因所在。形成城市形象差距的原因是多方面的，某些传统城市由于时间的关系，城市形象模糊，需要重新发掘历史、文化和社会精华，对城市形象进行重新塑造，如平遥、文水、景德镇、枣庄、望城、濮阳等城市。对于一些产业结构单一的工矿业城市，资源枯竭、城市功能弱化，因此需要对原来城市形象进行重新策划，赋予新的内容，如大同、铜陵、个旧、鞍山、大庆等城市。因此，在重新设计调查阶段，最重要的是明确认识形象差距。

城市形象是一个复杂的综合体，包括有形要素、无形要素、人员要素等几个大的方面。因此，在重新设计时，设计师要了解城市实际形象和公众期望形象之间的差距，落实到具体要素的各个方面，并设计一些具体指标，以期从更深的层面上把握问题的实质。城市形象调查最好是采用定量的办法，这将有助于问题的分析。在实际调查过程中，应当突出重点、有主有次，可以先进行一次包括较少指标的预调查，然后对问题较多的项目做进一步调查。

城市形象调查的对象主要是各类公众，包括内部公众和外部公众。对于外部公众的调查，主要集中在城市知名度和美誉度两个指标上。城市知名度是指社会公众对城市的知晓程度，主要衡量的是城市形象传播的触及度。城市美誉度指的是社会公众对城市的赞誉程度，主要是指城市形象被公众认可的程度，是城市形象设计能否成功的一个重要指标。美誉度是建立在知名度基础之上的。

二、城市形象定位

城市形象定位是指确定城市在整个社会经济网络中合适的位置，最终显化和标明城市的个性化特征。从另一个角度看，城市形象定位也就是确定城市对社会的生长点和贡献点，回答城市“为何存在”以及“为什么会存在”的问题。精确的定位城市形象能够大大提高城市形象策略实施的成功率。而城市形象定位的关键是把握住城市的个性，最好和其他城市对比后再进行定位。

城市形象定位关系到三个因素的分析，要考虑三种因素间的相互影响。

首先便要考虑处于对手位置的其他城市。城市形象定位之初不仅要尽力与其他城市形象有所不同，寻找自己的独特之处，而且要和其他城市有所关联。每个城市都位于一个社会经济网络中，其功能是在网络连接中创建的。各个城市应该相互支持，相互协调，共同发展。换言之，城市形象定位是以区域经济为前景的，借鉴区域经济的分工，这是一个挖掘自身优势的过程，也是在与其他城市相互比较的过程中产生的。

第二个影响因素是城市本身的形象应该放在城市的固有特征上，特别是主要特征。在定位之前需要详细论证城市的各个方面。例如，杭州市具有代表性的是旅游资源，靠近上海，具有丰富的自然景观和人文历史景观，这种优越的地理位置具有难以替代性。在某种程度上，这个优势很难取代。

社会公众是城市形象定位考虑的一个最终因素。形象定位要研究城市的形象是否可以被公众接受，与城市当前形象的距离以及形象元素中所反映的差距。实际上，找到城市形象的过程就是在上面所论述的各个角度中找到一个平衡点。比如，一旦城市的方向产生变化，公众将会随之改变他们的观点，这肯定会影响城市在公众眼中的形象地位。此时，就需要重新调整自己城市的形象定位。城市形象定位确立了城市对社会独特的贡献点，这为构建城市的理念识别系统做出了贡献。城市调查是城市形象定位和重新定位的基础与前提，城市不妨依据最终敲定的城市形象定位，从中提取出城市未来的发展理念。可见，城市形象定位在整个城市形象设计的过程中是非常重要的一个环节。

三、城市形象评价

城市形象是城市的自然地理环境、经济贸易水平、社会安全状况、建筑物的景观、商业、交通、教育等公共设施的完善程度、法律制度、政府治理模式、历史文化传统以及市民的价值观念、生活质量和行为方式等要素作用于社会公众并使社会公众形成对某城市认知印象的总和，而城市形象评价就是对上述城市形象的一种评估。借由形象评价，能够为城市视觉美化、城市形象定位、城市理念识别系统设计、城市形象传播等寻找到最佳的方案。通过形象评价，我们可以把不同城市形象进行横向的对比，也能够掌握一个城市的历史变迁，从而对构成城市形象的各个要素有一个认识，为城市的形象建设奠定基础。

（一）城市形象评价的含义与作用

城市形象评价是对构成一个城市的所有内在要素是否与内外部公众的需要相吻合所做出的综合判断。城市形象评价的主体是社会公众，既包括公众对城市各要素在塑造城市形象中作用的评价，也包括公众对城市形象差距的判断，还包括在两个及以上的不同城市之间公众对其进行的主观城市形象比较。城市形象评价的客体是城市形象系统中的各个要素，既有自然要素，又有人文要素，综合了城市的方方面面。通常情况下，评价涉及政治、经济、文化、社会、自然和环境等各个方面，并综合考虑它们对城市形象塑造的影响。在评估中，我们不仅要强调直接影响，还应强调间接和隐含的相互作用；不仅要强调眼前利益，而且要强调长期利益；不仅要评估量化指标，而且要强调软指标评估。

城市形象评估的作用在于选择不同的选项来实现相同的目标并选择实现目标的最佳解决方案。城市形象评价在城市形象设计的不同阶段所发挥的作用也是不一样的。在城市形象定位阶段，利用形象评价选择出最佳的形象定位；在进行城市理念识别系统、行为识别系统和视觉识别系统设计时，利用形象评价选择最佳的设计方案；在城市形象设计之后，利用形象评价确定最优的形象传播方式。

（二）城市形象评价的步骤

在评估城市形象时，第一要确定城市形象设计目标，如降低传播成本、扩大传播的影响范围、提高城市声誉等。一般来说，城市形象设计的目标是不同的，有必要依靠某些方法确定每个目标的相对重要性。第二，需要分析构成系统的各方面要素。根据城市的形象评估目标，有针对性地收集相关数据和资料，并对各种系统要素和系统性能特征进行全面分析。例如，在评估城市整体形象时，根据分析确定城市形象的内容，包括环境形象、经济形象、社会形象和发展形象。评估城市形象主要是对这些组成元素的评估。第三，界定评估考核体系。该指标是总体目标的量化指标，每个指标都规定了城市形象评估的一个特定方面。一系列相互关联并涵盖该系统所有方面的指标体系构成了反映待解决问题目标要求的指标体系。指标体系是评估城市形象的最新观点，应尽可能充分考虑影响城市形象的各种因素。例如，在评价城市经济形象时，可以选定 GDP、第三产业比重、企业利润总和、劳动生产率等指标。第四，制定评价的标准。在评价最开始，要对一些定性的指标通过依托模糊数学理论的观点和方法，进行定量化的处理。对于评价的不同指标，有必要将相关指标进行规范化处理，并制定评价标准。依据指标反映的要素情况，对各指标的结构和比重进行评价。在这个前提下，明确评价要采取的方法，如简单加权法、AHP 法、主成分分析法等。第五，先进行单项评价，然后再进行综合评价。单项评价是指针对系统的某一个特殊方面、一个或者几个指标展开周密的评价，以突出系统的局部特点。例如，对城市经济形象做出的评价就是单项评价。综合评价是指依照选定的评价方法，在单项评价的前提下，从不一样的视野和角度对城市形象展开全方位的评价，最后得到可以实现系统目标的最佳方案。

（三）城市形象评价的原则

城市形象评价是为决策服务的，评价的质量好坏与决策的正确与否挂钩，所以要先确保城市形象评价过程的客观性，评价材料要准确、可靠和全面。针对其中某些要依托人的主观能动性做判断的一些环节，应该对其进行一定的统计方法的辅助，缩小人的主观判断带来的误差。

城市形象评价不仅要注重客观性，而且要对评价的系统有足够的重视。一个城市的形象是构成这个城市系统的各个要素总体的外在反映，因此在对城市形象进行评价时，要对城市的情况有一个全面的把握，影响城市形象的每一个方面都要被设计的指标体系所覆盖。如果遗漏某项指标，那么城市形象评价的结果可能会受到影响。但是，在具体操作时，某些指标的获得比较困难。如果只实行系统性原则，反倒会让评价变得不易实施。因此，在创建指标体系时，对一些和评价关系小的指标可进行舍弃；对另一些和评价关系紧密但当前没有办法获取数据的指标，可以当作建议指标提出来，来确保评价指标体系可行。

对指标的取舍应当给出一定的依据。换言之，要注重科学性。在明确各个指标比重时，要借助数理统计方法，尽量缩小评价过程中出现的误差。城市形象评价的科学性原则要求，城市形象评价时每一个环节的误差都要控制在一定范围内，而且这个误差必须是可以量化的，否则会导致整体评价的误差非常大，降低结论信用度。

（四）城市形象评价指标体系的构建

城市形象评价不仅涉及城市发展过程中的各个方面，而且包括了公众的众多心理因素，因而评价过程往往带有随机性和模糊性的特征。对多层次、多因素的繁杂的评价问题采取科学性的测量方法需要对其进行一定的量化处理，第一步也是最重要的工作是针对城市形象构造一个科学的评价指标体系，明确每一个指标的数值和与之对应的比重，然后加总，得到最终的评价结果。

构建城市形象评价指标体系，很重要也很困难。指标范围越宽，评价相应地就越全面，越有利于提高判断和比较的准确性，然而明确指标的分类与重要性会变得困难，建模与处理的过程也会变得复杂，所以扭曲方案本质特征的可能性也越大。特尔菲法和主成分分析法在构建指标体系中比较常用也比较有效。特尔菲法依靠的是专家的知识、智慧、经验、直觉、推理、偏好和价值观，在许多无法定量化的复杂系统评价方面运用广泛。在运用特尔菲法时，第一，要约请有关城市设计、城市美学、经济、文化、建筑等方面的专家学者，让他们对城市形象应该包含哪些指标内容及各个指标的相对重要性进行主观的评价，并进行打分。第二，把不同专家的评价结果汇总后进行统计分析，若意见不一致，便把统计分析的结果反馈给各位专家，让他们进一步修正自己的评价，直至最终意见能够达到相对一致。在专家们进行评价的整个过程中，要确保他们彼此不会碰面联系，以确保最终的意见不会受到其中某一个人的左右。主成分分析法是筛选和简化指标体系的典型方法。一般是根据相关分析法把原来的多指标序列中相关性较强的一组（多组）指标用一个（多个）新的指标来代替，从而达到简化指标的目的。

四、城市形象识别系统的设计

城市识别系统（CIS）是城市形象设计的集中体现。它是在通过城市形象调查得到基本资料并进行城市形象定位和再定位之后，把城市所具有的所有个性特征（尤其是优势特征）通过统一的设计，运用整体的传达沟通系统，将城市的发展理念、城市文化以及城市活动等方面的信息传达给所有公众，让他们接收到相互协调的信号，并形成对城市的认知和评价，以凸现城市个性，使公众产生一致的认同，最终实现由客观世界到主观世界、由城市到公众的跨越过程。

五、城市形象的传播与维护

城市 CIS 设计是一个编码的过程。在设计好城市形象识别系统之后，一个重要的步骤便是利用各种可能的信息媒介宣传推介城市形象。通过传播城市形象，能够使公众和城市有一定的沟通。沟通的目的在于塑造城市形象和发现原有城市形象定位的偏差。沟通的成功与否，取决于两个方面：一是城市形象定位是否准确，是否具有个性，能否为公众所接受。二是城市的传播力，即城市对外宣传、公关等信息传播的能力。传播力的大小取决于多方面的因素，包括资源投入、传播媒介选择、传播频率、传播机会把握、传播人员素质等。

城市形象传播是一个全面、全员、全方位的传播过程。全方位，是指城市形象传播的策划和施行要全面考虑到每一个系统间的关系，在探究评价系统运行情况的前提下，针对各个不同的方位同时展开，这种方式的传播一定是建立在立体空间基础上的交叉传播和多维传播。全面，是指城市的形象传播应当能够反映城市的各个方面，在突出重点的基础上反映城市全面而完整的形象。全员，是指城市形象传播不仅是政府的职责，是全体市民的分内工作和应尽义务，体现为市民的自觉意识行为。通过城市形象传播，公众接收到各方面的信息并进行“解码”（decoding），并在不断强化中，最终形成对城市的整体形象的认知（这已经在第二章进行了分析）。从另一个方面说，这也意味着城市已建立了自己的形象，之后的步骤便是城市形象的维护。

城市形象的维护包括两个方面：一是不断地强化城市形象的传播，让公众不间断地接收到有关信息并强化对城市形象的认识；二是在出现突发性事件并对城市形象构成威胁时的紧急处理。突发性事件一般是在毫无准备的情况下瞬间发生的，可能引起混乱和恐慌，极容易引起舆论的关注，并且对城市形象构成极大的威胁，如城市爆炸事件、群众集体上访事件等。对待突发性事件，一是要加强预测，建立起一套预警系统和处理突发性事件的机制，尽早提前介入，把事件消灭在萌芽状态。二是要妥善处理。当事件发生以后，城市管理部门应该积极采取对策，尽快掌握事件真相，制订补救方案，本着坦诚、公开、公正的原则，与新闻界保持联系，并加强内部信息交流，以达到通过处理好突发性事件而维护城市形象的目的。

第四节　城市形象设计的发展趋势

一、信息时代对城市形象设计的影响

美国著名学者威廉·J·米切尔在著作《比特之城》中描述了神奇的数字化网络空间。资料显示，米切尔的建筑学背景使他的目光直指数字化未来。他认为，21世纪的人类将不仅居住在由钢筋水泥建造的“现实”城市中，而且也将栖息在数字通信网络构成的“软城市”——“比特之城”。

“比特之城”将颠覆人们对传统城市的定义，那将不再是一个依靠钢筋水泥而构筑的物理城市。在一个计算机和电信无所不在的世界里，普通的人类进化成了电子公民，人类的极限不断得到突破，体力凭借电子信息方式而得以提高。全球化的

计算机网络如街道系统一般掌握着“比特城”的根本，发挥着电子会场的作用，毁坏、替代和完全改写了我们有关集会场地和城市生活的认知。内存容量和屏幕空间成为宝贵的、受欢迎的房地产，后信息高速路时代的建筑以及超大规模的信息企业层出不穷，大量的经济、政治、社会和文化活动转移到了电脑化空间。今天，我们已经一步步不知不觉地迁移到了这个比特城市。

对这个城市来说，最需要的是什么？米切尔认为，作为一座城市，比特城市需要的不仅是硬件设备，还需要软件或这座城市独特的风格。正如他说：“摆在我们面前的最关键的任务不是敷设数字化的宽带通信线路和安装相应的电子设备（我们毫无疑问能做到这一点），甚至也不是生产可以通过电子手段发行的内容，而是想象和创造数字化的媒介环境，从而使我们能过上我们所向往的生活，并建设我们的理想社区。”

“比特之城”的出现预示着新时代的到来。伴随着米切尔的讲述，回看我们正在经历的社交网络的发展，比特之城解构了我们对传统认识的理解，即传统建筑类型和空间模型的传统认知将受到电子信息的影响，随后的重组不仅会深深地影响人们的日常生活，还具有深刻的思想意义。

二、城市空间一体化

传统工业城市的发展注重城市用地的空间分布和等级划分。随着城市的变化发展，由单一功能单元构成的封闭系统远不能与当代城市生活的多样性特征和不同城市功能之间密切的内在联系相匹配。对于大多数城市，特别是大城市和特大城市，土地资源相对匮乏，城市土地资源和空间的有效利用非常重要。从城市空间结构的角度发展看，一体化趋势渐渐显露。

当今城市空间结构的一体化发展大部分体现在以下几个方面。

（1）城市土地的使用从单一化转变为多元化。每片土地都有着不同的城市功能。从建筑的角度看，它突破了传统的建筑功能相对简单的空间使用模式。一个建筑物能够容纳各种功能，如交通、商业、娱乐和居住。

（2）相邻地块在的空间功能联系，不断加强，形成一个综合性的大型城市社区。

（3）城市土地和城市空间的使用变的立体。土地的开发和利用已经从地面扩大开来，形成了地面和地上、地下同时发展的形式。

（4）不同性质城市空间之间的联系越来越密切，尤其是建筑空间与城市空间呈现出一体化趋势，完整的城市空间体系已经形成。

（5）城市交通在城市空间结构发展中的作用日益突出。城市交通网络的建立加强了城市空间之间的联系，同时围绕重要城市交通网络的节点，形成交通功能的核心。空间的使用是多样化的，三维城市交通综合体对城市空间环境的发展产生了重大影响。

三、生态文明与城市可持续发展

从工业时代向后工业时代转变的城市发展趋势是不可逆的，城市发展模式的转变将直接导致城市的空间结构以及土地利用格局的变化。

工业革命带来了无与伦比的科技和社会经济实力，使欧洲许多城市在短时间内发生了巨大的变革。与此同时，工业革命后出现的城市概念和城市爆发式增长的速度也对环境产生了巨大的影响。城市人口的快速增长和城市规模的迅速扩大打乱了原有城市环境的平衡。

从这个角度看，现代城市设计学科的快速发展与城市周边的经济社会发展密切相关。第二次世界大战后，发达国家迅速恢复、重建，到了 20 世纪 60 年代，经济发展达到了一个巅峰，伴随这种情况的是城市环境质量没有得到改善甚至出现恶化。现今，引起全球关注的“环境”问题主要是指人们直接依赖的自然资源状况。基于这种环境状况，“城市”可以理解为人类使用自然资源的程度。“城市和自然资源”之间的关系已成为“城市和环境”项目的起点。20 世纪 60 年代以来，以生态学原理为基础的城市和建筑理论总结出了很多新的方法并付诸实践。这一领域的探索力求创造“城市和自然资源”的最优分配，并逐渐形成了一些与国际公认的生态城市、绿色建筑、可持续城市，节能建筑等城市原则不同的独特城市理论。城市现代化应强调城市经济、空间、功能要素和可持续发展，城市生态环境的发展使城市在经济、社会、空间、功能等方面都具有优势，得到了全面的发展。

第五章 当代城市建设中的景观艺术设计

第一节 城市景观艺术设计概述

一、城市景观艺术设计是一种综合空间艺术

人类生活的空间环境是一个与自然和人类环境密不可分的社会场景。城市是人类聚居的最基本也是最重要的形式，是物质与精神要素的全面反映。人类创造了这种伟大的人造系统——城市是以自然为前提的，城市的建设与发展必须统筹人与自然的关系和人与物的内在关系。与此同时，城市成为人类的一个活动场所，人为因素成为一座城市必不可少的动态影响因素之一。人为因素能够协调人与人之间的关系。

城市景观的艺术处理就是城市景观艺术设计。城市景观可以改变人们的生活质量，改善人们的生存环境，是创造理想生活的主要工具。城市景观艺术是一种能够改变人类生存方式，引导和改变社会和人类行为，并创造适合于人类生活的艺术环境的设计和创作。设计城市景观艺术所涉及的材料类别主要是城市建筑实体之外的部分公共空间，它们是由人类创造或改造的。

城市景观艺术设计是时空艺术的综合体现，设施涉及生态自然环境和人文社会环境等不同领域，并都具有交叉渗透的特征。城市景观艺术设计在实现内外结合之后，越来越受到人们的关注。城市景观设计是一种新的理念与方法，采用了综合科学与艺术相结合的方式来协调自然、人工和社会三种不同环境之间的关系，并使三者达到最佳状态。

二、城市景观艺术设计与城市规划、城市设计、建筑设计、园林设计

城市是人类文明和技术创新的集中地。几千年来，人类一直梦想拥有一个诗意

的生活空间——安全、舒适、高效和美丽的城市家庭，为此一代又一代人付出了努力。在几代人的不懈努力下，随着社会经济的不断发展，城市化进程和社会分工的不断完善，人们从不同领域的不同角度关注当今和未来有关于城市的专业知识。城市发展建设的研究与实践呈多学科交叉互补共生的态势，其中主要学科专业有城市规划、建筑设计、园林设计、城市设计等。其中，城市景观艺术设计作为一个新兴学科正日益受到人们的重视，与其他众多学科在研究对象、研究内容、研究方法以及解决设计问题的路径与手段等方面既有区别又有联系。

（一）城市规划

城市规划是指在一定时期内，依据城市的经济、社会发展目标以及发展的具体条件，对城市土地及空间资源利用、空间布局以及各项建设等做出综合部署和统一安排，并实施管制。城市规划拥有相对广泛的研究对象和领域，通过对预期的土地资源、空间布局以及城市各个组成部分空间关系的协调，将经济、技术、社会和环境四要素结合起来，追求经济、社会和环境效益的均衡发展。对于城市整体宏观层面上的空间资源分配，城市规划则起到了决定性的作用。城市规划基本上分为总体规划和详细规划两个阶段。城市总体规划从宏观层面对城市的性质、规模大小、空间布局、未来发展方向等问题进行全局性的把握；详细规划则是指解决具体的物质建设问题，为管理和下阶段的修建性详细规划（具体项目设计）提供整体控制的依据（设计要点）。其中，详细规划偏重于技术经济指标，更多地涉及工程技术问题。

城市景观艺术设计应该在城市规划的指导下，对提出的各项指标自觉遵从，使设计自身能够与城市相融合，成为城市的有机组成部分，同时提升城市空间的艺术品质。

（二）城市设计

城市设计是社会发展下专业分化和学科交叉的产物，主要指对建筑周围或建筑之间，包括相应要素，如风景或地形所形成的三维空间的规划布局和设计。可见，城市设计是对包括人和社会因素在内的城市形体空间对象进行的设计工作，意在优化组织城市开放空间，特别是建筑之间的城市外部空间。较之城市规划，它更关心具体的城市生活环境和与人的活动相关的环境、场所的意义及人对实际空间体验的综合评价，更侧重于建筑群体的空间格局、开放空间和环境的设计、建筑小品的空间布置和设计等。较之建筑设计和园林设计，城市设计更立足于对环境和整个城市全面系统的分析和准确评价，更多地反映社会大多数人的长远利益和意志。总之，城市设计是城市规划的补充、深化和延伸，并借由制定规则的形式为建筑和园林设计提供空间形体的三维轮廓与由外而内的约束条件，从而在城市规划与建筑设计、园林设计之间架设了有效的桥梁并起到了缓冲作用。

城市设计是城市景观艺术设计的重要基础，其中涉及建筑物的城市空间部分则是城市景观艺术设计进行再设计与深化的依据。

（三）建筑设计

建筑设计是指对城市中某一具体单体建设项目进行的设计。通常是建筑师受业主或发展商委托，依据其拟定的项目设计任务书或城市规划管理部门依据详细规划拟定的设计要点来展开设计。尽管建筑师们总是竭尽全力地或在实用、经济、美观之间制造平衡点，或在建筑实体和城市空间之间寻求最优关系，或在业主利益和公众利益之间寻找最佳契合点，但城市中的建筑毕竟分属不同的团体或个人，他们有着各自不同的局部利益，而建筑师与他们事实上是一种雇佣关系，这就决定了建筑设计最终取决于建筑师及其业主的利益取向和审美价值取向。因此，相对于城市景观形象等整体环境利益，建筑设计往往带有局限性。无论一栋建筑单体设计得如何精妙绝伦，倘若它与周围空间环境及其他建筑实体缺少对话与联系，即与城市整体空间环境无法达到良好的契合时，便难以发挥其对于城市景观形象建设所应有的社会效益，有时甚至还会起到负面作用。

建筑设计与城市景观艺术设计的关系是相并列的，在城市总体规划这一隐形指挥棒的调度下，互为依存，相辅相成，共同构成完整的人类生活空间。

（四）园林设计

园林设计，即在一定的地段范围内，利用并改造天然山水地貌或者人为地开辟山水地貌，结合植物的栽植和建筑的布置，构成一个供人们观赏、游憩、居住的环境。园林设计是使用土地、水体、植物、建筑等元素展开的设计和规划。在古代，大部分园林是私有的，相反现代的园林设计的方向已经远远超出了宅院和公园的范围，在原有概念上得到拓展和延伸。园林设计主要的受众群体是劳动人民，在人们日常生活的场所基本上普及，如城市居住区、商业区、文教区、工业区等，造景要素也在原先四要素的基础上借助现代科技增加了声、光、电等多种元素，为城市中的人们提供了绝佳的游憩场所。

在城市的空间范畴内，园林设计是城市景观艺术设计的一个重要组成部分。现代园林设计，基本上是以植物要素为主的，花草树木的分配与比例至关重要。

（五）城市景观艺术设计与城市规划、建筑设计、景观设计和城市设计等之间的关系

城市景观艺术设计是继城市设计之后又一个学科交叉的专业设计领域。众多学科共同研究创造的人类城市文明，只有通过人类的感知和认同才能获得存在的意义。

相关研究表明，人类感知到的信息中85%来自视觉。因此，城市景观艺术设计从视觉规律入手，考察城市景观形象设计的方法。这旨在整合城市景观的空间形象，创造均衡稳定的视觉秩序，营造良好的视觉空间环境，体现出城市的文化内涵、地域精神与审美取向，最终营造出舒适宜人且具有特色的人文景观。

三、城市景观艺术设计的艺术至境

艺术至境是我国古典美学的重要组成部分。艺术至境由多个意向组合在一起，是形神情理的高度统一，既蕴于意外，又生于象内。艺术至境依次可分为三个步骤：形象—意象—意境。意境是我国古典美学中的宝贵财富，最初主要被运用在文艺美学领域。

城市景观艺术设计中的艺术至境大体分为城市形象、城市意象与城市意境三个层次。回溯人类的城市建设，艺术至境原理的三个不同层次在城市景观艺术设计中应用的实际案例非常稀少。中国古代的城市景观艺术设计大多数只停留在“城市形象”和“城市意象”的层次（如我国的传统风水观）上，而西方的“城市意象”设计出现在20世纪50年代，当时Kevin Lynch的城市意象理论曾风靡一时。然而，“城市意境”设计一般只使用在某种特殊的空间中。比如，我国古代的传统园林设计就使用了很多“城市意境”设计。

（一）城市景观设计艺术至境的相关概念

1. 城市形象

城市形象包括许多方面，它的建筑、街道、风景名胜、文化教育、市民的行为举止、衣装打扮等，城市形象应该包括城市行为系统、城市基本理念系统与城市信仰、城市视觉识别系统三个部分。城市形象是城市景观艺术设计的前提条件。

2. 城市意象

城市景观艺术设计用到的意象原理属于“内心意象”。Kevin Lynch在著作《城市意象》中对城市意象的定义是：“人们在心理上对城市形象的客观印象，它主要指人们通过对城市空间环境的心理印象来评价城市的客观形象。”从另一方面看，城市意象中的“意”可以理解为城市景观设计和建设的客观存在的主观印象；“象”可以理解为城市的形象，是城市空间中的物质主体。“意”借由“象”表达出来，并被人们所感知。

3. 城市意境

意境由“意”和“境”两方面构成。同样，城市意境也囊括了两个方面。在城市的意境中，“意”这个字的概念与“意象”中的“意”是有所区别的，这里指的是在特定的“境”中审美主体的思维活动所产生的不同情绪，而“境”则是形成了主观概念的城市形象的客观存在。换句话说，城市意境是主体性与客观性相互融合而最终形成的有机整体。

（二）城市景观艺术设计中艺术意境的形成机制

在城市景观设计中，人们最为直观的感受便是城市形象。城市形象是构成城市景观的物质基础，来源于现实生活，通过人工的手段制作而成。可以说城市形象是创造城市意境的基础。

在审美的认知过程中，审美主体通过感知直接作用于审美客体——城市的形象，并使用联想和想象的方法，最终生成主体意识中的虚拟图像，这便是城市意象。城市意象是通过城市形象感知的审美内容信息。

城市意象是设计师追求的最高目标，是情感、理念和理想在城市景观艺术设计中的反映。城市意象要求设计师总结和综合城市的形象，为场景赋予精神意义，并逐渐加深引导。这样，审美主体在观看这些特殊含义的景观后，才能触景生情，产生联想与产生共鸣，不断补充、理解并感悟到眼前所看到的景象背后所蕴含的情感和精神，以获得精神的愉悦。

（三）城市意象与城市意境的区别

城市意象只是审美主体运用“内心意象”的理论体系，对一个城市产生的心理印象，并不触及人的内心情感。城市意境则是从意境的层面来塑造城市景观形象，也就是说，以城市中的人为出发点，全方位去衡量城市中的自然资源和人文资源，把“情”和“意”融入城市形象设计，以满足大众在精神上对城市景观形象的高层次的需求。城市意境必须由外而内，能够激起社会大众的情感共鸣。可以说，情景交融是城市意境最明显的一个特点。

与城市意象相比，城市形象的营造是相对容易的。人在进入城市之后，自然而然便会对城市产生基本的了解，形成对该城市的个人印象。同时，每一个城市中重要的标志物、节点、城市的区域、道路骨架等是相对固定的，这是人们对城市意象产生共同认知的重要基础。例如，江苏省的省会南京，东北方向是紫金山，南面有莫愁湖，西北方向是长江，北面有玄武湖，市区被宁镇山脉环绕，周边河湖犬牙交错，城内有秦淮河贯穿市区，城里还有清凉山、石头城。南京城可谓背山、襟江、抱湖，自然而然就会给人一种山水城市的城市意象，所以自古以来，人们常用“龙盘虎踞”形容南京。山东的省会济南，南面是千佛山，北面是大明湖，是靠山面湖的山水城市，素有“四面荷花三面柳，一城山色半城湖”的美誉。济南城内原来是百泉争涌，拥有着闻名遐迩的趵突泉、五龙潭、珍珠泉、黑虎泉四大泉群，有美泉

100多处，享有“七十二名泉”之美称。在整体城市住宅区的建设之中，济南将泉水这一优势使用的淋漓尽致，做到了“家家泉水，户户垂杨”，体现了泉城的城市意象。可见，城市意境是多方面因素综合产生而成的，既要受到自然地理、天气气候、社会历史、文化脉络等因素的影响，又要受到公众的心境和审美能力的影响。而且不同年龄、性别、种族、生活环境、性格特征、情感等的人在观看同一景观时产生的意境也是不同的。这也是秦始皇和曹操在登临竭石面对沧海时，前者想的是长生不老和虚幻的天宫，而后者想到的却是沧海是多么的辽阔，如何的海纳百川，吞吐日月，含孕群星的原因。

可见，城市景观艺术设计中意境的形成需要审美主体的支撑，但不同的人对材质和色彩，甚至植物的情感是不一样的，而且意境也会随着角度等其他因素的变化而产生变化，如苏轼描绘的庐山一样：“横看成岭侧成峰，远近高低各不同”。因此，在进行城市景观艺术设计时，应加强审美主体——人在城市中不同的感受体验及需求的研究，并全面考虑各个因素的影响，运用有利的自然条件和主观条件，形成具有美妙意境的城市景观形象。

四、城市景观形象的内涵和社会职能

（一）视觉美感

城市景观形象系统具有多种功能。除物质实体功能外，还具有许多非物质的功能。当这些功能与人类审美意识相联系时，城市景观形象将作为视觉美的感知对象，并作为审美信息源而存在，需要表达它所应具有的审美功能。

审美是人们欣赏文学与艺术作品时，所产生出的一种愉悦的心理体验．而这种心理体验是人的内心活动与审美对象之间交流或相互作用的结果。人们对于城市景观形象感受的差异性，既体现了不同个体对城市景观环境的直觉反应结果，又反映了特定的文化、社会和哲学因素的烙印。因此，城市景观不仅是一种单纯设计现象，还是一种文化现象，同时是人精神需求的映射。城市景观形象作为视觉美的感知对象时，其中“少”和“多”、协调和对比的关系是影响人视觉美感的直接因素。

1.“少”和“多”

无论是密斯的“少即是多”，还是文丘里的“少即烦恼”，都有其合理的内核。芦原义信指出，如果以贫乏单调代替简洁，以堆砌繁琐代替丰富，这样的环境品质只能说是蒙昧粗俗的。城市景观环境是为人服务的，人是城市景观环境中的主体，同时人需要城市景观环境提供多种体验和感受，如愉悦、舒适、快感，思考和自我创造的空间意境。

“少”与“多”常常是互补和互动的，在丰富的环境中往往需要凝练与综合，而在明晰的环境中需要丰富的视觉形象加以补充。例如，加拿大多伦多市中心的约克维尔公园（见图 5-1），其简洁的设计手法和多样性的空间营造，为人们提供了多样化的空间及感官体验 。该公园的景观艺术设计运用了多个设计元素构成了内涵丰富的层次，充分反映出这个地区传统的特色和维多利亚时代的氛围。以“多”的手段，再现了它所处地区的历史元素和丰富多彩、变幻无穷的加拿大景观特征。

图 5-1　多伦多市中心的约克维尔公园

在实际设计中，“少”和“多”之间存在一个变量“度”。设计师需要通过对具体环境的考察和对所服务的对象的充分了解，才能对这个“度”有一个适当的把握。

2. 协调和对比

在城市景观艺术设计中，通常人们已习惯于“和”的协调，而不大接受具有对峙性的“共鸣”式的对比。事实上在某些城市景观环境中运用一定的对比手法，往往可以取得更高层次的协调效果。当然，如果不顾对象和环境的性质，一味单纯地强调对比，其结果必然背道而驰，最终效果也是可想而知的。

从宏观层面来看，在较大区域乃至整个城市的景观艺术设计中，不同性质的地域自然环境与人工环境之间、道路与节点场地中不同类型的空间之间应该包容若干层次的过渡媒介，绝不是生硬粗糙的搭接。城市公共空间的景观艺术设计是城市景观环境中的一个重要过渡媒介。从微观层面来看，其自身亦是多因素和多层次协调和对比后的产物。作为城市公共性和交流性的发生器，在城市公共空间景观中有效地运用协调和对比的手法至关重要，如大小空间的穿插组合，地形的有机变化以及造型要素点、线、面的合理运用都直接影响着人的视觉体验。在法国巴黎拉·维莱特公园的设计中，屈米对传统意义上的城市景观环境秩序提出了质疑，他用一种明显“不相关”的方式——重叠的裂解为基本设计概念来建立城市景观环境的新秩序。这种设计概念是对传统的和谐构图与审美原则的反叛和挑战，是具有对峙特征的

“共鸣”对比的新尝试。该设计尽管亦由点、线、面三种基本要素构成，但各自都以全新的几何形式布局，最终形成了强烈的交叉与冲突，产生了一种对峙共鸣的视觉效果，其营造的景观环境予人以多种体验和视觉感受，并增加了景观环境的参与性、互动性乃至“保鲜度”。

城市景观与环境和谐、协调是城市建设中最常考虑的问题，亦是视觉美学研究的一个主要课题。简单的协调是对过去的拷贝和重复，过分的协调往往亦不被世人所接受。城市的发展是动态更新的过程，城市应该是新与旧的综合体。因此，城市景观环境的和谐与协调更在于尊重城市的内在秩序。在欧洲许多保留完好的古城中，时常可以看到一个“新潮”建筑，而这些建筑却普遍被人们认为制造了新的和谐，增加了城市的时空感。其原因在于设计者掌握了城市的本质规律，并在新的设计中遵循城市发展的秩序。有“城市上建造的城市”之称的巴黎，其发展在城市设计史上堪称一绝，许多事件不仅引起巴黎人、法国人的关心，还惊动了全世界，如早期的埃菲尔铁塔、20世纪中叶后的蓬皮杜艺术中心、罗浮宫的改造等。从尊重城市文化生态的角度来看，巴黎这种既有历史感又处于不停变化中的城市能散发出永恒的魅力。应该说巴黎城是传承历史和创新发展的典范。作为城市建设的组成部分，巴黎的城市景观艺术设计亦秉承同样的理念。例如，巴黎雪铁龙公园（见图5-2）的设计在继承并发展欧洲传统园林特色的基础上，体现了严谨与变化、几何与自然的结合。玻璃大温室公园与沿水渠等距布置的混凝土立方体构成了实与虚的对比，共同限定了公园中心部分的空间，同时又构成了一些小的系列主题花园。设计者通过把传统园林中的一些要素用现代的设计手法重新解释和组合，将欧洲传统园林特色成功地融入现代城市景观之中，体现了典型的后现代主义设计思想。

图5-2　巴黎雪铁龙公园

事实上，运用适当的手法，无论是“少”与“多”，还是协调与对比，都是城市景观艺术设计对城市景观形象视觉的良性作为。汪裕雄在《审美意象学》一书中认为，合理地对视觉环境进行调节与强化，反映了人对环境的心理平衡的诉求。如同饱受战乱的人渴望和平与安定，处在长期平静和稳定的生活中，人们又追求探险和猎奇。所以在一定程度上可以说，人要求环境张力的紧张，是其在有序而平庸的生活中的自我激励和反抗；人要求环境张力的松弛，是其在无序且忙碌的生活中的自我逃避和养息。应在城市景观艺术设计中追求视觉美感，迎合人们的这种多元的精神需求，建立起文化与环境对话的通道。

（二）艺术视野

毋庸置疑，城市景观形象作为一种综合空间艺术，与其他艺术形式之间有着必然的联系。人们对艺术都有一定的心理需求，而设计师更担负着提高大众品味的责任。

现代城市景观从一开始，就从现代艺术中汲取了丰富的形式语言。从现代艺术早期的立体主义、超现实主义、风格派、构成主义，到后来的波普艺术、极简艺术、装置艺术、大地艺术等，每一种艺术思潮和艺术形式都为设计师提供了可借鉴的艺术思想和形式语言。对于寻找能够表达当今时代的科学、技术和人类意识活动的设计形式和语汇素材的设计师来说，它们无疑是最直接和最丰富的源泉。

1. 直接引人艺术品

将艺术引入城市景观最简单的方法是将艺术品直接摆放到景观环境中去。但是不考虑环境因素，简单地将艺术品摆放到城市景观中，并不意味着城市景观艺术设计已上升到“艺术”的高度。单纯的艺术品从架上走入城市环境还有一段距离，一个艺术品要成为公共艺术，其最大特征就是要具行公共性及参与性，与人们建立共同的认知。与艺术家合作有助于设计师在形式上及概念上将艺术和景观融为一体。例如，唐纳德在1935年为建筑师谢梅耶夫设计的名为“本特利树林”的住宅花园，就是和雕塑家亨利·摩尔合作的杰作。住宅的餐厅透过玻璃拉门向外延伸至矩形的铺装露台。露台的一侧用墙围起，尽端设置了一个木框架，框住了远处的风景。在木框架附近一侧的基座上，侧卧着亨利·摩尔的抽象雕塑，面向无垠的远方（见图5-3）。

2. 艺术的再现

将艺术融入城市景观的主要方法是将艺术的思想和视觉表现力作为理论指导，力求艺术的再现。除了艺术领域中众多流派和思潮为设计师提供了宽泛的设计语言素材外，一些艺术家也直接参与了城市景观艺术设计和创造活动。较早尝试将艺术与景观设计相结合的是艺术家野口勇，这位多才多艺的日裔美国人一直致力于用雕塑的方法塑造室外的土地，把园林景观当作空间的雕塑来打造。野口勇是艺术家涉足景观设计的先驱者之一，他的作品激励着更多的艺术家投身城市景观艺术设计创作领域。今天，艺术家参与创作的城市景观作品已比比皆是。亚克伯·亚维茨广场是一个被众多平庸建筑所环绕的城市公共空间（见图 5-4），玛沙·施瓦茨精心选择了长椅、街灯、铺地、栏杆等设计要素，以法国巴洛克园林的大花坛为创作原型，并用艺术的手法重新再现这种传统的景观特征。她用绿色木制长椅围绕广场上 6 个圆球状的草丘卷曲、舞动，产生了类似摩纹花坛的涡卷图案。同时，这些座椅也形成了内向和外向两种不同的休息环境，以适应不同人群的需求。草丘的顶部布置有雾状喷泉，为夏季炎热的广场带来丝丝凉意。广场尺度亲切，为行人和附近工作的职员提供了休息交流的场所，深得公众的喜爱。艺术家直接参与设计的城市景观作品，更多地将对自然的感悟融入设计中，力求表达自然过程的复杂与丰富，充满艺术的活力和绵绵的回味。

图 5-3　本特利树林内亨利·摩尔的雕塑

图 5-4　亚克伯·亚维茨广场

另外，现代城市景观的产生可以说很大程度上是受到现代艺术的巨大冲击，设计者从现代艺术中积极汲取养分，并重新探索“形式”的意义。从现代景观设计师彼得·沃克、高伊策等人的作品中都可以看到这种痕迹。而20世纪最杰出的造园家之一布雷·马克斯更是将现代艺术在景观中的运用发挥得淋漓尽致。他把景观视为艺术，从他所设计作品平面图可以看到，其形式语言大多来自米罗和阿普的超现实主义，同时受到立体主义的深刻影响，他创造了适合巴西气候特点和植物材料的风格，开辟了城市景观艺术设计的新天地，并与巴西的现代建筑运动相呼应，他的成功源自大胆的想象力和作为艺术家对形式和色彩敏锐而正确的把握，以及作为园艺爱好者对植物的熟稔。他常用的设计语言——曲线花床被广泛传播，其作品在世界范圈内都有着重要的影响。

由此可见，艺术对城市景观形象具有举足轻重的作用。艺水的思想与表现形式及手段使城市景观艺术设计的理念和手法更加丰富。当然城市景观艺术设计与纯艺术不同的是，前者面临更为复杂的社会问题和使用问题。设计师在把艺术享受带给人们的同时，不能无视这些严肃的问题而沉浸在自我陶醉的艺术天地之中。

3. 文化价值。

城市景观形象作为一种社会公共形象，应该体现社会对文化的追求和公众共同的文化价值观。城市景观形象的文化价值表现在设计的人文性和文脉性。城市景观艺术设计只有正确把握和理解历史文化和社会发展才可能得到公众的认同，因此城市景观艺术设计具有“三极”，其中“第一极”是实用功能，“第二极”是艺术形式，“第三极”则是文化内涵。这“三极”相互作用，相互联系，缺一不可。

现代人的精神困惑，很大程度上是源自传统文化的破碎与断裂。一夜之间，尤论大大小小的城市都现代摩登起来，到处是高楼大厦、玻璃幕墙、立交桥……人们遗忘了城市的文化，城市景观艺术设计陷入空间与平面形式的游戏。城市景观形象变得千篇一律，失去了自己的个性。可见一味地标新立异，不把对社会发展的关注纳入设计主题，城市景观形象的趋同和城市地域特色的丧失是在所难免的。

因此，理解城市景观艺术设计的社会环境，尊重人类文化，是提升城市景观形象的文化价值的前提，而充分发挥历史文化传统，继承和拓展传统设计的思想和语言是一个重要途径。例如，中同传统的园林艺术是世界景观设计艺术中最丰盛的历史遗产之一，它不仅综合了中国的多种传统艺术形式的精髓，如山水画、书法、建筑、雕塑、植物学、园艺等，而且集中反映了中国的传统哲学思想。尽管中国传统园林广为人知，但是其设计理论和美学基础并未得到充分的研究、深入的探讨以及良好的传承。可以看到，中国传统园林中有着许多优秀的思想、设计方法和至今仍然适用的传统技术手段以及体现“人”的精神需求的观念和形式，当然对传统的理解和传承不能仅仅停留在表层结构即表面的形式处理上，还应从深层结构上、从意象和隐喻上来发掘更深邃的内涵，从而建构今天新的城市景观形象，实现城市景观艺术设计的“第三极”。

文化是一种历史的积淀，但并非遥不可及，城市发展历史中的房子、街墙、路灯、植物、场景、路砖都是代表着一个个不同历史时期的文化符号。那随自然高差而铺就的青石板，那暴露着根系的樟树，那深深刻着井绳印记的井圈，还有缺了角的条石坐凳等都是文化情感的载体。这些场景是人们与自然交流的见证，人们对其具有普遍的认同感和亲和力。由设计师拉兹设计的萨尔布吕肯市的港口岛公园就是讲述历史故事的一个典型例子。该设计采用对场地原有特征干预最小的设计方法，码头上重要的遗迹均得以保留，工业“废墟”经过处现并被很好地利用，充分尊重了原有场地的景观特征。在这里，历史与现实完美地交织在一起，战争留下的碎石瓦砾亦成为花园不可分割的组成部分，它们与自然的野生植物、朴实的干石墙、新的砖红色广场、欢快的落水声相交融。通过设计师极富想象力的设计，这里已经由一块破碎荒凉的土地变成了一个具有叙事特征、文化内涵丰富且充满勃勃生机的城市景观环境。

联合银行喷泉广场设计也是景观与都市环境和历史相结合的例子。设计者丹・凯利也是一位融古典、现代和本土元素为一休的设计师。他不像早期的“大地艺术家”那样逃避都市文化，而是更接近现实生活。他的设计常以不加任何修饰的简洁形式，融合现代城市空间叠加、流动的特征与欧洲古典园林轴线和几何关系的要素，唤起人们对历史与现代社会的思索。凯利在该广场上建立了两个相互重叠的5m×5m的网格，在网格的交叉点上分别布置了落叶杉树和喷泉池，重新分配了欧洲古典传统园林几何元素，运用传统园林中的设计语言，增加设计的时空感，使城市景观环境成为历史、现在和未来的连续体。

4. 含义的表述

吴家骅在《景观形态学》一书中谈到，景观的含义来自对风景的观察，然而这一观察包含着强烈的精神因素。在中国传统园林艺术中，不包含情感的风景是没有任何存在价值的，因为意境的产生由风景和情感两方而共同决定，而意境乃是园林艺术的根本目的所在。客观世界中的一切美好事物，如那绚烂的花朵、皎洁的月光和皑皑的白雪就如同那些古已有之的意象，须经诗人妙手拈来才成佳句绝唱。同样城市景观形象也不仅仅是栽花种树、堆山凿池，而是运用心灵的智慧与情感，通过展示风景，体现人对待生命的态度和渴望。城市景观形象不应仅停留在一种现实的使用价值上，它应该是一种具有象征意义的文化符号。例如，日本的茶道推崇简朴、优雅，而禅宗注重静修、朴素，这些思想都常常体现在日本的现代城市景观艺术设计之中。日本设计师普遍认为景观的美主要靠其整体的比例协调、完整以及穿透其间的精神与气质，而不是靠表面的装饰。禅宗法师兼景观设计师枡野俊明认为“景观是一种特殊的精神场所，是心灵的栖息地”，其观点在曲町会馆环境设计中得以充分的体现该设计中位于首层的瀑布花园把流水的宁静、清新和悦耳融为一体，水和植物和谐交融，让人静静地沉浸于对空间点义的冥想之中，层层叠叠的树枝以及一组组的石头进一步预示着空间的无尽延伸。这就形成了自然与人工深度交融，这种交融是对自然的提炼和升华，体现了自然的形与象可谓似是而非，激起了人们的思考联想，表达了对景物的深刻感悟。整个设计充分反映了日本民族独有的精神和气质，凝练了自然景观特征，创造了自然的境界，与枯山水有异曲同工之妙。

在景观含义的运用方面，英国景观设计师杰里科和美国景观设计师哈普林也是值得称道的。杰里科设计的肯尼迪总统纪念园位于兰尼米德一块可以北眺泰晤士河的坡地上，用一条小石块铺砌的小路蜿蜒穿过一片自然生长的树林，引导参观者到达位于山腰的长方形纪念碑。这一设计处理使参观者在心理上体验了一段长远而伟大的里程，从而感受到物质世界无法看到的深层含义。作为整个景观视觉焦点的纪念碑和谐地处于英国乡村风景中，如同永恒的精神，给游人以无穷遐想。游人经过一片开阔的草地，可踏着一条规整的小路到达供人坐下冥思的石凳前，在这里可以俯瞰泰晤士河和绿色的原野，这是设计者用于表达未来和希望的设计。设计者希望参观者能够通过内心活动来进一步理解这朴实的景观，以增加景观的互动性和参与性。

位于美国首都华盛顿的罗斯福总统纪念园经过了激烈的设计角逐并于 1997 年建成开放（见图 5–5）设计师哈普林的最终设计与先前的方案大为不同。这里没有一个高大的统领全局的地标性物体，而是由石墙、瀑布、树林、花和灌木组成低矮景观。其设计是水平展开而非垂直排布的，是开放而非封闭的，是一个述说故事并鼓励参与的纪念园。这个设计以一系列花岗岩墙体、喷泉跌水（见图 5–6）和植物创造出四个室外空间，暗示着罗斯福总统的四个时期和他宣扬的四种自由，并以雕塑表现每个时期的重要事件，用岩石与水的变化来烘托各个时期的社会气氛。该设计注重与周围环境融为一体，在表达纪念性的同时，为参观者提供了一个亲切而轻松的游赏和休息环境，体现了一种民主的思想。

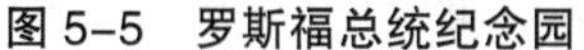

图 5–5　罗斯福总统纪念园

图 5–6　跌水

（三）对人的行为支持

美国设计家普罗斯认为，人们总认为设计有三维：美学、技术和经济，然而更重要的是第四维：人性。城市景观形象中人性化因素的注入是使用者为满足自身心理上更多的人文关怀需要而对设计提出的内在要求。"人性化"设计不仅是一个具体的技术问题，更体现了一种设计理念，是设计师应承担的社会责任。

当城市景观环境与人类行为相联系时，它便作为人性场所而存在，并体现对行为支持的功能。场所对人的行为支持是城市景观艺术设计"人性化"的表现。

1.场所的行为支持

环境行为是指人在环境的影响下生理及心理的反应与变化，包括外显的活动与内在的情感、态度、认知等。环境行为学认为环境将影响人的行为，人接触环境所产生的行为活动亦会影响环境本身并改变环境。

人的行为是在实质环境中发生的。一般认为，特定的空间形式、要素布局和形象特征会吸引和诱导特有的活动，而人的心理及行为亦趋向于寻找最能满足其要求的空间环境。因此，只有将不同的行为安排在最符合其功能需求的合适场所，才能创造出良好的城市景观形象，这样的城市景观环境才具有场所意义。

城市的公共空间是城市的重组成部分和活力所在，因此城市景观艺术设计中人的行为支持研究，尤其是人在城市公共空间中的行为活动研究，是一个十分值得关注的问题。国外学者把能够满足人的各种需求的城市景观艺术设计称为行为支持的城市景观艺术设计。

前几年在我国兴起了一股广场建设热，许多广场设计一味造求平面形态的视觉读观效果，大多为几乎没有一棵树的大片绿色草坪，显得空旷无垠，毫无空间层次感，更缺少人性尺度的空间形态。同时，使用者亦无法进入广场空间，"中看不中用"，使其成了城市中的"大盆景"，失去了广场意义。另外一些广场缺少相应的活动设施，缺少遮阳的环境，变得无人问津。

因此，场所的行为支持不仅要求城市公共空间为人们提供合适的步行空间、休憩空间等多种空间形式，还要设置满足这些活动的相关设施，以及充分调动其他景观艺术设计要素对行为活动的调适作用。例如，高分贝的环境噪声、被污染的空气以及川流不息的人流、车流会对城市环境中人的行为产生不利影响，而绿色植物簇拥的公共空间则具有舒适幽雅的环境氛围，则为人们送上几许轻松、温馨，成为城市中的“一方净土”和“世外桃源”。

在对荷兰住宅区中人们喜爱逗留的区域进行的一项研究中，心理学家德克·德·琼治提出了边缘效应理论。他指出，森林、海滩、树丛、林中空地等景物的边缘都是人们喜爱的逗留区域，尤其是开敞空间的边缘更倍受人们喜欢。在城市公共空间中可以观察到一种现象，人们往往喜欢在 一个空间与另一空间的过渡逗留，因为在那里同时可以看到两个空间的活动情形。这些空间为人的多种活动提供着行为支持。

爱德华·T·霍尔的观点一语道破天机。他认为，边缘区域在城市景观环境的空间使用上之所以受到青睐，是因为处于森林的边缘成背靠建筑物的立面有助于个人或团体与他人保持距离，满足了一种出于安全的心理要求。同样，亚历山大在他的《建筑模式语言》一书中，总结了有关公共空间中边缘效应和边界区域的经验：“加果边界不复存在，那么空间就绝不会有生气。”因此，各种类型公共空间之间应该设有缓和、流畅的过渡区域，同时，场地分界线不能过于生硬以致阻碍与外界的接触。在实际运用中，过渡空间不一定是清晰明确的，柔性边界作为一种既非完全私密、又非完全公共的区域，也是很好的形式，常常起到承转连接的作用。例如，在伯纳特公园和罗斯福纪念园的设计中，就可以发现一些颇具匠心的空间过渡区域，其合理的设置，为人的行为提供了多种支持。由此可见，在城市景观艺术设计中，有意识地组织具有边缘效应特征的空间是很有必要的。

城市识观具有连续性特点，城市景观艺术设计除了实质环境设计之外，更是一个城市文化氛围的设计，人的活动、时间改变、季节转换，乃至云彩、植物色叶的变化都是城市景观环境的构成部分，其中最重要的是人的活动以及参与的过程。研究这种活动参与并非只是为了单纯地、消极地利用城市公共空间环境，而是积极地开拓和发掘城市景观形象的内涵。实质环境可以为人们的行为提供支持，而行为支持的另一个来源即是行为本身。荷兰建筑师克林格瑞认为这是“一加一至少等于三”的事，也就是说活动为更多的活动提供支持。

2.城市公共空间中人的基本行为及相关支持

（1）城市公共空间中人的基本行为。根据扬·盖尔的户外空间理论，户外活动可以划分为三种类型：必要性活动、自发性活动和社会性活动。每一种活动类型对于物质环境的要求都大不相同。必要性活动主要指上学、上班、购物、等人、候车等活动，环境对这类活动的发生和进行影响不大。自发性活动是指人们散步、驻足、小憩、玩耍等活动，这类活动依赖于外部物质条件的支持。社会性活动指的是发生在城市公共空间中依赖于他人参与的各种活动，如交谈、儿童游戏等公共活动，以及包括仅以视听来感受他人的被动式接触。

研究发现，行为支持及物质环境不足时可以阻碍甚至扼杀可能发生的活动；相反，充足的行为支持及良好的物质环境可以为更广泛活动的产生创造条件。

（2）城市公共空间步行环境下场所的相关行为支持。以下结合自发性活动和社会性活动的特点，分析在城市公共空间中步行环境下场所的相关行为支持。

“散步”的行为支持。人对公共空间中的散步空间需求不同于日常的步行要求，散步活动往往和欣赏美景等其他活动结合在一起。例如，伯奈特公园采用网状主路与45度斜交次路相叠合的布局结构，由方形小水池拼成的长方形水池带穿插在“米”字形图案中，形成了一种紧凑而有序的空间结构。道路与草坪外围东、西、北三侧为由长方形、圆形种植坛组成的临街休息带，最外侧为行列式种植的乔木。长方形种植坛的大小与排列间距均与道路和草坪的排列方式与大小相呼应，为人们提供丰富的空间体验的同时又有足够的回旋余地，较好地解决了与外侧城市道路及散步道的关系。设计师在公园中设计了方便的步道、平展的草坪、遮阴乔木、水池带、长条凳及台阶供人们坐憩、平躺和玩耍。作为现代城市公园，伯奈特公园一个是以绿地为主的、为人们提供放松与接触自然的机会的城市公共空间。

公共空间中的步行线路是很重要的。因为当散步路程一览无遗时，步行就会索然无味。在具体设计中，联系两个主要场所之间的步行道应遵循短捷的原则，设置最直接的道路且明显而便于识别。主要步行道应该平缓而适于人的行走，而其他小径则可以采用适当的粗糙质感的路面材料铺装及设置一定的高度变化。因为蜿蜒或富于变化的散步道将使步行活动变得更加富有情趣，并产生“曲径通幽”的意境。当散步道有高差变化的时候，应同时设置有平行于坡道的台阶，或直接使用平缓的坡道，满足通用设计的要求。

一般来说，散步道比较狭窄，可以充分利用边缘效应在散步道的周围安排适当大小的空间，并强化变幻而连续的空间尺度对比效果，既满足人们对空间多样化的需求，又给人们提供足够的休息场所。

在城市中较大的开阔公共空间周边设置散步道同样具有很高的实用价值。因为当人们围绕大空间四周散步时，“边缘效应”同样发挥着作用。在许多城市公共空间的设计实践中，都有散步道沿大空间边界布置的实例。散步在开阔空间边缘，有树林、矮墙或拱廊等空间围合的支持物时，人们能感受到空间的亲切宜人，同时具有开阔的视野和欣赏大空间的尺度，又满足了人对安全感的需求。

“休憩”的行为支持。人们在选择停留地点时，往往会选择在凹处、转角、入口或靠近树木、小品之类可依靠物体的地方，它们在小尺度上限定了休息场所，满足了人们对领域感的需求。这些地方为人较长时间的逗留提供了明显的行为支持。

城市公共空间中的休憩活动常常伴随着其他活动，如小吃、阅读、打盹、编织、下棋、晒太阳、偶遇、交谈等等。良好的座椅布局与设计既是城市公共空间中产生和组织富有吸引力活动的前提，亦是为“休憩”行为提供支持的基础条件。由此可见，倘若要改善一个城市公共空间的质量，有效的做法之一就是创造更多、更好的条件使人们能安坐下来，当然亦不是盲目地增加坐椅的数量。座位的布局必须在通盘考虑场地的功能基础上进行。小坐与驻足停留一类的活动需求基本上是相同的，朝向与视野对于座位的选择也起着重要的作用，边缘效应促使沿场地四周和空间边界的坐椅比处在空间当中的座椅更受欢迎。

除了基本座位以外，如台阶、植坛、矮墙等空间中的其他构件设计时应考虑并并开发其辅助座位的作用。例如，美国波特兰先锋法庭广场（见图 5–7）是一个多功能的城市公共空间，设计者将广场空间划分成多个区域，为各种类型的使用人群提供不同的选择。人们在这里既可以小憩、会友，又可以浏览观光和享受生活。广场的边缘有多种可供依靠的柱子，还有座椅和台阶等，为许多“休憩”行为提供了支持。一个弧形的坡道和台阶联系着两个不同标高的平面，成为最受欢迎的静态活动区域，因为它在满足人们的多功能需求以外，还可作为极佳的观景点，并且坡道和台阶的组合本身便产生了有趣的空间效果。

“观看”的行为支持。凯文·林奇认为，人们有对广阔空间的向往的需求。目前，多数城市特别是中心城区，其拥挤程度已经接近极限，居民的视野越来越狭窄和局促。因此，在城市公共空间中对“观看”的行为支持成为设计的重要方面。

居高临下常常会获得良好的视野，因此在城市公共空间中设置适当的“高”地形是很有必要的。一般认为，观看的可能性需要一个良好的视野，保证视线不受干扰，就如同剧院及电影院，观众席常常被设计成阶梯状。这种形式可以借鉴到城市公共空间的景观艺术设计中来。例如，美国辛辛那提滨河公园的设计就将这一方式以最完美的形式体现出来。该公园位于防洪堤上，设计者巧妙地将防洪堤和曲线型看台完美地结合，高处的曲线看台是人们停留和小坐的地方，为观看提供了有利条件，防洪堤在抵御洪水的同时成为人们观赏对岸风景和俄亥俄河来往船只的绝佳场所。

图 5-7　波特兰先锋法庭广场

另外，具有适度且可感受到的地形变化的景观，比那些完全平坦的景观更具视觉吸引力。因地形变化而产生对人行为支持之处在于：通过地形的处理，使不同类型的空间借助地形变化得以自然分隔，原本较大的场地可变成多个具有人性尺度的空间场所。例如，由于地形的变化，上部的空间拥有居高临下的有利位置，舒适地斜靠在矮墙或栏杆之类的支持物上，向下观望人群和风景对人来讲是一种极大的心理满足。设计师应该根据人们不同的心理需要，运用适当的地形处理来创造对“观看”的行为支持。

“聆听”的行为支持。身处现代化的城市中，人们厌烦汽车的噪声，渴望能更多地听到自然界的声音，如水流声、鸟鸣等，大自然的声音确实对减轻人们的紧张情绪有着不可忽视的作用。因此，当条件允许时，城市公共空间应该设置不同方式的自然声源。

例如，美国西雅图公路公园（见图 5-8），设计者充分利用地形，使用了巨大的混凝土构筑物和跌水，将车辆交通带来的噪声淹没于水声之中，让人感觉如同身处于峡谷瀑布前，地形和休息设施的有机处理，改善了人们的视听环境，缓解了高速公路对城市气氛的破坏，从而为“聆听”行为提供了支持。

图 5-8　西雅图公路公园

重视场所观念，就要有意识地运用行为因素，根据人的需求、行为规律、活动特点等以人为中心进行城市景观艺术设计构思，如没有对人的各种相应的行为支持，就不可能营造具有活力的城市公共空间。

五、城市景观形象设计两个发展阶段和当前“城市美化运动”的误区

（一）城市景观形象设计两个发展阶段的特点

城市景观形象是一个城市的社会文化氛围、物质形体空间及其所形成的运作机制的一种综合空间艺术的表现。

在历史上，城市景观形象的设计大体经历了两个阶段。若以时间的进程划分，可以以 20 世纪 50 年代为界进行分析。第一阶段是 20 世纪 50 年代以前，其特点是单纯重视城市形体空间的设计，简单地追求城市的视觉美和构造城市客体形象，严重忽略城市主体——人的经验和感受，导致城市景观形象设计陷入一种逻辑与抽象的境地，理性、机械地生成城市景观，产生了大量简单乏味、缺乏个性意味的城市形象。第二阶段为 20 世纪 50 年代以后，其设计理论建立在“以人为本”理念的基础上，从设计内容到实质发生了根本性的变化。不再单纯地把城市作为一个聚落空间——物质的存在，而是运用场所精神的设计思想，把人对城市的认知和感受作为城市景观形象设计的基础。这个阶段，城市景观形象设计不仅关注城市物质空间环境的设计，更关注人的需要，并充分挖掘及凝练城市的历史文化，使之外显于城市景观形象。其特点是强调整体性与系统性，强调城市整体形象的设计，以满足人的心理、生理、行为规范诸方面的需求为设计目的，追求舒适和有人情味的空间环境，

力图把城市设计成受市民欢迎的城市，同时把市民心中良好的城市意象以客观形式反映出来。

城市景观形象设计的两个不同阶段充分显现了从单一化向多元化发展的趋势。可以看到在这个过程中，城市景观形象的设计思想与理念发生了根本的转变，城市景观形象从单一机械追求表面的城市视觉形象转向创造以满足“人”的多元需求为基础的、整体而系统、具有内涵的城市外在视觉表现。

（二）当前“城市美化运动”的误区

城市是历史与现实两个不同时空的复杂交织体。在纵向上，城市景观形象设计应尊重历史，而在横向上，城市景观形象应尊重现实和自然。城市景观形象设计的终极目的是在人对环境的感受和行为间建立起最大限度的认同。

柯林·罗在《拼贴城市》中说到：“城市是一个博物馆，通过对城市自身及其展品这一对关系的剖析，发现城市不仅可以容纳新的东西，还能容纳旧的东两，即新与旧的共存，历史与现实的共生。”因此，每个历史时期都会在城市中留下记忆，共同构成现实中的城市物质环境。可见城市的更新发展应当是一个持续的、不间断的发展过程。

然而随着城市化步伐的不断迈进和城市化程度的不断提高，在许多城市出现“城市病”的同时，城市景观形象作为城市物质实体的基本属性陷入了“城市美化运动”的泥潭。这一运动的根源实际上可以追溯到欧洲 16 ～ 19 世纪的巴洛克城市设计，经典的例子包括拿破仑三世的巴黎重建和维也纳的环城景观带。而它作为一种城市规划和设计思潮，则发源于 1893 年在美国举办的芝加哥世博会。“城市美化运动”强调规则、几何、古典和唯美主义，尤其强调把这种城市的规整化和形象设计作为改善城市物质环境和提高社会秩序及道德水平的主要途径。然而，实际上“城市美化”的概念往往被城市建设决策者、开发商和规划师的各种利己的欲望所偷换，以机械的形式美为主要目标来进行城市中心地带大型项目的改造和兴建。而中国近年来的城市景观形象设计亦不例外，其呈现出城市美化运动的典型特征是：为视觉的美而设计，为参观者而美化，以城市建设决策者或设计者的审美取向为美。具体反映在：景观大道、城市广场、城市河道“美化”、为美化而兴建公园、以展示为目的的居住区美化、灯光工程、雕塑公园等等。《新周刊》2000 年第 6 期在专题中曾报道中国城市在世纪之交的“十大败笔”——“强暴旧城”“疯狂克降”“胡乱标志”“攀高比傻”“盲目国际化”“窒息环境”“乱抢风头”“永远‘塞车’”“假古董当道”“跟人较劲”……尽管语言有些戏谑，但真实地切中时弊。中国城市化过程中的诟病，至今仍然存在。可将这些现象归纳为以下几个方而。

1.“三化”

即城市景观形象呈同质化、理性化、工具化趋势。城市景观形象普遍缺乏地域性特征及义化内涵，其中“求大”“崇洋”“抄袭”是其基本视觉特点。产生这种形象的根本原因主要是缺乏对历史的尊重，无视城市景观形象设计的历史性，在设计观念、形式美感、材料、加工等诸方面都不考虑历史背景，追逐“突变”的景观。或通过对城市实体环境大规模的“粗暴”改造，或通过对城市实体进行“化妆”等方法，以求得表面景观的改变，强调简单的视觉秩序，追求宏伟、壮观的美学效果。

2.“假”

即城市景观建设中“假花”“假树”“假景”遍地开花，缺乏真实感，缺乏参与性，背离了公众的社会价值。以“假”为美成为一种风气，例如，国内北方城市中的椰子树、俏梅花、枫林、造型夸张的仙人掌……竞相展示，可谓登峰造极。到处作“假”，颠覆了地域与物种的关系，有了“绿色”，并非已步入“绿色生活”。这种做法其实是舍本逐末。

3.“乱”

即城市景观呈现商业化的现象，并陷入无序、迷乱的情形之中。在这个“眼球经济”的消费时代，吸引注意力成了设计中的焦点。建筑和城市被彻底商品化：城市中充斥着卡通式的符号，尺度空前混乱，大小广告成灾，并与建筑相抗衡，巨大广告成为城市的“遮羞布”。尽管后现代建筑引入象征主义和消费文化景观，以象征代替现实，强调表里分离，使城市景观充满着幻觉，但后现代建筑的鼻祖文丘里始终认为建筑的外貌应“切题”，即其视觉象征要契合建筑的功能——熟识性、明确性和启示性，而非一个简单的“乱”字。

4.“光污染”

即城市及城市上空的夜晚变得光怪陆离，花里胡哨。很多城市里到处在搞“亮化工程”，城市的夜空如同白昼，让人无所适从。尽管我们的城市曾经历过一个漆黑寂寞的时期，但是“粗放型”的所谓“亮化工程”，并不能高效地利用有限的资源、科学地解决照明问题，或者寻求人工环境与自然环境的和谐，因此终将被人们所唾弃。城市的照明设计作为一个重要的景观设计要素应成为实现“可持续发展”理念的途径、“以人为本”思想的有效载体和传递人类真实情感的媒介，起到提升城市景观形象品质和丰富城市景观文化内涵的重要作用。

反思当前“城市美化运动”的误区和总结其中的种种不当现象和行为，并非在于图一时痛快，为批判而批判，目的在于从中吸取教训，尊重历史、尊重现实、尊重自然、尊重城市、尊重人，营造具有可持续发展、“人性化”特征的城市景观形象。

第二节　城市景观形象的特征

一、大城市与中小城市（镇）景观形象的差异

城镇体系规划中著名的“倍数原则”，阐明了一个国家或地区健康有效发展的前提：依照城镇等级倍数原则建立大、中、小城镇群落结构体系，形成完整的网络，从大城市到小城镇，不一样的等级城镇担负着不一样的社会职能，提供不一样等级的社会服务。例如，国际级的经济中心城市承担着国家经济发展的引擎作用，是国家经济融入全球经济网络的节点，承载着大量人流、物流和信息流；而中心镇则具有承上启下的重要作用，既是大中城市扩散工业的接纳地，又是分散农村工业的集中地及相应服务业的小区域综合中心。这样便可形成系统完整的区域化服务和基础设施体系，实现国家或地区的整体高效运转。

城市不论大小均由各种形态的建筑实体、城市交通等基础设施网络和绿地系统组成，均应满足人们日常工作和生活的各方面需要，但不同的社会职能直接决定了大城市与中小城市在城市景观形象上的诸多差异，具体表现在以下几个方面。

（一）城市空间尺度

大城市与中小城市景观形象最主要的不同就是城市空间尺度上的差异。作为一个国家的政治、经济、文化中心，大城市在人力、物力等的资源上是得天独厚的，大型建筑所形成的空间尺度是小城市无法相比的。人们常说的“城市长高了”形容的便是这种城市景观形象：单体建筑面积动辄十几乃至几十万平方米，体量巨大且功能高度复合；建筑实体所围合限定的城市公共空间，如城市广场、街道、绿地系统等，尺度也相当宏大；城市轮廓线起伏而丰富……无处不在地反映现代化大都市的宏伟时刻以及连接世界和辐射周边地区的巨大张力。身处大城市的人们感受最大的是人类文明对自然的侵袭，个体的渺小，现代城市的快节奏与高效率。而在中小城市之中，人口的密度远远低于大城市，对应的服务半径也相对较小，所承担的社会职能比较单一，因此有限的城市空间单元——建筑体的体积通常很小，通常是多层建筑。高大建筑物一般只存在于市中心，而且一般成了小城镇的地标性建筑，尤为重要的是，它往往能起到丰富城市轮廓线的作用。城市公共空间的尺度，如城市

广场、街道和街道花园等城市实体的规模，也远远小于大城市，给人们以更亲密、温馨、和平的感觉。这样的环境相比较大城市而言，比较容易给人一种舒适从容的状态，体现了对人性的尊重。

（二）城市交通网络

城市的交通网络构成了城市的基础骨架，建筑附着在其两侧。城市交通网络作为城市基础设施，其分布的数量、等级和密度都有一定的科学依据，是与城市规模和职能运转的需要相匹配的。大城市与中小城市的交通网络在数量、等级、分布密度以及种类上的差异导致了城市景观形象的较大差异。例如，同样是城市主干道，由于每小时机动车流量的不同，大城市往往采用八车道、四幅路的道路形式，而中小城市则采州四至六车道的三幅路的道路形式；大城市的道路红线等级有 14m、24m、30m、40m、60m、80m、100m 之分，而中小城市的最高等级道路红线达到 60m 便已能完全满足城市交通负荷的需要；巨大的交通流量及每日人流量，使二维平面化的交通网络已无法满足大城市高效交通运转的需求，加之地价的昂贵，使交通向立体空间化发展，因而城市高架、地铁等成为大城市中屡见不鲜的城市景观，而中小城市在交通方面的压力则小得多，一般二维的城市交通网结合局部的立交形式便可满足城市运转的需要。

（三）建筑单体的综合度

随着全球快速的城市化进程及对城市土地集约化使用的要求，在市中心出现了许多城市综合体，融合了不同用途的社会生活空间，如居住、办公、旅游、购物、社交和娱乐等。它们通常规模、体量及尺度巨大，有的甚至跨越几个街区，其建筑内部使人产生“城市”之感。此类建筑尽管投资巨大，科技含量高，功能、流线组织错综复杂，运行过程中对管理人员的素质及软件要求极高，但其具有极好的综合经济效益，为大城市社会职能的有效发挥提供了物质保障。而中小城市由于其所承担的社会职能相对简单，人口密度及土地集约化要求较低，投资回报率不如大城市，一次性投资规模较小，因此统一规划指导下的功能独立、便于管理的建筑单体模式在这些城市中具有更强的现实性和可操作性

（四）城市中的建筑风格

大城市与中小城市的建筑风格存在明显的不同。大城市的建筑物在建筑风格上更加现代，体现着强烈的国家都市感；而中小城市的建筑则反映了当地的地理和文化特征，这跟它们的城市功能也是有关系的。目前，如何能够保持一座城市的传统地域风格及历史文化内涵已经成了热门的话题，但我们应清楚地认识到，一个地区的地域特征是在一定的条件下产生的，受当地的地理、气候条件、生产力水平、生活方式及人

们对建筑物的使用方式等多种因素制约，并与特定的物质形式相匹配。

如前所述，作为国家经济、文化或政治中心的大城市，担负着接轨全球、辐射周边地区的引擎职能，超大的城市尺度、建筑综合度和全方位的立体交通成为确保其职能有效运转必不可少的物质载体。与传统城市街区模式中小体量、功能单一、平面化的二维交通模式相比，其所对应的生产力水平、生活方式及人们对建筑物的使用方式等相对于传统模式均发生了质的改变。这就决定了大城市的建筑物往往反映出强烈的现代感、科技感和国际化。它们展现了融入全球家庭的姿态，反映了地区文化的相对消除，这是必要的。当然，大城市也可以通过采用保护和重建其历史、传统社区的手段来保存一些城市的历史“记忆”。但是，在国际大都市，国际主义势必成为其城市景观的主要形象。城市职能决定了中小城市有着与传统城市模式相近的生产力水平、生活方式及人们对建筑物的使用方式，城市中较小的空间尺度和建筑体量、较为单纯的建筑功能、平面化的二维交通模式等均与传统街区的景观形象相关联。同时，从投资的经济性看，就地取材是中小城市投资方更易接受的方案。这些因素使中小城市在保留城市景观形象的地域特征方面显得更为顺理成章和得心应手。

二、城市不同区域的景观形象特征

（一）CBD 的景观形象特征

CBD 为英文 Central Bussiness District 的缩写，即中心商务区，或称中央商务区，一般指大城市中金融、信息、贸易和商务活动高度集中，并且附有文娱、购物、服务等配套设施的城市综合经济活动的核心地区。例如，纽约的曼哈顿、伦敦的金融城、北京商务中心区、巴黎的拉·德方斯、上海陆家嘴金融贸易区都是有名的 CBD。它们是城市的经济、科技、文化的汇集地，发挥着城市的核心功能，通常云集了大量的金融、贸易、文化、商务办公及高档酒店、公寓、服务等设施，吸引着大批国际著名的跨国公司、金融机构、企业、财团来此开展各种商务活动、设立总部或分支机构。中心商务区通常设置在公认的国际大都市的黄金地段，地价昂贵，是所在城市的精华集中地，代表着该座城市的公共形象。多功能综合的现代化中心商务区，规模巨大，占地面积通常在 3 至 5 平方千米；建筑密度高，容积率高，建筑面积在五百万平方米以上，甚至上千万平方米，其中约 50% 为写字楼，商业设施及酒店、公寓各占 20%，其余为各种配套设施；区内交通便捷，人口流动量巨大。

根据功能、性质、规模、区域地理环境等诸多方面的相似性，CBD 区域在景观形象上呈现出许多共同的视觉特征，主要表现在以下几个方面。

（1）具有明显特征的城市地标，具有较强的城市空间导向性。中央商务区通常位于城市的黄金地段，因此价格非常昂贵，建筑密度高，体积较大。形成了城市空间尺度巨大、高楼林立的景象——令人瞩目的“城市屋脊”，从而丰富了城市的天际线，为其增添了一道靓丽的风景，同时构成城市标志性群落（或称“地标群”），增添了城市意象。

（2）新观念、新技术、新材料的三位一体体现了建筑单体的时尚、前卫。如前所述，CBD 地区作为城市综合经济活动的核心，高度集中了大城市中金融、贸易、信息和商务等各类活动，是各地区和国家参与国际大家庭经济、文化、贸易等各项活动的窗口和纽带，这就决定了区域内所有建筑均需向世界表达一种开放和包容的姿态，一种勇于接纳一切新思维、新观念的气概。CBD 中的建筑单体也同 CBD 总体规划一样，常采用国际竞标的方式决定其最终方案，加之这些项目往往由政府或国际大财团斥巨资建设开发，因而建筑单体风格表现出显著的国际化特征，地域文化特色相对不明显。建筑形式通常融入了最新的技术理念，建筑的外装修材质总是为最新科技产品所占领，建筑的色彩与其高度综合的功能相匹配——闪耀着理性的光辉。大师的设计、高新技术的运用使大部分 CBD 建筑在城市空间中拥有别具一格的视觉形象，其中总有若干幢成为 CBD“地标群”中的标志性建筑——城市地标。CBD 地区功能的有效发挥及城市活力的保持均依赖于其功能的多元化及建筑形态的高度集成，这也决定了建筑单体功能定位必然向城市综合体方向发展和演化。

（3）城市空间体的界面连续而完整。由于经济利益的需要和发展的强度，城市的高密度是 CBD 区域的一个重要特征。路面界面由建筑物实体环绕形成，通常是由连续和完整界面组成的线性空间。尽管中央商务区具有高层次的空间特征，给人以强烈的视觉冲击力，但也使人们在高大的建筑面前感到一丝无力感。因此，尽管中央商务区的尺度已经达到了有效的原则，但这毕竟是非人类的，走过这些巨人的脚下，人们会体会到设计师们为缓和这种非人尺度带给人们从视觉到心理上的冲击和不安而所做的种种努力。设计师借助近人部位的楼房及街道公共空间尺度的设计，细节部分的刻画和绿化引入等方式，为人们贴身打造人性化的交往场所和活动空间，塑造了正面的城市意象。

（4）现代城市设计的特点是显而易见的，最主要的特点是注重创造开放的公共城市空间。在 CBD 中引入一些高层建筑并将城市的外部环境和绿化引入到城市公共空间的使用是一种常用的设计手法。这不仅迎合了高层建筑中大量人群的快速集散，而且确保人群快速有效地流向新目的地，缓解了街道上“一线天”带给人的心理压力，即提升了空间质量，又增加了整个城市空间的“流动性”。

（5）多渠道人性化设计对城市“巨构”空间的调适。一座充满活力和魅力的CBD必须同时把握两大基本原则——高效原则和以人为本的原则。为调适城市“巨构”空间对人心理造成的负面影响，在建设过程中，CBD地区引入了多渠道友好设计，如上述在建筑物末端建设半公共空间，对附近平台楼层和街道楼梯进行调整，绿化营造，以人为本的车辆分配系统设计。此外，通过不同形状和大小的地形凹陷，放置水、石头、花草树木、公共艺术品以及各种物体于其上，在浮华喧嚣的城市中为人们提供了一处处闹中取静的城市开放空间。

成功的CBD地区并非是匀质高密度状态，而是疏密有致、疏密组合生长的。当今国际中心城市纷纷推出与其商务中心功能相呼应的新兴产业区——RBD，则充分体现了以人为本的原则。RBD将精品购物、休闲娱乐、主题旅游、科普博览等各类项目相互融合，形成与商务活动相结合的休闲产业，最终创造出现代都市的新亮点。RBD的分布总是与大规模的中心绿地、公园、滨江（海）大道等联系在一起，这里除了有完善而人性化的休闲配套服务，更有钢筋混凝土所无法提供的鸟语、花香、湿润的海风……造型别致、尺度宜人、手感亲切的各种环境设施总是会在人们最需要它的时候默默地出现，让人体会无尽的逍遥、自在和放松。这一切有力地缓和了基于高效原则而产生的城市“巨构”空间所造成的非人性化影响。在一些国际大都市的CBD中，可以看到RBD的影子，而“假日工业区”已经成为中央商务区的有机补充。例如，纽约南曼哈顿赛道、东京银座、多伦多伊顿中心、香港中环和其他RBD，已经发展成为一个商业购物中心，并成为世界著名的旅游观光产业区。

（6）高度发达的城市立体交通运输系统。CBD区域高速运营的基本保证是拥有一套便捷高效的运输体系。CBD区域通常拥有包括高空、地面、地下的一体化立体交通系统，以便能使大量人员快速地到达目的地。多个城市甚至采取了完整的交通分配模式，城市高架和立交桥、地铁隧道、轻轨等也成为CBD中视觉元素的关键成员。同时，健康完善的城市信息导向系统对于高效交通也起着重要的作用，反映了现代社会文明对人性的关怀。标志醒目的路面箭头与丰富多彩的标签，既体现了城市公共艺术的身份，又可以使初来乍到的外来者对该地区产生信任、友好的态度，并迅速恢复自信和良好的自我感觉，以应对即将面临的各项事务，同时为中心商贸区交织了一曲轻松欢快的浪漫曲，成为又一道别具特色的都市风景。

（二）城市住区的景观形象特征

居住问题是人类面对的永恒主题，人类在漫长的历史进程中，在与大自然无数次争斗和妥协中，逐步改进着自己的居住环境，使之不断满足人类在不同历史时期、不同生产力水平、不同文化发展阶段的不同需求。在某种限度上，我们可以认为城市的发展便是人类居住环境嬗变的结果。新中国成立六十年来，中国的住宅建设经过了一个摸索、发展、停滞、恢复、振兴到腾飞的过程，二十世纪八十年代的改革开放为住宅发展带来了契机，我国近年来的住宅建设总投资平均达到国民生产总值的 7% 左右，不仅大大超过了新中国成立头三十年平均 1.5% 的水平，也明显超过了国际上通常的 3% ～ 5% 的标准，成为世界公认的头号住宅生产国。特别是近二十年来，随着计划经济向市场经济的转变，全国各地快速城市化和住宅商品化，中国的住宅建设发生了质与量的飞跃，加之欧美等发达国家均已先后进入或接近城市化成熟期，城市建设规模已基本到位。因此，从某种意义上可以毫不夸张地说，近期直至将来较长一段时期内，世界住宅发展的主旋律便是中国的住宅建设。如何使人们在紧张、繁忙的工作之余，以充分放松的姿态和心情享受家的宁静、温馨及浪漫，是当今信息社会给广大设计师们的一份问卷。

住宅区规模受用地大小的限制，小至几千平方米，大到几十平方千米甚至数百平方千米，加上原先自然条件各不相同，导致最终结果差异也很大。由于近年来形成的快速发展趋势，政府国土和规划部门大大加强了对建设用地的监控和把关，居住区的建设得到了大规模的有序发展。以下是对具有相对规模的住宅景观视觉特征的分析与总结。

1. 城市中呈质地均匀的斑块组群，具有视觉上的稳定性

住宅区的发展与单一建筑物的发展有着很大的不同，首先它具有一定的规模，形成了城市斑块的组别单位。住宅与商业、学校、娱乐场所及其他建筑物在功能形式上有很大的不同，旨在为人们营造一个温暖、安静、放松和消除疲劳的氛围。因此，从城市景观形象的结构、形象以及住宅的特点看，斑块组群通常以稳定性、连续性的界面组合为特征，将某些单位上的符号、颜色、材料等视觉元素通过一定的节奏重复，给人以视觉上的稳定感。

2. 成组成团的空间形态和布局方式

居住区设计的依据在于开发规模上有着很多不同的规划结构模式，如居住区—居住小区—居住组团模式、居住区—居住组团模式、居住小区—居住组团模式等，但无论何种模式，都应该呈现聚集在一定交通路线区域内的成组或团的布局方式和空间形态。它们仿佛一团团“绿叶”被串联在等级各异的交通“枝脉”上，而这一片片的“绿叶”则是住区中最基本的单位——相对私密的院落或组团式院落空间，能够提供尺度亲切的半公共空间以促进邻里交往，提高居民的安全感和领域感，同时增强“家”对于人们的可识别性。

3.“软”“硬”穿插渗透的环境设计

如今，市场对于住宅景观设计的要求越来越高，从最开始仅仅满足基本需求，到居住条件要好，周围的生活环境的要优越安逸，还要同时满足人们的精神要求与物质要求，这反映了社会的进步和文明的进步，反映了人类尊严的觉醒和对人性的呼唤。可见，买方市场迫使开发商改变他们的思路——从追求高产量到高利润，再到独特风格，温馨舒适环境的良好生活环境。二十世纪八十年代，风行一时的“四菜一汤”式的若干组团环绕一块中心绿地的做法，大有被打着强调“均好性”“让更多的住户享受更高质量的绿地景观”旗号的带状绿地做法所取代之势。

在大量受人追捧的住宅区中，在造型上呈现自由曲线形的带状绿地很随意的“流淌”着，与钢筋混凝土铸成的一幢幢住宅相互穿插渗透，花木掩映、绿草茵茵给每家每户带来了宁静和清新。除了在形态布局方面把握“软”“硬”穿插渗透的大原则外，在住区环境设计中还注重宁静氛围、可识别性和环境的公众参与性的营造。“宁静”是住区景观环境最基本的环境氛围，无论是绿化还是环境场地，包括景观形象、空间布局、材质选取都围绕着“宁静”氛围的营造而展开。每个住区在拥有“宁静”氛围共性的同时还应拥有可识别性，即差异性。这是一个住宅区区别于其他住宅区的环境景观标志特征，帮助居民产生归属感和对家园的自豪感。住宅区中优美环境的观赏性居其次，更重要的是为社区居民提供大量交往、休闲、锻炼、活动及亲近自然的场所，即环境公众参与性的营造，应根据不同活动人群、不同活动人数设置不同尺度和形式的活动场所，且在接近人们活动的范围内选用安全、亲切、较为原始的材质，如木材、水、低矮的绿化、鹅卵石等造景材料。此外，住宅区中的雕塑往往身兼数职，具有较强的互动性，可谓是孩子们的好朋友。

4.尺度亲切、阴影丰富、开放性强的建筑形象

尺度亲切、富有阴影、开放性强等特点是住宅建筑外部形象与其他种类建筑物相比比较明显的区别，是人们日常的生活方式发生变化最终产生的结果。例如，20世纪六七十年代住宅较为偏重功能的实用性，多为行列式的“方盒子”，保证每户有一个供晒衣的敞开式小阳台即可，房间的开窗面积也较小，住宅外观除了每户有一个外挑的阳台，总体显得封闭而单调，“千房一面”的现象比比皆是。改革开放以来，随着人民生活水平不断提高、空调等家用电器的不断普及、双休日工作制度的实施、人们对回归自然的向往和渴望、社会对弘扬个性的重新认识以及对个人自身价值体现的要求等，住宅从平面户型到建筑外观都发生了质的变化。除了晒衣阳台，现代家庭更注重能够拥有一个观赏室外景物的阳台（通常用玻璃封闭），并与客厅组合在一起，又称“阳光室”；居民对自然的向往要求建筑具有更大的开窗面积，

使人能更方便地与自然环境进行交流，低窗台的出现大大满足了人们这种心理，而空调的普及为此提供了技术可能；与此同时，大量空调室外机与建筑外观一体化设计的难题又摆在了建筑师面前。原先住宅山墙的外观是常常被忽略的部分，而现在的住宅往往在靠边单元安排一些大户型，而山墙面通常用来结合外部环境设置客厅及观景阳台等，使山墙面进退曲折，极尽笔墨重彩之能事；邻里间的交往要求住宅单体平面不再是“兵营式”，而多了许多进退和围合。这一切造就了目前住宅区建筑单体尺度亲切、阴影丰富、开放性强的形象。

5.以人为本、强调环境形象的交通组织方式

曾几何时，小汽车进入了大批中国的普通家庭，何时买车、买什么车成了许多家庭茶余饭后的主要话题。汽车的鸣叫打破了原先属于住宅区的那份宁静，更让人担心的是人车混行所带来的危险，于是孩子们失去了原有的下楼与同伴玩耍嬉戏的童年乐趣，老人们为避免不必要的麻烦，只能忍受着孤独寂寞，坐在阳台上打发时光。原本热闹的小区中心绿地变得日渐荒凉，住区的出入口成了城市干道支脉的延伸，而少了住宅区入口作为住区形象标志应有的那份从容……这一切迫使人们对原有的交通组织方式产生反思和质疑，如何在享用现代文明带给人们种种便利的同时，仍能拥有梦中的家园?

在近几年的住宅区实践中，可以看到人们为此所做出的种种努力——基于以人为本和强调环境形象原则的交通组织方式——完全人车分流和半人车分流模式。完全人车分流模式即小区人行流线与机动车行流线分开，机动车通常有单独的出入口或一进小区就沿小区的外围通行；而人行流线伴着主要的景观轴逐层展开，步移景异，展现在行人面前的是小桥流水，花木掩映，绿草茵茵，鸟语花香的景象。孩童在追逐玩耍，老人们在树荫下对弈，围观者摩拳擦掌比当局者还急……人性在这里得到了充分的尊重。这种交通模式虽然获得了广泛的好评，但在实践中发现，受人们所能忍受的步行距离的限制，完全人车分流仅适用于一定规模的住宅区，而当规模逐步扩大时半人车分流就更具可行性，即仅在居住区中实行组团级人车分流。

（三）商业步行街（区）的景观形象特征

长期以来，城市广场一直被称为“城市的客厅”，并且受到高度重视。随着城市化的不断推进和消费经济时代的到来，人们的生活方式发生了重大的变化。“商业步行街”流行开来，并迅速席卷全国，成为城市人民生活中不可或缺的又一“公共客厅”，或称“城市第二起居室”。

商业步行街的兴起是人们对过去充满活力的街头生活的一种怀念，它不仅能够改善城市的人文历史环境，为购物休闲提供新的场所，还可以增强人们的安全感，

加强交流和认同，培养市民的自豪感和荣誉感。它能够促进城市零售业的快速发展，为该地区的商业活动注入新的活力。如今，商业步行街已经成了城市景观形象最具有代表性的元素之一，通常具有以下景观特征。

1. 面向最广泛人群的体验

商业步行街通过各种各样的方式和媒介来传达信息，欢迎每一个有目的地或路过的男女老少，在这里你会得到你最喜欢的商品或有一个自由、轻松、快乐的美好时光。成功的商业步行街有很多入口与周边城市道路连接成块，除了主入口有关键处理和更大的空间尺度，其余的入口不是很大，出入口附近设有停车场，以确保商业步行街的可访问性。成功的商业步行街总是洋溢着强烈的热情，夸大刺激的海报，各种各样的窗口显示，手机厂商和街头小贩的叫卖，露天咖啡馆伞下谈论生活的年轻人、独特标志旁边在椅子上被鲜花包围的女民工、沐浴在温暖阳光里的城市生活，甚至完美的盲道设施……这一切都让人流连不已。商业步行街创造了一种新景象，体现了一种民主和平等的精神。无论贫富贵贱，你都可以在这样的场景中享受时光。商业步行街与许多流行的融入城市的室内购物街不同，室内购物街有闪烁的灯光，大的中庭空间，时尚典雅的装饰，往往令穷人感到他的卑微和渺小。

2. 强烈、夸张的视觉效果

一提起商业步行街，人们总是会联想到诸如“色彩缤纷”“流光溢彩”“灯红酒绿”“熙熙攘攘”之类的词汇。商业步行街如同一个“T”形舞台，生活中许多原本平实的元素，在这里都以十倍的精气神向人们展示着强烈而夸张的视觉效果。首先是入口的处理，每个商业步行街（区）都有一至两个主要出入口，这些入口往往被处理成一个个尺度亲切而精致的街头小型休闲广场的形式，以吸引人流在此停留，并借助广场的铺地、绿化、路灯、小品、指示牌及空间界面等形成强烈的视觉轴线和导向暗示，将大量人流引入商业步行街中。尽管商业步行街中的店面都不是很大，但几乎每一间商店的入口门头都经过精心的设计，有的很时尚，有的很另类，有的很古朴，有的很含蓄，有的原始而带着野性和夸张……总之充满着个性并产生让人看一眼不能忘的效果。此外，大大小小、效果强烈而刺激的商业广告总会冷不丁地闯入人们的视线，且往往色彩鲜明、联想丰富、令人叫绝。入夜，五彩缤纷的霓虹华灯绽放，为都市的夜生活增添了无尽的神秘色彩。结束了一天紧张工作的人们徜徉在商业步行街中，与家人、亲朋共度难得的闲暇，领略日新月异的都市风情，真不失为是一种绝佳的享受。

3. 界面的连续性及大量二次空间的涌现

成功的商业步行街有一个规模适中的空间，这些空间主要是由构成街道空间的两侧建筑物连续的立面围合而成，并用大量二次空间作为补充。这里“二次空间”是在商业步行街中由非建筑实体元素限定而形成的空间，如休息座位、花台、休息长廊、路灯、喷泉、街道树，还包括附着在建筑物的外墙、横跨街道的灯栅、不同色彩材质的地面铺装、广告条幅等。商业街连续的界面使“商气”不断，而事实上这些建筑物连续的面大多是“虚”象（多为开敞的门和窗），其连续的实体空间感大量依靠“非建筑实体元素”进行补充和加强。此外，为了振兴零售业，恢复城市中心区的活力，许多过去通行机动车的商业街都被封闭为商业步行街，但因为原有道路的宽度不适宜而且能够一眼看到底，容易显得空旷冷清，难以提供让人逗留的场所，同时由于空间过于直白缺乏猎奇感，不能够满足它的功能与形式要求；如果将两侧已经形成的建筑实体推倒重来，则牵涉面太广，且代价太大，缺乏可操作性。因此，最行之有效的办法就是大量运用街道中的二次空间，创造多层次复合型人性化的商业氛围，这也是众多商业步行街成功改造的经验。

4.人性化的街道铺装

在商业步行街，人们对空间和环境条件的尺寸、细节、颜色和纹理都非常敏感，人们行走速度慢、视点低，所以在视觉、物品、设施等方面都有一定的空间和环境条件。特别是在视野的正下方，地面是定义街道空间的主要元素，在视觉领域往往占据着很大的空间，这实际上影响了行人对商业步行街的感知和评价。可以说，成功的商业步行街在人性化的铺路中从未幸免。一般来说，装饰的颜色和材料都是按照步行街的风格来使用的，同时利用不同的模式和材料的变化，结合不同的功能部分，组织和加强空间的限制和引导，营造私密商业步行街的氛围。材料的选择不是基于价格或者材料的时尚和美感。只要规模和风格是适当的，低价格、表面原始和当地材料的原则往往更有可能使人们获得对当地文化的认同感和亲切感，也能增强其地方特色。

5.小开间密集型店面及同类经营品种的集聚

商业步行街由于受租金昂贵的影响，且多以零售业为主，店铺多呈狭长的矩形平面，在建筑立面上表现为一小间店面紧挨着一小间店面。同类经营品种的相对集中使购物者具有更大的挑选余地，从而吸引更多共同的顾客群并产生更多商机，因此商业步行街中多呈小开间密集型店面及同类经营品种集聚的视景特征。小开间密集型店面又造成了店招纷纷外挑、密不透风且高低错落的景象，有的店面甚至利用跨街横幅预示店招，形成商业步行街的又一道风景。

6.集所有景观视觉设计要素之大成

与城市的其他功能区相比，商业步行街可以被认为是景观视觉设计元素最多、变化最为丰富的功能区，空间、灯光、绿化、材料、水、色彩、设施和公共艺术均有体现。在建立一个成功的商业步行街过程中，这些景观设计元素对于交往场所和人性化购物有着重要的作用。步行街景观是多层复杂的次级空间，能够使人们能够获得一个安全、亲密、放松的心理空间；明亮夸张的色彩组合和奇异的灯光照亮了人们潜在的购物冲动和消费者的欲望；树木、鲜花让城市里的人们感觉到了自然的气息。与此同时，绿色的树荫缓解了行人的疲惫，并且在商业街上很受欢迎；水体设计满足人们亲水的天性，或喷薄而出，或似潺潺溪流，或如汩汩涌泉，或层层跌，增加了环境的动感与空气中水分的湿润度，在夏天提供了一个避暑降温的好地方；座位、果皮箱、饮水机、街道指示牌、公共厕所和其他设施并不显眼，但是它们在商业步行街中占据了很重要的位置。设施合理的布局、数量与材料能够延长人们的停留时间以促进循环消费，根据人们的从众心理，空旷无人的商业街不大能够吸引新的顾客群。公共艺术是当地城市生活和历史文化的反映与传承，当前商业步行街的公共设施多是具有互动性的，能够与街道设施的功能相互结合。有时，公共艺术品还能够吸引大量的游人进行驻足观看和拍照，孩子们会感到好奇而抚摸攀爬，大人们则揣摩着其中蕴含的深意，这些公共艺术品能够增加商业步行街的休闲性、多样性、文化性，从而集聚更多人气。成功的商业步行街可谓是集所有景观艺术设计要素之大成。

7. 设施建筑风格一体化

一个成功的商业步行街会给人以亲切、舒适和宜人的感觉，甚至连交通指示系统这样的公共设施，从材料到风格，甚至细节，都与整个街区的建筑风格一致，加强了整个商业街空间的感觉和品位，突出了商业性。区域特色突出了城市形象，给所有来到这里的人留下了深刻而强烈的印象。

三、城市开放游憩空间的景观形象特征

随着西方经济的快速增长，西方人在享受物质文明的同时，要承受现代化文明带来的惨痛教训——城市人文精神缺失、人际关系冷漠、吸毒犯罪泛滥等。曾几何时，我们将此现象归罪于资本主义制度，然而在城市化高速发展的今天，在我们这样一个社会主义国度，许多城市又在重蹈西方的覆辙，这值得我们反思。

随着城市化进程的快速发展，经济效益被放到了首位，从而导致城市土地的容积率越来越高，人们遗失了精神上的安宁与平静，情感也产生了弱化和衰退，同时不能再感知城市空间的文化、社会与心理价值。与此同时，生产力的发展和生产效率的提高给人们带来了更多的自由时间。20 世纪 60 年代，美国著名社会学家丹尼

尔·贝尔预测未来社会是一个休闲社会。著名的美国经济学家凯恩斯也曾预言，人类在未来会面临一个永久性的问题，那就是休闲时间应该如何度过，因为闲暇时间的增加一定会使人类的人生观、价值观以及劳动意识发生改变。中国也面临着同样的问题，这类问题的最大焦点是休闲需求与设施供应之间的冲突。许多市民抱怨没有地方可以散心，缺乏城市公共绿地，缺乏尺度亲切和安全的交流空间。大多数人只能用电视、麻将和聊天打发业余时间。生活是单调而被动的，灵魂的孤独和精神上的压力仍然难以缓解。心理疾病大量滋生，而潜藏的危险是社会秩序的不稳定。

针对上述现象和矛盾，遵循以人为本和可持续发展的生态观，近年来我国许多城市已经大力加强了城市开放空间的景观建设，修成了大批供市民休闲、交往、互动的城市开放型公共空间——城市开放游憩空间，改善了市容市貌和投资环境，为城市居民的闲暇时光提供了场所和设施。这样不仅能够增加市民的城市自豪感、认同感和归属感，而且能够大大缓解现代文明给人们带来的负面情绪与危机。尽管我国的景观建设起步较晚，建成的城市开放游憩空间环境还存在着良莠不齐的现象，但还是涌现了一批深受市民们喜爱的空间场所。归纳其共同之处，大致均具备下列景观视觉特征。

（一）原基地及周边环境在时空上的有机延续

一个成功的城市休憩空间经常使用叙事性手法来诠释空间和场景，激发市民的强烈认同感、归属感和自豪感。城市休憩空间的基地与周边环境是当地历史文化的缩影，不仅可以唤起人们对历史事件和往事的追忆，而且能够帮助人们跨越时间和空间，寄托情感。一个成熟的城市休憩空间案例能够反映其周围环境的互利与共生关系，它并不是对原始城市机理的中断与破坏，而是将城市肌理进行修复，使城市的景观在公众的眼中少了冲突、嘈杂、混乱，多了一分和谐、宁静、秩序。它不仅是现代城市人们的向往，也能够使城市品位和城市形象得到提升，进一步加强城市的地理地貌和历史文化特征。

（二）空间层次的多样化及尺度的人性化

成功的城市开放空间能够表现平等与民主的精神。不同种族、不同年龄、不同性别、不同性格的人们对于城市开放空间有着不尽相同的爱好和需求。数量不同的人群对空间的层次也有不同的需求。人们渴望交往，某种程度的受欢迎感带来的安全感将继续吸引新的人们加入。在城市开发空间中各种各样的人都能找到自己的需要。比如，开阔的草坪适合学生进行课堂活动；大树下弯曲的座位围成的小空间适合 3–5 个人进行活动；幽静深邃的森林小径适合情侣们约会低语；在不同空间交接之处，私密的阴影区域常常是“冥想”的首选。此外，空间尺度上的人性化也被包含于空间层次上的多样化。不同的空间尺度可以引起人们孤独、开放、自由、压抑和其他心理反应。人们对于活动的氛围和空间尺度的感受是不尽相同的。当城市空间满足人们的心理需求之后，空间才会实现人性化。

（三）公共设施配置齐全

完备的公共服务设施是成功的城市开放空间所必备的，如各地的信息指示系统、公共厕所、充足的休息座位、饮水机、水果盒、电话亭、报摊、报亭等。它能为人们提供完善的公共服务设施，让人们感受到同家里一样的方便和安全，使整个城市的开放休闲空间不仅充满活力，而且成了人们的天堂。在公共设施中，休息座位的布局形式、数量、类型都会影响到该地区的客流。考虑到人群的流动性，座位的数量需要足以维持必要条件下的人群需求。休息座椅大体可分为显性和隐性两种。占主导地位的休息区设置的是各种传统的休息座椅，而隐性的休息区是花椅、湖石、台阶和其他类似于座位高度的设施所构成的替代座位。与此同时，休息区的布局应该考虑到一定数量的遮阴设施，最好设置在挡板后面，并向开放空间开放。平面形态的休息座位的不同形式可以产生不同的亲疏关系、满足不同数量人群活动的需要。例如，“s”形的坐凳其凸出面可使两个素不相识的人较为自在地近距离休息。

（四）多样性的绿化种植为主，其他造景元素为辅

时至今日，城市开放游憩空间的造景元素可谓丰富多样，有建（构）筑物、土地、水体、植物、各种材质的公共艺术雕塑、设施以及高科技的声、光、电艺术等。然而，在许多成功的城市开放游憩空间设计案例中可以看到，造景元素中最能够吸引人们视线的是在数量、面积、多样性上占有重要位置的绿化植被，而其他的元素常常是被作为辅助之用或者点睛之笔。如前所述，城市开放游憩空间是由多层次的空间组合而成，而空间的限定必须由界面围合而成，在城市开放游憩空间中可以以多样化的乔、灌木和地被植物围合限定空间。高大乔木提供给人们种种依傍和庇护，春华秋实季相的变幻蕴藏着无限生机，唤醒了人类与大自然间已淡忘了的交流和关爱，缓和了钢筋混凝土强加于人们心灵深处的种种压力和冷漠。现代化都市的居民厌倦了钢筋混凝土“丛林”的生活，城市开放游憩空间是人们呼吸大自然的清新空气、感受大自然的盎然生机最为便捷的途径。

（五）使人获得艺术的享受

成功的城市开放休闲空间的营造不是简单的城市绿化，它还担负着一定的教化作用。对景观形象的艺术处理，空间层次的有机叠合，视觉节奏的巧妙安排，能使人在欣赏风景的同时，不断地净化心灵和陶冶情操，提升城市居民的审美品位。

四、“巨构”的建筑——城市综合体的空间形象特征

随着人类文明、科学技术的不断发展，人类的社会结构、生产方式及其生活交往方式也在不断变化，而城市作为物质载体，犹如一本翻开的活史书，伴随着历史发展的脉动，记录了城市空间与各个时代的社会生活相对应的空间特征和演替过程。

21世纪是信息技术和知识经济的时代。与工业社会及其他先前社会相比，它对人类社会、经济和生活方式的影响及改变之巨大是前所未有的，这种影响和改变绝非一朝一夕之事，在20世纪中后期已显露端倪。20世纪70年代以来，城市功能与社会需求随着现代科技与工业生产的高速发展而发生了巨大的变化，全球快速城市化进程及对城市土地的集约化使用，迫切要求各大中心城市的中心区域进行更新和综合开发，城市、建筑、交通一体化成为城市建设的一种新趋势。正如“小组10”所描述的“城市将越来越像一座巨大的建筑，而建筑本身也越来越像一座城市”，许多占地多达整个乃至数个街区、功能多样且高度复合的城市巨构建筑——城市综合体应运而生，它成了大城市旧城综合开发的主要途径，集中体现了城市更新的面貌。行走在这类建筑内部，体验其空间的组织和变化，感受着以往在室外才能感受到的自然景观，人们看到的是建筑中的“城市”。城市综合体已然成为城市社会和经济生活的新中心。

（一）城市综合体的构成

城市综合体通常由城市中不同类型的社会生活空间组成，如居住、购物、办公、社交、旅游、娱乐等。把各个分散的空间综合组织在一个完整的街区，或一座巨型的综合大楼，或一组紧凑的建筑中，有利于发挥建筑空间的协同作用。这种高度集中各项城市功能的做法有效地提高了城市土地的集约利用率，整合了城市空间结构，降低了城市交通负荷，节约了城市基础设施投资，提高了城市工作效率，改善了城市景观，积极有效地改善了工作和生活的环境质量，具有良好的综合经济效益。城市综合体“成功地将城市环境、建筑空间和基础设施有机地结合在一起，使城市建筑向高空、地面、地下三向度空间发展，构成一个流动的、连续的空间体系”。人车交通垂直立体分离是城市综合体最为典型的、与城市及建筑达成一体化的交通系统模式，著名案例有日本大阪的新梅田中心、福冈博多水城、日本东京六本目等。近年来，我国陆续建造了大量的城市综合体，如上海的上海商城、正大广场，北京的新东安市场、东方广场，等等。大多数城市综合体都少不了休闲与购物的功能，因此又被称为“商业性城市综合体”，它不仅满足了人们日常购物的需求，还为人们提供了社交场所，为大城市的高效运转注入了活力。国外众多大城市中有

“城中城”美誉的现代室内购物步行街便是这种城市综合体的表现形式之一。

（二）城市综合体的景观形象特征

透过城市综合体丰富多彩、千姿百态的表象可以探寻其背后共同的、作为建筑中的“城市”所特有的景观形象特征。

1. 空间尺度复杂多元化

城市综合体不同于以往功能单一的建筑实体，它往往占据一个或数个街区，体量庞大，而且作为城市中多种社会活动和功能的担负者，其内部空间尺度注定具有复杂多元化的特征。为满足人们的交往需求以及举办大型公共集会、庆典、展示、娱乐等活动的需求，许多城市综合体中都设有形态丰富、尺度巨大的中庭共享空间，结合各种奇花异草、浅滩激流，使人恍如置身于城市公共开放空间中，而不同的是这里为人们提供的是全天候的良好环境，不受任何外部风霜雨雪的影响。为满足人们交往的私密性及观察他人活动的心理需求，在巨大的共享空间边缘常能看见用绿化、遮阳伞、膜结构等令人感觉亲切的环境设施限定的许多供人停留的小空间。为使购物者产生亲切愉快的购物心情，常借助隔断、吊顶或灯光等手段将综合体内部卖场区域的购物通道的宽度限定为 1 ～ 2 倍的店面高度……上述不同尺度的空间常常是相互交融、彼此联通、多元并存的。此外，城市综合体中常见的办公、餐饮、居住、会展、酒店、影视娱乐等，对空间尺度均有不同的要求。因此，城市综合体空间尺度的复杂多元化是以往传统城市建筑实体无法比拟的。

2. 结构、设备、材料现代化

城市综合体因其往往要在一座建筑中解决多项功能的需求，且动辄跨越一至数个街区，故而要求建筑结构形式具有综合性和灵活性的特点，即要求采用现代化的大跨度结构形式。19 世纪后半期以来，钢筋混凝土结构和钢结构在建筑上的广泛使用引起了建筑业革命性的飞跃，加之社会的需求、技术的进步，使高层建筑和大跨度建筑得以产生并空前发展，这便为城市综合体的大量涌现提供了最为基本的可能性，人们在综合体中获得的变幻莫测、丰富的空间体验离不开现代化结构形式的鼎力相助。同时，城市综合体的防火和通风问题对人类控制室内环境的能力无疑是一种挑战。20 世纪中期，环境工程技术取得了长足的进展，环境设备的现代化为城市综合体中舒适宜人的小气候提供了保障。城市综合体的闪亮登场和健康运行少不了各种现代化材料的一臂之力，形形色色的采光天棚和大面积的玻璃幕墙不仅节省了运行成本，还使人们在寒冬季节有置身于春光明媚的自然界中之感。许多新型材料在继承传统材料亲切质感的同时，兼有防火、保温隔热、自重轻等特性，且相对于传统材料色彩更丰富鲜艳、表面更光洁、更轻更薄、有更好的延展性和可塑性，营造了城市综合体迷人的氛围。总之，城市综合体是现代化结构、设备、材料的结晶。

3.室内空间室外化

亲近自然是人类的天性，然而在现代化的大都市中，在高楼林立之间，人们无奈地发现人类在征服自然、改造自然、创造人类高度文明的同时造成了环境污染、生态失衡等生存危机，人们正在一天天地远离自然！绿草茵茵、花木葱茏、溪流潺潺，对于终日埋头于写字楼里或穿梭于地铁、高架、电梯厅的都市人来说是一种遥不可及的奢求，青石板铺就的街道散发出的湿漉漉的泥土气息只尘封在儿时的记忆里……城市综合体除去其本体所担负的各项功能外，还肩负着重要的社会功能，即为都市生活添加润滑剂——为都市人提供放松心情的休闲场所。在大多数城市综合体中，可以看到室内空间室外化的倾向，从地面铺装到墙体饰面，从形似峡谷到小桥流水到四季如春的繁茂花木，若非抬头看到顶部的天棚，你一定会感觉自己是漫步在露天的步行街，某一街头广场或生态公园里，正呼吸着“自然的气息”呢！城市综合体利用其内部四季恒温的小气候，引入室外空间的设计手法，为都市人提供了全天候“露天”场所的空间体验，丰富了都市生活的空间层次，缓解了人们回归自然的渴望，同时为各种零售、休闲娱乐场所汇聚了人气。

4.商业空间传统化、社会化、人性化

欧洲传统的城市广场、东方城市的传统商业街道和庙前广场均是公共活动、买卖、表演和娱乐、集会的理想场所，可见古代的商业活动同时是一种社会交往活动，两者密不可分。然而，汽车时代的城市街道和广场逐渐被机动车占领，不再适合人们聚集和交往；传统商业场所被百货商场和购物超市取代，商业活动与社会活动之间的联系逐渐消失，商业活动本身促进交往的能力也不复存在。这是汽车时代带给人们的负产品，是对人们情感生活的入侵。信息时代人们强烈的孤独感和交往的需求使这种入侵感日益加剧，人们急需找寻各种形式的解决途径。城市综合体中人车分流的交通模式，高阔巨大的内部共享空间与各种层次中小空间的多元并存为人们找回消失的商业活动与社会活动一体化的场所提供了可能。城市综合体的商业空间大多表现出对传统商业步行街模式的回归，尺度亲切的“街道”和商铺更有利于买卖双方的交流，而且使百货商场及购物超市等大型卖场中的距离感减小；特色鲜明的室内设计配合得体的灯光照明给顾客留下深刻而良好的印象；调动一切人性化要素将购物与休闲娱乐、社会交往活动穿插组织在一起，使购物不再是一种单调的“疲劳战”，同时激发了参与娱乐休闲、社交活动人群的潜在的购物欲。城市综合体能保持其旺盛的人气，与其人性化、传统化、社会化的商业空间格局是分不开的。

5. 公共空间立体化

在以往的城市公共活动场所，人们都有一个共同的经验，即除非有明确的购物目的，很少有人愿意光顾三层以上的楼面。但城市中心区土地高效集约化使用的要求使大多数城市综合体呈地下、地面、高空三向度发展，而包括购物、休闲、娱乐、服务等在内的公共性活动场所常常占据六至十个楼层之多，如何组织垂直交通将人流在不知不觉中吸引到上层空间是决定城市综合体成功与否的一大命题。在大量综合体设计中，建筑师通常以贯通上下的中庭作为室内的“城市”广场组织综合体的公共空间，并在其间模拟自然的树木花草水石，设置现代雕塑，在中庭上空悬挂各种色彩鲜艳的条幅，并辅以各种令人炫目的灯光。在这里，人们可以组织各种公共活动，如演艺、庆典、展示等。中庭之中或其周围还有许多垂直交通工具，如观景电梯、自动扶梯、宽窄变化不一的楼梯、台阶和廊桥等，大大增加了空间的流动感，人们在兴致勃勃、游兴正浓时已不知不觉来到了更高的楼层，而新的空间又吸引了他们。中庭空间还为人们提供了不同的空间体验视角和更多人与人接触的机会，并使观演活动的参与者分布在各个不同的标高或楼层，将城市公共活动场所从二维平面扩展成三维立体空间。公共空间立体化是城市综合体运作的一大法宝，几乎所有成功的综合体都少不了这一点睛之笔。

6. 与城市空间一体化

城市综合体因其尺度巨大，对城市空间及周边地区的影响是举足轻重的。如何使城市综合体与城市空间融合为统一的整体，几乎是每一个建筑师面对的首要问题，主要包含两方面的问题：一方面是内外交通的组织及空间的融合，另一方面是城市综合体外立面尺度与周边环境的协调。城市综合体通常拥有数十个大小不一、分布在不同楼层的出入口，或直通地铁，或贯通高架，或与人行道有着便捷的联系，保证了大量人流的迅速集散。在主要的人行出入口，往往通过一些挑高的模糊空间或街头小广场等形成与城市空间的衔接，以达到二者自然的过渡和融合。城市综合体因其体量巨大，易对周边环境造成压迫感，因此建筑师常常使用较小的体量进行空间造型组合，在立面上以开窗形式利用人性化细部尺度进行分段组合，从而打破水平方向的单调乏味，与周围环境取得协调。

第三节 城市景观形象的构造

一、城市景观空间界面与建筑空间界面之比较

相对于建筑空间而言，城市景观空间具有开放性的特点，这也是两者之间最根本的区别。如表 5-1 所示，通过建筑空间与城市景观空间的垂直界面、底界面与顶界面进行比较可以看出：底界面是人类活动的基础，它关系到人类活动内容的组织和形式，在任何类型空间中都有着重要的作用；垂直界面在建筑实体空间中具有强烈的封闭性，在城市景观空间中则相对减弱；顶界面在城市景观空间中基本缺失，这也是由景观空间的开放性决定的。

表 5-1 界面分析

	垂直界面	底界面	顶界面
建筑空间	墙体、隔断、隔屏等	地面铺装、地面铺设、人工水体等	天花、顶棚及其他构筑物
城市景观空间	墙体、树篱、水体（垂直方向）及各种构筑物	自然地表、自然水体、人工铺地、人工水体等	树冠、廊架、顶棚及各种构筑物

二、城市景观空间底界面的“真实性”构建

（一）城市景观中的底界面

底部界面作为围合空间的底部，在概念上是独立的，并起到把抽象的设计观念转化成具体空间形象的作用，但它必须依赖具有一定体积、强度和材料的物理指标才具有实体性质。底部界面的基本特征依其性质可分为概念元素、连接元素、视觉元素、意义元素四种；从涉及的层面区分可分为具体和抽象两个层面。与其他界面一起运用形态表达出空间性质和精神意义是它的核心内容。

底层界面在城市景观空间建设中起着决定性的作用。城市景观空间的底层界面与大地之间的密切关系决定了其生态方面的重要性；作为各种因素之间的有机秩序

载体，在城市景观艺术设计中有着举足轻重的意义。

（二）城市景观中底界面与真实性

“真实”是指宇宙万物建构的基本法则，包含有机秩序性和表现性两方面倾向。有机秩序性被认为是合规律性，而表现性是合目的性，可见任何事物的协调发展都是基于规律性与目的性的有机统一与和谐。符合这一规则的事物则表现出“美”。

底界面是城市景观中的主要建筑界面，由于景观环境的“地理属性”，底部界面元素中的关系是错综复杂的。因此，“真实性”原则中有机秩序概念的确立是景观空间设计中对底界面全面把握的基本依据。

对底界面要进行全面、理性的分析，了解其具体的作用机制，并在此基础上进行艺术表达。与此同时，景观空间的底层界面与自然环境、社会环境有着密切的联系，它们之间相互影响、相互作用，城市空间是活动的重要区域，因此城市景观环境中的底界面居于“牵一发而动全身”的位置，任何与之相关的因素的处理都会影响设计的成败和设计效果。因此，城市景观艺术设计中表现性和有机秩序性的统一是其设计的根本要求，也证明了“真实美”的理念对城市景观艺术设计是必然和必要的。

（三）底界面“真实性”建构原则

“真实性”内容突出了城市景观艺术设计中底界面的根本特点，并且作为城市景观艺术设计的根本原则，关系到设计表现的成功与否。

1. 宏观层次的景观空间，注重适度的表现性

在城市景观艺术设计中，界面“真实性”的普遍建构原则是适度的表现。通过系统评价模式宏观把握城市景观空间的整体秩序，在此基础上进行艺术表现，这是城市景观艺术设计方法论中“美在真实”理念的体现。

2. 中观层次的景观空间，注重文化的延续性

在城市景观空间中观层次的设计中，底界面所负载的文化延续性主要是通过对“原型”的提炼和运用达成的。

（1）“原型”的提炼是对纵横方向的人类文化认知。文化的横向因素是指对文化和文化凝结——“原型”进行分析。只有设计师要在横向及纵向方向上都能把握外在文化的发展，才能对“原型”有较强的提炼能力。

在构建景观界面真实性的过程中，文化通过“原型”达到沟通和延续的目的。只有正确理解纵横两个维度的文化脉络，才能更好地提炼“原型”，并在当代城市景观艺术设计中使用。

（2）以“原型”为媒介进行深层次的表达。“原型”在此不仅是简单的良好的视觉感知，还是在与其他元素相互融合后进行各种深层次的表达，从而引发人们深思。简单的“原型”是无法进一步促进文化的发展的，只有加入当代人的思考和再次阐述之后，才能升华为文化的精华，最终凝聚在历史的长河中。

（3）注重场所性营建的微观层次的景观空间。①与建筑围合空间的拓扑关系处理。当代城市景观空间大多被建筑实体包围，城市景观空间与建筑空间的边界相邻，它们之间是一种拓扑关系。由于要考虑整体环境的协调统一，与相邻建筑空间的拓扑关系的处理会伴随有场所性的空间感。这是空间场合力作用的结果。

②对文脉的尊重和运用。城市的景观环境是历史的载体，历史和人们的记忆是不可分割的。因此，在设计过程中要对历史文脉持尊重的态度。仔细考量其功能、形式与文脉间是否能达成有机秩序的和谐。只有达成某种和谐，这一城市景观空间才能被人们接受与认同。

（四）城市景观设计中底界面“真实性”的设计方法

1. 基于底界面抽象层面的“真实性”

（1）运用同构手法体现底界面的“真实”。日本东京的世田谷区有一条道路，道路上的所有元素包括路边座椅都是由淡路地区手工制造的瓦来铺装的，使这条奇特的道路弥漫着浓郁的日本传统文化气息。

以形式要素联系底界面与侧界面，可形成有意味的空间环境。如图 5-9、图 5-10 所示，呈 45 度倾斜的正方形相互叠加组合作为图中同构的基本形态，在隔墙、地坪等底界面铺地与垂直界面以相应的形式和比例反复重复，使景观环境富于特色。

（2）运用“原型”体现文化的“真实”。从某种意义上说，文化是集体记忆的凝聚力，而“原型”是唤醒集体记忆最直接的途径。因此，“原型”的使用是体现文化真实的有效方法。在香港中国银行大厦的附属景观空间设计中，奇石作为中国传统园林景观元素中的“原型”被提炼了出来，成功地表达了中国传统文化。运用“原型”体现文化的“现实”，可以通过象征物体或人物的表现达到某些特殊的意义；还可以将抽象的组织方式、建构方式等运用到现代的设计活动中，虽然没有可识别的形象特征，但传统在深层次得到了延续和发展，使景观环境在“似，又不似”的对象性感受中产生巨大的张力。

（3）运用“类比”“象征”和“隐喻”体现底界面场所的“真实”。类比、象征和隐喻是基于文学概念的设计方法。类比是指思想或概念从一种内容向另一种内容的转变或移置；象征是指将一种形式的内容映射到另一种形式的内容；隐喻是指一种内容对另一种内容巧妙的暗示。设计师可以利用各种形式的自然和原始的建筑环境进行发展变化，这些方法中蕴含着丰富的构思源泉。以墨西哥泰佐佐默克公园湖面的处理为例，设计师通过象征的手法缩影了地理场景，如象征墨西哥谷地形状的湖面形式（图 5-11），记录了历史变迁，包含了对墨西哥谷地历史的追忆。

图 5-9　基本形在地坪上的运用

图 5-10　基本形在隔墙上的运用

图 5-11　墨西哥泰佐佐默克公园湖面

2. 基于底界面具体层面的“真实性”

（1）对自然地形、地貌有意识地保留与恢复。“有所为，有所不为”是中国传统文化思想，其在城市设计中同样适用，设计活动并不是彻底地全盘重建，是有目的、有计划地“不为”，这对于设计活动来说是一种更灵活、更有机的方法。自然地形地貌有目的地保留与恢复，这在城市景观设计中，最大限度地体现了城市与自然、与时间的联系。

（2）通过底界面高差变化营造场所性的真实。场合是场所性的重要因素，而场合的真实可以通过底界面的下沉体现，表现为空间功能与活动、时间之间的紧密联系。

洛克菲勒中心广场是现代城市景观广场中极具代表性的作品，在该设计中下沉式的处理不仅可以躲避城市道路的喧嚣与视线的干扰，还能为城市居民营造安详、宁静的城市气氛，这是符合场所功能的真实部分。夏季支起凉棚，在棚下放置咖啡座，棚顶则布满鲜花；冬季则变成溜冰场，在不同季节里，场所功能发生了变化，但它依然与周边景观环境相互契合，体现了场合的真实。洛克菲勒中心广场在繁华市中心建筑群中营造了一个富有生气的、功能与艺术相互融合的景观空间，并因其营建的场所的真实给人们带来愉悦、美好、安静的享受（图 5-12）。

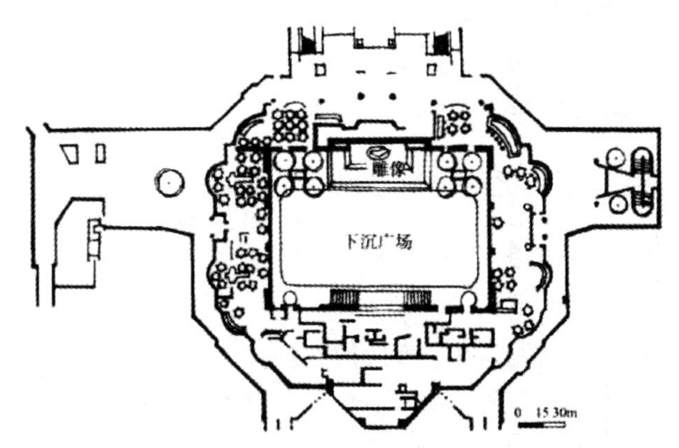

图 5-12　洛克菲勒中心广场平面示意图

提高和下降都是利用底部的界面元素建立具有场所性真实的景观空间。略低于城市街道的空间场所给人们带来一种私密和围合感，结合这一效果设置有意义的活动，给场所赋予相应的功能是再恰当不过的了。

（3）底界面铺装的有机运用

① 铺地体现地域性的真实。选择具有地域特色的元素进行铺装，这是从地域特色和传统文化角度出发的，是通过铺路表达地域性的真实。具体方法包括：用当地特色材料铺路；使用具有区域特征的色彩；铺路的颜色与街道的颜色相统一；铺路的形式内容反映当地的文化和传统。

在中国传统铺装模式的设计中，经常运用第四项体现传统文化。例如，用兰花象征高贵典雅的品格；用荷花象征“淤泥而不感染”的高贵品格；用忍冬纹象征坚韧的情操；用菊花的傲雪凌霜象征意志坚定。另外，使用各种图案铺砌地面也承载着人们的美好愿望。

② 底界面铺地营造城市景观环境场所性的真实可以通过以下五种途径达成。

a. 强化城市景观的连续性。铺装色彩要注意与建筑相协调，用具有统一感的铺装强化景观的整体性和连续性。

b. 使城市街道富于个性特征。地面铺装的个性强化可以提高识别性，加强景观的空间场所性，具体的做法包括：可以在南北向街道和东西向街道上运用不同的铺装材料，或者按照街区与街道的不同逐渐改设铺装的质地、色彩。

c. 作为标识系统中的因素。在广场、公园、明示道路等系统关系的方案设计中，可以在一定间隔内铺装彩绘地砖，或者用彩色化铺装，等等。

d. 涂画轴线。在街道上涂画出轴线，使整体景观显得井然有序，运用不同色彩的前后关系调节人眼对视距的认知。

e. 铺地与景观空间主题同构。在特定的景观空间中，可以通过铺地与主题的同构形成相互的呼应，从而营造场所的真实。

三、城市景观中垂直界面的形式与构成

（一）城市景观中垂直界面及形式

1. 城市景观中垂直界面的表现

城市景观垂直界面表现为非水平方向的，具有一定形态、体积和材质等物理指标的物质实体要素。这些要素在视觉中多数表现为各类具有不同形状、颜色和质地等外在可视物理属性的点、线和不完整的实形面。

城市景观空间中的垂直界面是人的知觉对基本视觉要素进行积极组织和建构的界面，而非客体本身就有的，是非水平方向的不同视觉元素组合布局、相互作用形成的垂直界面系统。这个界面系统不仅能有效限定和分隔空间，还能形成空间渗透，使相邻空间形成彼此良好的空间关照。

2. 垂直界面的形式构成

垂直界面的形式构成，即形式结构的生成方法，可以使用剪切、对称、穿插、叠加、呼应、转换等方法表现水平方向和垂直方向的组织。

3. 围合度

城市景观中的围合度是垂直界面与底界面以及与人的尺度匹配关系。垂直界面的高度需要与其所围合的底界面尺度有良好的比例，围合感要求这个空间既不封闭又不开放。

城市景观空间的人性化尺度在一定限度上调剂或缓解了现代人快节奏的城市生活，使人们共享优美的城市公共环境。

（二）垂直界面与空间序列的组织

若干相对独立的空间组成了一个完整的城市景观空间系统。不同的使用功能、视景组织、交通动线对空间组织方式和空间组合形式有着不同的要求。“功能使用”是指城市景观空间为满足人们的各种活动而提供的专门场所。人们在城市景观空间中的活动是有秩序、有目的、有组织的。因此，活动发生的先后顺序以及各类活动之间的相互连接形成的动线是城市景观空间的组织依据。人们对城市景观空间的认识不是在静态的状态下瞬间完成的，而是在运动中（从一个空间到另一个空间）看到它的各个部分和形式，形成一个完整的印象。人们对空间的观看包含时间及空间的变化。空间序列的问题是将组织的秩序、空间的先后顺序有机地统一起来，使观

众不但能在静态的状态下获得较好的视觉效果，而且在运动状态下也能获得良好的视觉效果。在城市景观空间序列组织中，垂直界面起着十分重要的作用，通常从功能和美学两个层面考虑城市景观空间的序列组织。

1.功能因素

功能因素是从事件的角度组织空间序列。这种组织方式可以分为两类：一是按照事件的先后顺序安排空间序列，这种方式突出强调空间的轴线关系，将事件与空间序列有机地结合起来，垂直界面的分割或围合使空间形态形成几个收束——放开的过程，呈现出跌宕起伏的效果，达到增强视觉感染力的目的。二是按照事件的相互关系安排空间序列，这种方式既突出强调事件的共时性，又关注与某一事件有关联的其他事件，不同类型的活动可以组织在相对独立的空间中，能够有效避免活动间的相互干扰，同时实形与虚形垂直界面相互作用使空间既分隔又连通。

2.美学因素

美学因素是从形式的角度组织城市景观空间的序列。一个好的空间序列除了能较好地满足功能要求外，还要体现美学特征。只有空间序列中暗含美学的规律，才能达到内容与形式的完美统一。打造空间序列时不仅要考虑事件的秩序问题，同时要注重形式的表现美。一个完整的空间序列应该具备主次分明、有起有伏和特征鲜明等特点。“主次”“起伏”主要是指空间序列在形态与体量上的变化。

（三）不同形态的垂直界面与空间渗透和层次的构成

1.垂直界面与空间的渗透和层次

因为空间是共存的，相邻空间界面的状态不同，所以存在闭合、开放、相互依存、相互渗透等关系。城市景观空间通过不同垂直界面对空间的分隔和联系呈现出层次上的变化。

在城市景观中，围合空间和组织空间垂直界面的“形态要素不仅有实体的‘点’‘线’‘面’‘体’，还包含‘虚的点’‘虚的线’‘虚的面’。而‘虚的体’可以理解为一种特殊形式的空间”。本书将其定义为“虚形”垂直界面。

虚形垂直界面使城市景观空间相互渗透，有利于丰富景观空间的层次，增加景观空间的深度，形成流通的景观空间。“虚”可能是看不见的，隐含在实际的形式或某些关系中。这种可以被感知的隐形有时感觉清晰，有时模糊。

我国古典园林充分运用了虚、实两种垂直要素，将园林空间的渗透与层次塑造发挥到了极致。亭、台、楼、阁等虚实相间的建筑元素的运用使园林空间既分隔又相互渗透，可谓“景中有景、园外有园”。我国古代关于园林空间的著作《园冶》便能够充分体现这种思想，该书提到“园，虽有内外之别，但景并无远近之分”。

自然本身是一个整体，空间边界的分隔是人为造成的，因此对园林（空间）的兴造应该巧于“因”“借”，精于“体”“宜”。所谓“因”者，“随基势之高下，体形之端正，碍木删桠，泉流石注，互相借资”。该书还提到“夫借景，园林之最要者也。如远借、邻借、俯借、应时而借。然物情所逗，目寄心期……”

此外，欧洲也有不少成功的设计，威尼斯圣马可广场便是著名的案例。该广场的垂直界面多为实形建筑立面。垂直线性钟楼作为主广场和海湾周围的小广场之间的过渡，在视觉上起到一个逐步展开的引导作用。石狮和台阶的组合划分了大广场与教堂北侧的小广场，一对方尖碑划分了靠海湾的广场与水面，这两种划分方式都是“虚形”垂直界面的运用，营造了良好的景观效果。正是充分应用了空间上的互迭和视觉上的对比，圣马可广场中的垂直界面与环境达到了和谐与统一，广场整体空间更趋于完美，造就了视觉艺术上的高度（图 5-13）。可见，“虚形”和“实形”垂直界面对构成良好的空间渗透与层次具有同样重要的作用，因而需要在具体设计时进行很好的把握。

图 5-13 意大利圣马可广场

2.“虚形”垂直界面的构成方式与空间渗透

由于“虚形”垂直界面多为不完全实体形或由线状、带状、条状物单位形重复组成的界面，因此看上去往往不呈面状，而是一种虚形和实形交织而成的似透非透的面。

在城市景观空间中，“虚形”垂直界面的形式往往无定式，有着丰富多样的组合形式。尽管如此，由于在构成方式、组合方式以及对空间的塑造方面都体现出一些特征，“虚形”垂直界面的构成还是有一定的规律可循的。总体而言，“虚形”垂直界面可以分为实形剪缺形界面和灰界面两大类。

（1）实形剪缺形界面。剪缺是从整体的实体界面中去掉某些部分，从造型的角度上看并非只是去掉一部分即可，还要避免突兀，确保整体性，从而形成缺损与完整的对立与统一。这样形成的缺损部位往往容易引起视觉上的注意，不但起到了增强造型功能的作用，而且体现了界面的层次感。在实际运用中，实形剪缺形界面表现为两种方式，分别是对景式和框景式，框景式垂直界面如图 5-14 所示。

图 5-14　框景式垂直界面

剪缺界面的形成往往要借助开槽、开洞或切角等手段，剪缺界面和实形界面之间易构成一种图底对比的关系，具体体现是实形界面相对退后，而剪缺虚形使框出的景物得以突显，前者是底，后者是图，这样就实现了空间上的变换以及空间上的渗透。

根据格式塔的背景和图形原理可知，图底之间的对比越明显，则两者之间的界限越分明，这样就更易于被感知。一般来说，相较于大区域，小区域更容易被感知；相较于包围的，被围的更容易引起注意；相较于冷色，暖色更吸引人。由此可知，某种景物和周围景物的明度差异越明显，就越容易从背景中脱颖而出。

（2）灰界面。灰界面一词来源于术语“灰空间”，它是指由基本的线性元素或点状元素叠加形成的垂直界面或水平界面。这种界面似透非透，体现了界面组织的完整性。格式塔心理学认为，任何“形”都是知觉进行了积极组织和建构的结果，而不是客体本身就有的。比如，灰界面其实是点与线的组合体。它符合格式塔心理学描述的人们所具有的如接近的原则、相似的原则和完形的倾向等“心象组织规律”，是通过人的感知而形成的面。

（三）垂直界面自身的高度与空间的特点

真实形态或虚拟形态的垂直界面和空间构成的一种围合和渗透是人处于室外空间中的一种感知。人的可见高度和界面垂直高度之间的关系影响垂直界面在视觉空间中的呈现效果。当垂直界面高度低于可见高度时，垂直界面就产生了一定的围合感并限定了空间领域的边缘，同时保持了与周围空间的视觉连续性。当垂直界面的高度与人的可见高度接近时，两个不同的空间就此被分割开来。当垂直界面的高度远远高于人的可见高度时，两个空间在视觉上的连续性便不存在了，并产生一种围护感。

第六章
当代城市建设中软质景观艺术设计

第一节　软质景观设计中需要注意的问题

一、造型与色彩的问题

软质景观艺术设计需考虑整体性，在艺术造型上，合理考虑景观各部分的位置、形状、尺度、材料、色彩、质感、肌理以及施工制作等方面的问题是设计师必须具备的基本素养，同时可以参考自身风格和大众审美取向方面的因素，如图 6-1 所示。

图 6-1　城市软质景观艺术形态构成

（一）软质景观造型设计原则

形体是由点、线和面复合成的，其要素可以无限地增加，在自然的形体中更是如此。可以将简单的圆、多边形等作为形的代表，用来研究形体间的共性及相互间的关系。形体组合在视觉上可以使人产生不同的精神暗示，不同的形体对人的心理暗示与影响是不一样的。圆形可以使人产生愉悦、温暖、柔和、湿润、有品格的联想；三角形使人产生锐利、稳固、干燥、收缩、轻巧、华丽的联想；方形使人产生坚固、强壮、质朴、沉重、愉快的联想。只有了解形体自身及相互作用特点，才能在设计中正确处理形体的组合形式，创造优美舒适的生活环境。

在软质景观造型设计中应注意点、线、面在形体表现时的运用。从构图形式上分析，可以笼统的将其概括为简单与复杂两种造型方式。简单是指简单的几何图形，如圆形、矩形以及混合几何形，通过对称、连续、整齐、除得尽的一些原则形成景观构成的划分。这种构图方式使相同幅度的物体产生序列感，更容易形成稳定的空间围合与统一。

复杂往往会使人联想到错乱感，这里所说的复杂并不是这个概念。对于软质景观的设计来说，想要使设计更为生动，具有隐喻和象征意义，少不了对该项目的历史沉淀及现代背景做一番研究。将其传统与地方现实特色融合，就涉及我们所说的复杂中的一部分——融会贯通。在造型构图方面可以概括为这样几个词：曲线、变形、穿插、剪切、混合、无规律。这样一说似乎觉得毫无造型逻辑可言，实际不是，一切还都在“最大统一性”的法则内，即把分散的形象按一定结构群体化，成为集中的有序的形体。

无论造型是趋于简单还是复杂，其在整个空间中所占的比例和尺度都是十分关键的。日本建筑师芦原义信在《外部空间设计》中探讨了在实体围合的空间中实体高度 H 和间距 D 之间的关系。经过其观察总结的规律发现，$D/H=1$ 是一个界限。当 $D/H<1$ 时，会有明显的紧迫感。$D/H>1$ 时，会有远离之感。$D/H=1$、2、3... 常用的数值。当 $D/H>4$ 时，实体之间的相互影响已经薄弱了，形成了空间的离散。室外尺度可放大到室内尺度的 8 ～ 10 倍。

在软质景观造型设计中，我们还应对原有场地形式进行合理利用。针对原有场地的修改和保留其特征有时是设计灵感的源泉。景观设计隐喻和象征的意义在前面我们提到过。象征与隐喻的运用具有相似的特征，但又有根本的不同。象征更为直接，而隐喻更为含蓄。如何正确把握其造型的均衡与稳定、重复与渐变、韵律与节奏是设计面临的挑战，需要设计师具备很全面的综合素养。

（二）软质景观设计中的色彩

在软质景观设计中，造型与色彩并不是独立的关系，色彩实际是造型设计的基本元素。点、线、面、形体、色彩、肌理都是造型设计的元素。由点成线、由线成面、由面成体。色彩与肌理是赋予形体最后的形态的元素。而且，色彩是传播信息的重要手段。

我们都知道色相、明度和纯度是色彩的三要素，是决定色彩的主要因素。在这里不做详谈，只做一下概述。色相又叫色度、色别，色相是颜色最明显的特征，是色彩间最主要的差别。由于物体吸收和反射色光能力不同而呈现出不同色彩的视觉效果。明度又叫亮度，是指色彩的明暗深浅程度。纯度可称为色彩饱和度，是指色彩的纯净程度和色彩的鲜艳程度。某色中包含的黑、白、灰成分越多，它的鲜艳度和饱和度越会降低；反之，如果包含的黑、白、灰成分越少，色彩越鲜艳，越饱和。

夏天和秋天最能体现软质景观绿化和水体的生态效果，因此在对不同植物进行配色设计时，最好更多地考虑夏季和秋季的色彩。在植物色彩的处理上，色相变化明显的植物会在构图上具有丰富的视觉层次。水体要保持清澈透明，这是它最好的色彩。花卉的色彩在软质景观设计中较为丰富，根据色彩搭配要素合理组织花卉种植是软质景观设计中的一个特色产业。色彩最具造型活力、视觉冲击力和表现力。色彩的运用不仅能体现软质景观的特征，还能引人联想，产生更高层次的审美需求。软质景观的色彩虽不像其他形式的色彩那样层次丰富，但软质景观的色彩是特定的景观色彩类型，虽然可以概括的理解为只有绿和蓝两种色彩，但是它们代表了城市的生命和形象，活力与张力。如果线条、形体、色彩、质地、声音和气味都对人的情感反应产生某些影响，那么象征城市生命的绿色和与人类关系密切的水的蓝色就更有充分的理由点缀人们生活的环境。

二、自然与人工的问题

景观分为自然景观和人工景观以及二者结合的景观。从事艺术设计的工作人员应注重发现和保护原有的自然景观，在自然景观存在的前提下，通过更加合理的规划设计、提炼加工使之更具审美意义，这种方式比广泛采用人工方式制造出来的景观重要得多，因此在进行软质景观设计时应着重考虑对自然生态景观的合理利用与开发。当然也不能忽视或否定人工景观的实际价值和积极意义。

（一）软质景观设计需考虑的自然因素

软质景观设计应适应当地的自然条件。设计时要强调当地的主要植物特点，体现生态功能与地方特色。比如，地处北亚热带的自然植被区多为常绿阔叶林，寒带树种中的耐寒树种多为针叶林和落叶林。具有地方特色的植物应多种在条件适合的场所，并尽可能地多选取常绿植物，以体现地方特色。为了使植物配置更丰富，增加景观和物种的多样性，可以适当种植一些珍稀的或当地没有的植物。合理开发利用植物的观赏价值、环保价值和经济价值。

（二）软质景观设计需考虑的人工因素

软质景观植物的搭配与布置可以反映出一个城市的情怀。绿地建设并不是简单扩充绿地面积，还应该讲究绿地建设的质量。速生树种与慢生树种的合理搭配、植被的季节特征的相互作用、草坪与花卉的形状搭配、树篱廊道的修剪、街头绿地的形态等都需要从美学的角度进行人工的精心设计，讲究软质景观的美化功能。中国古典园林已成为中国的骄傲、传统的典范。人工参与建造园林（景观）同样是景观艺术设计中非常重要的因素。

三、空间与时间的问题

（一）软质景观设计中空间概念的定义

“空间”涉及的范围很广，大到整个城市，小到微观世界，如天然的山洞、鸟的巢穴、人工的建筑，广场等。“空间”也可以定义为范围 、领域，指个人或群体为满足某种需要对特定场所的控制，使该场所拥有特定的使用功能，如方桌、楼梯、社区一角；也可是指某一大的范畴，如街道、公园、区域、城市等；再往大了递升还可以定义为一片草原、湿地、森林等。不同的空间会形成不一样的行为与心理功能。软质景观的空间尺度是指人们为了满足各种具体的、特定的生活行为而人为的进行空间的限定，在环境艺术设计范畴内，将建筑定义为划分室内外空间的一个媒体。把握景观尺寸对人类物质及精神方面的需求都很重要。

（二）软质景观设计需要考虑时间因素

软质景观规划设计时要考虑本地区的气候与土壤条件。季节变化最为影响软质景观的形态，尤其在北方更为明显，寒冷的北方在设计时应该考虑冬季水结冰以后的处理，加拿大某些广场冬天就利用冰做公众娱乐活动；冬季绿化效果的枯萎期较长，同样要做出合理的设计安排。南方的软质景观设计要好于北方，所以很多做景观专业的学生更多的趋于到南方寻找工作。由于季节和枝叶密度都是可变因素，其构成的空间也具有了可变性，从而使景观空间更加丰富。

植物的色彩具有情感，它通过树叶、花朵、果实等各个部分呈现出来。即使是同一种植物，它的色彩还会随季节的变化呈现不同的色调。虽然树叶的主要色彩是绿色，但不同种类的植物也会有深浅的变化，如偏黄、褐色的成分。绿化植物还有肌理的表情，使之具有粗犷、厚重、轻柔或细腻之分。

软质景观设计时不但要注意季节的时间变化，而且要考虑一天中光影的变化。在选择植物进行配植设计时，要考虑构景观的阴影对周边状况的影响。随着一天当中日光的变化和季节的更迭，秋天的落叶、树木的枝干和冬天的积雪会呈现出不同的阴影，从而达到变幻莫测的装饰效果。

空间与时间概念的均衡在软质景观设计中是尤为重要的。应该尊重传统文化和乡土知识，吸取当地人的经验，了解当地的历史积淀，取其精华。

第二节　城市水体空间艺术形态与景观设计

水对于人类来说是至关重要的，无论什么时候人类都离不开水。随着人类文明的不断发展，城市逐渐形成，城市大多都建立在水源充足的地方。如表 6-1 所示，人类文明和城市起源总是与水密切相关的，很多国家、民族和地区文化特征都用该国家和地区的主要河流名字命名或象征，如尼罗河文明、黄河文明等。远古先民在有水的地方建设自己的家园，创造生存的环境。《玄中记》曰：天下之多者水也，浮地载天，高下无所不至，万物无所不润。水体减少了城市的繁杂与张力，是城市生态中难得的湿地，维持着生物的多样性。水与人们的生活息息相关，是所有的生物赖以生存的首要条件。中国传统文化中就有“仁者乐山，智者乐水”的佳句。山与水构成了中国艺术精神中最具代表性的符号。古希腊时期，亚里士多德认为理想的城市应处于河流或泉水充足、风和日丽的地方，以保证居民饮水的方便和环境的优美。

表 6-1　我国 32 个主要城市与河流对照

编　号	城　市	河　流	编　号	城　市	河　流
1	北京	永定河	4	武汉	松花江、马家沟河
2	天津	海河	5	长春	伊通
3	上海	黄浦江	6	沈阳	浑河

续 表

编 号	城 市	河 流	编 号	城 市	河 流
7	西安	沪河、渭河	20	福州	闽江
8	太原	汾河	21	拉萨	拉萨河
9	石家庄	民心河	22	郑州	黄河、贾鲁河
10	重庆	嘉陵江、长江	23	南昌	赣江
11	南京	长江、秦淮河	24	广州	珠江
12	杭州	钱塘江、京杭运河	25	贵阳	南明河
13	合肥	南淝河	26	昆明	盘龙江
14	长沙	湘江、浏阳河	27	成都	府河、南河、沙河
15	西宁	湟水河、南川河	28	呼和浩特	扎兰盖河
16	银川	——————	29	兰州	黄河
17	武汉	长江、汉江	30	海口	白沙河
18	南宁	邕江	31	台北	淡水河、吉隆河
19	济南	黄河、小清河	32	乌鲁木齐	——————

中国古代城市发展有两大类型；一是按照统治阶级的意图从政治军事要求出发而兴建的城市，一般布局较为规整；二是在经济枢纽的带动下在原地不断发展扩建的城市，规划布局较零乱、缺乏规整性，有一定的自发性。中国古代城市和西方诸多城市的产生和发展大同小异，但是从发展结果来看，形成了完全不同的城市风貌和景观。

一、城市水景观概说

本文强调的软质景观中的水景观是指水环境艺术景观，包括水体形态、濒水区形态以及水在不同环境中的多种艺术形态。有人说“水是园林的灵魂”，也可以说水是城市景观的灵魂。水环境艺术设计是设计艺术学科中一门新兴的综合性边缘课题，它是人类在生态时代背景下以人文学科和自然学科为支撑，对人类生存的地表水域及其相关要素的构成关系进行整体的艺术化关注。城市滨水区是城市中一个独特的空间地段，是指与河流、湖泊、海洋毗邻的陆地，是区域内陆域和水域连接的地段。

城市软质景观环境艺术设计中的水体可以分为自然水体和人工水体两大类，大至江河湖海，小至水池喷泉，这些水体都是城市景观组织中最富有生气的自然因素。水的光影、形色都是变化万千的景观素材，因此水景观的艺术创造要比一般土地、草地更具生动的艺术表现力。水环境艺术设计的变幻无常和体态无形的特点增加了水景观的生动性和神秘感，它或辽阔或蜿蜒，或宁静或热闹，大小变化，气象万千。

水体作为一种联系空间的介质，其意义超过了任何一种连接因素，小溪、泉水、天然瀑布、江河、湖泊、海洋等自然水体，它们有的气势宏伟，景观视野广阔；有的温文尔雅，清秀动人。如图6–2、图6–3所示，水体岸线是城市中最富有魅力的场所之一，它是欣赏水景的最佳地带，通常是城市居民休闲娱乐的场所，因此成为城市景观规划设计的亮点地带，十分具有表现力。水的柔顺与建筑物的刚硬，水的流动与建筑物的稳固形成了强烈的变化与对比，使城市空间具有更大的开放性，使景观更为生动。流动的水体成为城市动态美的重要元素，是构成城市软质景观特征的重要元素。

图6–2　自然水体景观

图6–3　人工水体景观（亲水景观）

人工水体包括水池、喷泉、人工瀑布、人工湖、人工运河等形式。虽然人工水体与自然水体相比较为小巧，但是通过这些小元素的组合常常会使人工水体成为城市环境中最生动、最活跃的软质景观因素。经过人为的规划与设计，水池、喷泉、瀑布飞溅的水花和不断的涟漪使城市又多了一份动态美，当它们静止时，水池宁静的气氛和和谐的光影又使城市充满了虚实相生的神奇意境。

二、水景观的主要构成与艺术形态

水景观由水存在的形式、造景手法和表达方式构成。它的存在形式主要是喷泉、瀑布、水池、河流、湖泊等，都是大家喜欢接受也是运用较为普遍的几种形式。

水体没有固定的形态，它的形态由一定容器或限定性物体构成。容器的大小、形状和密度变化都能改变水的造型变化。水的表现效果也是不同的，有的水平和温婉，有的水激流浩荡。水的形态还因为受到地球引力的作用，表现为相对静止和运动状态。根据水体的这个特点可以将水景观分为静水景观和动水景观两大类。静的水使人感觉到宁静、安详、柔和；动态的水使人兴奋、激动、和欢愉。水变幻莫测的特性为景观设计师带来了不一样的激情与灵感。

（一）水景观的主要形式

水景观设计可分为静水、流水、落水、喷水景观等几种类型。

流水：中国古代有“曲水流觞”的习俗。例如，乾隆时期在圆明园中仿造建设了兰亭，把曲水流觞缩小在亭中的地面上，留出婉转曲折的流水槽，将山水或泉水引入其中，从石槽流过去，人们在亭中畅饮颂诗吟词，被称作“流杯亭”。今天，怀古励今的景点很多，如北京香山饭店的“流杯亭”等，如图 6–4 所示。

图 6–4 流水景观

静水：静水是指水体的运动变化相对平和、舒缓，适合表现在地平面比较平缓的地带，没有明显的落差变化。通常静水景观可以产生独特的镜像效果，形成丰富的倒影变化，较小的水面适于处理成静水景观。如果做大面积的静水，会使人感觉有些空旷、空而无物、松散而无神韵。大面积的静水形式需采用较繁复的设计手法，如曲折、回转等使之更为丰富，如图 6–5 所示。

喷水：喷水是经加压后形成的喷涌水流，是较为常见的人为景观，它有利于城市环境景观的水景造型，人工建造的具有装饰性的喷水装置可以湿润周围的空气，减少尘埃，降低气温，如图 6–6 所示。

图 6–5　动静结合的水景观

图 6–6　喷水景观

落水：落水景观的艺术形式主要有瀑布和跌水两大类。瀑布是一种自然景观现象，也可以做成人工瀑布，有面型和线型等形式，如图 6–7 所示。

图 6–7　流水景观

（二）滨水地区水景观的主要形式

城市滨水区景观的构成会因地理位置的差异而形成不同的景观形式，还会因季节、天气、时间的不同产生多种景观形象。在设计中依据城市滨水区水系的流向、流量、形状的变化把城市滨水区景观划分为线形景观区、带形景观区和复合形式景观区，如图 6-8 所示。线形景观的特点是狭长、多变，有明显的导向性。线形空间多构筑于流量较小的河道上，由景观构筑物群或植物带形成连续的、对景的界面形式。中国的周庄、著名的意大利水城威尼斯都是利用线形结构布局。其中，河道纵横，两岸店铺相连，景观优美、奇特，吸引了众多世界各地的游客。复合形式景观区的特点是水面辽阔、形状不规划、景观进深较大、空间的限定作用不强，空间开敞。复合形式水面作为背景的作用会为整个景观区域创造更多的价值。海、湖的沿岸地区可以视为复合形式景观区，因为岸线复杂，其构成的景观区域也是十分丰富的。当城市面向大湖、大海方向扩散、延伸的时候，更能使人感觉到开敞辽阔的感觉。

图 6-8 滨水景观

滨水区景观风貌在统一的基础上还应该形成鲜明的特点。在景观定位方面应该加强对本地文化特点的挖掘，并与国内外其他城市进行比较，形成对色彩、外观、风格的总体规定。在统一的景观规划基础上，要对景观周边的道路、建筑、广场、公园绿地的风格进行多方位的联系，使城市滨水区景观成为带动城市景观发展建设的一个窗口，让整个城市景观都联系在一起，形成一定的体系。驳岸是保护水体岸边的工程设施。城市内河、海、湖等水体及铁路旁的防护林带宽度应不少于 30 米。滨水景观既要注重效果，又不忽视水安全效益、水资源效益及水环境效益。

三、水体在景观中的作用

在一切凭视觉和感觉感知的景观中，水是动、植物和人类社会不可缺少的。同时，它能与其他景物形成完美的联系与配合，在不同的季节给景观增添活力，可稳重、可灵活，它的存在使景观更加灵活丰富。水赋予景观生命，使之产生活力。湖泊水面的宁静姿态能使人心旷神怡，而河流、瀑布、喷泉的流动姿态使人感受到声音和力量。

流水的声音：在气势磅礴的瀑布下，急速流水飞溅的水花和轰鸣声使人兴奋，在岩洞中叮咚跃落的水滴使人放松，在山泉潺潺的流溪边使人浑然忘我。在景观设计中，我们可以模仿水声构筑空间环境，在城市中多融合一些水环境艺术设计作品，造景的目的是为了使我们处在城市中随时能够观水听音。如图 6–9 所示。

图 6–9　流水景观

触摸的感觉：水体会因为处的环境不同具有山泉的凉、河水的暖、温泉的热、湖水的幽，水的活跃性吸引着人们去感受、去触摸、去游泳，景观设计师应该加强流水与静水的对照，增强水的不同特点，在嬉水的水中及岸边应设置可坐的圆石，增强适用性和趣味性。

嗅觉的气味：在自然环境中水气的蒸发能够传递水质的味道，海风吹来的是海水的咸味，阴雨天气和晴朗天空下的空气有截然不同的气味。这一切都是水蒸气运动的结果，所以在景观设计中水气的蒸发是景观设计师应该考虑的因素之一。

四、水景观的设计原则与定位

水环境艺术设计同绿化一样，是景观的一种。水景观设计可分为两类，借景和造景，借景是在规划设计中将天然的水景借过来，造景则是指人工造出水景。借景以观水为主，造景以亲水为主。我们之前提到水景观包括静水、动水、跌水、喷水等形式，静水景观水多为流动水，需循环使用，要根据需要设置循环水净化装置，为水生植物提供良好的生态系统，避免水质恶劣的现象。

在景观设计中水环境艺术设计是景观的重点，同样是难点。景观因水景的存在而灵动。水景常常是景观中最活跃的因素，它集流动的声音、多变的姿态、斑驳的色彩诸因素于一体；水的流动与静止是水景的重要表现特征，一动一静变化纷呈，水景设计无不围绕水的动感与静止设计，主要表现这两者的特色。水景设计一般分为观水设计和亲水设计两种。

观水景观设计一般是指观赏性水景观，只可观赏不具备娱乐性，观赏性水景可以作为单纯的水景，也可以在水体中种植水生植物或养殖水生动物以增加水体的综合观赏价值，如图 6-10 所示。

图 6-10　观水景观

亲水设计一般是指嬉水类水景，它为水体增加了游戏娱乐功能，这种水景的水体本身不宜太深，在水深的地方要设计相应的防护措施，应以适合儿童活动安全为最低标准，也可以在较深些的水边设置构筑物支持亲水活动，如图 6-11 所示。

图 6-11　亲水景观

水环境艺术设计原则：①自然性原则；②整体性原则；③连续性原则；④共享性原则；⑤多样化原则；⑥亲水性原则；⑦可持续发展原则。

在进行水环境艺术设计时，首先要清楚设计区域在实用功能上具有的特殊性，从而进一步确定水景观形式（包括水景观的整体与局部的形态、色彩等问题），使设计方案更全面、协调。其次，要充分了解设计区域的人文背景，将该地区可能具有的民族或乡土文化因素，历史文脉，特定的民间风俗等有机地延续到水景观设计中，使精神与物质更好地联系在一起，找到水景观艺术设计在内容与意境表达上的准确定位。再次，了解当代大众的行为心理和审美趋向，因为水景观艺术设计最终是为公众服务的，是以“公共性”为主要设计特征的，所以优秀的水景观艺术设计作品一定是能够令大多数人感到满意的。第四，明确设计作品的个性与风格。虽然水景观艺术具有公共性，是为公众服务的，但同时水景观艺术是讲个性和风格的。无个性风格的景观艺术设计一定不是件好的作品。所以，在设计中我们要协调好整体与局部的关系，大与小的关系，共性与个性的关系，即大众行为心理和审美趋向与作品本身的个性风格的关系。

第三节　城市绿地景观概说

一、国内外绿地景观发展简述

（一）国内绿地景观发展简述

2000 多年前的秦汉时期，据《汉书·贾山传》记载：“秦为驰道于天下，东穷燕齐，南极吴楚，江湖之上，濒海之观毕至，道广五十步，三丈而树，厚筑其外，隐以金椎，树以青构，为驰道之丽至于此”。这说明那时的街道绿化是最贴近城市居民的城市景观，也是早期城市景观单一的主体元素。从殷商时兴起的“苑”，到后来的皇家园林和贵族府邸中都有大量的绿化形态。从东晋时期到明清时期，自然山水园逐步向写意山水园过渡，中国的山水写意画朦胧淡雅，森林葱郁，山高水远，这与中华的自然景物分不开。中国古代绘画对自然景观的描绘最为丰富。这个阶段中的园林基本都是以游憩、赏玩为目的营造的，绿化只作为背景出现，功能性单一。

20世纪中叶以来，我国的绿化发展主要分为三个阶段。建国初期，绿化主要借鉴苏联的模式。在布局上，并没有统一的空间规划，此时的绿化还没有形成构筑景观的概念，基本上仍延续着经济、实用、在可能情况下保持美观的种植原则。这一时期主要是将植物按照行列顺序进行布置，认为人工绿化和自然绿地是应该分离的，甚至认为两者在某种程度上是对立的，绿化在城市景观中没有体现其自身的特点与意义，建筑设计师或城市规划师往往认为城市绿地是建筑或城市的陪衬、背景。绿地不涉及自身的空间结构对整个城市的影响。城市绿地规划还不成熟，绿化只停留在功能意义上。80年代以后我国开始学习美国模式，更注意绿化的生态效应。由于该时期管理及规范上的不完善，景观建设混乱无序。这个时期的城市绿地规划主要针对工业城市的弊端，是迫于环境压力而提出的绿地规划模式，是为解决人类因无法摆脱环境恶化的影响和无法满足游憩需求的问题而实施的绿地规划模式。虽然政府对绿地的重视程度明显加强，但人们对绿地的重要性还比较模糊的，这个问题在城市绿地规划设计当中表现出来了。绿地面积、形状、位置设计的随意性，城市绿地功能的不完整，甚至有时为了建立人工绿地而破坏原有的自然生态系统，这些因素导致城市绿地分布不均、空间布局及结构不合理、数量和质量相互矛盾等众多问题。尽管如此，我国的城市绿地景观的发展仍是一个加速的阶段。第三阶段是20世纪末至今，绿地设计呈现出多元化发展的趋势，绿化面积在城市景观中的比重也大幅增大。城市绿化系统从不能形成完整体系、层次不清，经过长期的努力以及对绿化的努力探究，到现在城市绿地景观已经有了显著的提升，如图6-12所示。

我国绿地景观以有着悠久历史的传统风景园林为铺垫，学习参照了苏联休闲公园的模式，在城市改建过程中规划许多公园绿地，增加了绿化。同时，我国引进了西方城市景观设计的理论与方法，为我国第一个五年计划中提出的完整的绿化系统概念奠定了基础。从绿化发展过程中可以看出，绿化地位的提高是一个渐进的过程，是随着人们环境保护意识的不断提高以及对自身居住环境要求的不断加强而进行的。图6-13为我国城市生态绿地景观。

图 6-12　绿地景观规划

图 6-13　城市生态绿地景观

（二）国外绿地景观发展简述

人类很早就已经将植物这一大自然的种子引入生活之中，这种对植物的栽植培育是人类纯粹的、出于生命渴求的表现，也是对处于城市中远离自然的心理抚慰。希腊人把荷马时期产生的菜园加以改造，栽培观赏花木，建成装饰性庭院。在西方，15 世纪中期，从很多风景油画中可以看到许多描绘了满眼绿意的景色，从而形成以绿化为主的城市景观雏形，慢慢地演化成了公共绿地。这些公共绿地慢慢成为人们生活的聚居地，成为人们居住的社区，成为道路的交叉点，成为人们公共交流的场所，成为现代绿化景观形态的源起。绿化与城市景观还没有建立相互的联系。绿化空间的规划设计思想还处于萌芽期。

18 世纪末的工业革命轰轰烈烈地席卷了西方国家，城市的结构也发生了极为巨大的转变，自然环境日渐恶化，因此设计师把乡村田园的公共绿地引入城市，让之前只有贵族才能享受的宫廷化、贵族化的花园平民化，形成了“人民的花园”——公园。这个时期的绿化构景更为尊重空间的布局与自然的设计，为绿化走向科学化打下了坚实的基础。但是，这个时期的绿化自然因素与人为因素还没能更好地结合在一起。19 世纪末以来，植物景观不再是单纯的对视觉景象的追求，而是以大环境的观念因地制宜地选择植物进行配置与造景。城市绿地规划理念以生态学、美学、植物学等多种学科理论为指导，以保护生态平衡，改善生态环境为目的，与城市生态系统紧密联系在一起。

美国提出了“公园系统”的概念，即指公园（包括公园以外的开放绿地）和公园路组成的系统。通过公园绿地与公园路的系统连接达到保护城市生态系统，诱导城市开发良性发展，增强城市舒适性的目的。波士顿公园建造于1875年，被称为翡翠项链是美国历史上第一个较为完整的城市绿地系统。

1939年，德国学者特罗尔提出了“景观生态学”的概念，创立了地理学与生态学的边缘学科，把生态学扩展到了区域空间的研究领域。20世纪中期，生态保护成为国际热门的话题。在生态理论的影响下，城市绿化逐渐被人们渴望，绿化的地位提升了，使城市中的绿色空间成为城市的有机组成部分。但是，这个时期的理论对绿化的研究主要集中在绿化自然特质上，如植物群落的组合、配置等，而对绿化的空间格局及如何主动构成景观的研究较少。

二、城市绿地功能划分

绿地景观属于城市软件景观，是构成生态系统的重要组成部分。城市绿地的主要功能可以概括为生态功能、美化功能和生产功能。其中，生态功能及生产功能能减轻风沙；阻隔和吸收烟尘；降低噪声；提升空气质量、吸收二氧化碳，放出氧气，改善城市气候；保持水土、抗灾防火；等等。绿地还可根据不同环境景观的设计要求对不同植物的观赏形态加以设计，从而达到美化环境的作用，增加景观美的感受。绿地景观设计是景观设计中不可缺少的组成部分，也是景观设计的一个主要手段。以下简述几种不同的主要绿地类型及功能。

（一）公共绿地

公共绿地是城市中的零星块绿地，向公众开放，如城市公园、街头绿地等。一般而言，公共绿地规模较大，功能设施较全，能满足市民游玩和休憩的需求，对改善城市面貌、改善生态环境具有显著作用。同时，公共绿地是进行交流活动和紧急疏散场所的开放型绿化场地。一个城市中公园绿地的数量、质量及其分布状况是城市绿地建设水平的重要标志。

（二）生产和防护绿地

乔木、灌木、花卉、草坪等植被的选择须考虑植物的生态功能。例如，工业区外围的隔离带与道路中间的隔离带都是廊道绿地，但它们的植被和植物配置是不同的。工业隔离带的生态功能是降低工业可能会造成的大气或噪声污染，因而选择以乔木为主的植被类型。

（三）单位及居住区绿地

单位及居住区绿地属于居住用地的一个组成部分，同时是城市绿地的重要组成部分。居住区内绿地应包括公共绿地、宅旁绿地、配套公建所属绿地和道路绿地，其中包括了满足当地植树绿化覆土要求，方便居民出入的地上或半地下建筑的屋顶绿地。新区建设绿地率不应低于 30%，旧区改建不宜低于 25%。

居住小区是人们日常生活的环境，随着物质生活水平的日益提高，人们对居住区绿化、美化的要求及欣赏水平也越来越高。如何使环境适应现代建筑，满足功能需求，是居住区绿化规划要解决的问题。居住区内的绿地规划应根据居住区的规划布局形式、环境特点及用地的具体条件采用集中与分散相结合，点、线、面相结合的绿地系统，并宜保留和利用规划范围内的已有树木和绿地，如图 6-13 所示。居住区内的公共绿地应根据居住区不同的规划布局形式设置相应的中心绿地，老年人、儿童的活动场地和其他的块状、带状公共绿地，等等。

图 6-13　居住区软质景观设计

居住区绿地规划应因地制宜，充分利用原有地形地貌，用最少的投入、最简单的维护达到设计与当地风土人情及文化氛围相融合的境界；应以人为本，贴近居民生活，规划设计不仅要考虑植物配置与建筑构图的均衡以及对建筑的遮挡与衬托，还要考虑居民生活对通风、光线、日照的要求，花木搭配应简洁明快，树种选择应按三季有花，四季常青来设计，并区分不同的地域。北方地区常绿树种不少于 40%，北方冬季、春季风大，夏季烈日炎炎，绿化设计应以乔、灌、草复层混交为基本形式，不宜以开阔的草坪为主。居住区道路绿化树种应考虑冠幅大、枝叶密、深根性、耐修剪等要求，要有一定高度的分枝点，侧枝不影响过往车辆，并具有整齐美观的形象；落果要少，无飞毛、无毒、无刺、无味；发芽要早，落叶晚，并且落叶整齐，如银杏、槐树、合欢等；病虫害也要少。居住区组团级道路一般以自行车和行人为主，绿化与建筑关系较为密切，绿化多采用开花灌木，如丁香、紫薇、木槿等。总之，居住区绿地应以现代园林自然式造园手法为主，充分发挥园林绿化植物的防尘、防风、隔音、降温、改善小气候的作用，利用植物材料改善环境，力求通过植物的个性形体、色彩变换、季相转换营造层次丰富、接近自然的植物景观。

大部分的居住区受绿地规模限制较少采用林地景观类，以灌木、草地、水草及其组合型景观多见，乔木往往居于次要地位。居民小区景观艺术设计应该考虑实用功能、生理功能及审美功能的需求。

（四）道路绿地

道路绿地是城市绿化系统的重要组成部分，也是连接内外环境的纽带。在一定程度上直接反映了城市的绿化水平，最能体现城市的景观风貌和绿化水平 。

道路绿地指路侧带、中间分隔带、两侧分隔带、立体交叉、平面交叉、广场、停车场以及道路用地范围内的边角空地等处的绿化。应根据城市性质、道路功能、自然条件、城市环境等合理地进行设计。道路绿化应选择能适应当地自然条件和城市复杂环境的乡土树种。选择树种时，要选择树干挺直、树形美观、夏日遮阳、耐修剪、能抵抗病虫害、风灾及有害气体等的树种。道路绿化设计应处理好与道路照明、交通设施、地上杆线、地下管线等的关系。道路绿化设计应结合交通安全、环境保护、城市美化等要求选择种植位置、种植形式、种植规模，采用适当树种、草皮、花卉。

三、绿化的主要方式

绿化的主要手段是种植植物。植被是与城市景观关系极为密切的构成因素，它包括乔木、灌木、藤木、花卉、草地及地被植物。植被可以对空间的各个面进行划分，植被可以划分平面上的空间，草地及地被植物是城市外部空间中最具意义的“铺地”背景材料；植被也可以进行垂直空间的划分，利用乔木高大的体形、粗壮的树杆、变化的树冠对高度空间进行划分；灌木呈丛生状态，邻近地表，给人以亲切感，可以用来划分离地表近的矮空间；花卉具有花色艳丽、花香馥郁、姿态优美的特点，是景观环境中的“亮点”，具有连接空间形态的功能。铺装场地时应该注意树木根系的伸展范围，采用透气性铺装。植物的生长要求有相应的地理及气候条件，在不同的地理位置都有独特的适合在本地生长的植物，如北京的白皮松、重庆的黄葛树、福州的小叶榕树等。绿化时尽量选用当地的适宜树种。

（一）规划式种植设计

景观种植规则式布局多为齐整、对称，多用于具有景观轴线关系的用地及景观构筑物前。这种结构方式能营造庄重、华丽、肃穆的氛围。种植规则形式布局有以下几种：

（1）主题种植——主题种植可使景观节点更加突出，中心栽种软质景观植物，达到以形引人，以绿宜人，以花醉人的植物造景效果。如图 6–14 所示。

图 6–14　主题种植

（2）对称种植——景观种植一般采用中轴线上左右对称、两相呼应的栽种方式，起到景观中的对景作用，要求植物的树形齐整、美观健壮，对称栽植花、灌木和乔木，形成一定的空间围合，如图 6–15 所示。

图 6–15　对称种植

（3）线形种植——在景观的某一带状空间上连续等距离栽种同一形式的植株，也可具有一定的栽种节奏，即在同一行间可栽一种，也可栽多种植物，重复与变化相结合，达到种植有序的效果。也可将此种方法用于行道树、绿篱或防护林带的种植，如图 6-16 所示。

图 6-16 线形种植

（4）环状种植——环状种植是围绕景观构筑物或者一个空间的中心把树木栽植成环形，或栽种成椭圆形、方形等围合形式。用栽种一圈和多圈的方法达到渲染景观空间的目的。在树种选择上也可以有适当的变化，不拘泥一种。环状种植多用于陪衬主景，是辅助构景成分，一般在广场、雕塑、纪念碑或开敞的空间布局里经常用到。

（二）自然式种植设计

孤植是单株树木栽植的配植方式，如图 6-17 所示。对植即两株树木在一定轴线关系下相对应的配植方式，如图 6-18 所示。列植是沿直线或曲线以等距离或按一定的变化规律而进行的植物种植方式，如图 6-19 所示。群植则由多株树木成丛、成群的配植方式。丛植、群植调整郁闭度，种植后 1 ～ 2 年就进入分株繁殖阶段，要求 70%～ 80%的郁闭度；进入开花结实年龄，郁闭度可适当减少，以 50%～ 60%为宜。

孤植树、树丛要选择观赏特征突出的树种，并确定其规格、分枝点高度、姿态等；与周围环境或树木之间应留有明显的空间；提出有特殊要求的养护管理方法。树群：群内各层应能显露出其特征。孤立树、树丛和树群至少有一处欣赏点，视距为观赏面宽度的 1.5 倍和高度的 2 倍；成片树林的观赏林缘线视距为林高的 2 倍以上。植物种类要选择当地适生种类；林下植物应具有耐阴性，其根系发展不得影响乔木根系的生长；垂直绿化的攀附植物依照墙体附着情况确定。绿化用地的栽植土壤、栽植土层厚度应符合规范数值，且无大面积不透水层；酸碱度适宜；物理性质符合国家规定；土壤的污染程度不能影响植物的正常生长；其栽植土壤不符合规定的需要进行土壤改良。

图 6-17　孤植

图 6-18　对植

图 6–19 列植

空间是通过点、线、面、体，各组成部分之间的分隔来体现的。每个空间都尺度，尺度又是通过点、线、面来体现的。现代立体构成研究的对象是一个综合形态，而形态所属的空间又是一个现实和抽象的概念，包括物理空间和心理空间。这种空间综合形态不仅创造了现实与虚幻的物态，还赋予了我们广阔的想象空间，这正是我们所要达到的一种高度统一与完美的境界。

植物的景观功能主要反映在空间、时间和地方性三个方面。由于植物占据一定的空间体积，具有三度造型能力，所以，植物具有围合、划分空间、丰富景观层次的功能。通过对不同植物的组合种植，与其他物质因素配合，形成虚实对比、大小对比、质感对比，可以产生不同的空间尺度和空间效果。从人类的身心健康和生态可持续发展的问题上看，绿地设计需要进行三个方面的工作，首先从社会学角度探讨绿地景观如何设计成为人与人之间关爱和理解的空间；其次根据不同的环境、人群景观的特征进行人性化的设计；最后尊重自然的设计。

（三）具体绿化的实施方式

1.城市软质景观设计居住区及广场植物的选配

植物配置的优劣对居住环境影响较大，因为软质景观是居住区中造景的重点，也是评价居住区环境质量水平的一个标志。居住区软质景观设计不仅有观赏的作用，还有实际的功能需求和生态意义。

植物不但能给生硬的生活居住环境提供柔和之美，而且能给环境带来无限的生机和活力。植物的大小和形状直接影响着空间范围、结构关系以及设计构思。大中型乔木能构成广场环境的标志性景观，当它处在较矮小的植物当中时，会成为被注目的对象。小乔木和观赏植物适合栽种在较小的空间或要求精细的场所。高灌木可以充当景观主要场景或者具有标志性的地段的屏障景物。植物的外形在设计的构图和布局上，既要统一又要具有多样性。植物的基本外形有圆锥形、扇形、球形、宝塔形、纺锤形、水平延伸形以及其他特殊的艺术形态。树冠可以遮蔽太阳的光照，可以避暑。植物的大小和形状是植物各种特性中比较重要和明显的特征。在设计中应该先考虑大中乔木的位置，因为它们会对整体景观结构和外观形态产生很大影响，因此需十分注意其与整体空间尺度的比例关系。较矮小的植物能在高大植物所形成的总体结构中，显示出它更具人性化的精细设计。总之，植物的大小、形状要适应环境空间的尺度，适当时可辅助进行人工修剪。

2. 城市软质景观设计中道路绿化植物的选配

在城市软质景观道路绿地景观设计时，道路绿化景观规划应确定景观路的绿化特色。景观路应配置观赏价值高、有地方特色的植物。主干路要体现城市道路绿化景观整体风貌。一条道路的绿化最好有统一的景观风格，不同路段的绿化形式可适当地变化。同一路段上的各类绿带，在植物配置上相互配合的同时还要协调好空间层次的关系、树形相衬与色彩搭配的关系和四季变化的协调关系等。毗邻山、河、湖、海的道路，其绿化应结合自然环境，突出自然景观特色。

道路绿化树种和地被植物的选择要适应道路，要从生长坚固、耐观看和效益好的植物种类中进行选种。冬季寒冷的城市，道路绿化适宜种植乔木，大多选择落叶树种。行道树适合选择根深、冠大、健壮、枝点高、适应城市道路环境的树种，需注意的是其落果容易对行人造成危害。花灌木适宜选择繁茂、花期长和便于梳理的树种。绿篱和观叶灌木植物适宜选择萌芽力强、茂密、耐修剪的树种。地被植物应选择根茎茂密、生命力旺盛、病虫危害小和容易打理的木本、草本观赏类的植物。草坪地被植物适宜选择萌芽力强、覆盖率高、耐修剪和绿色期长的种类。

软景观规划是综合确定、安排景观建设项目的性质、规模、发展方向、主要内容、基础设施、空间综合布局、建设分期和投资估算的活动。景观布局是确定该景观各种构成要素的位置和相互之间关系的活动。软景观设计要使景观的空间造型满足游人对其功能和审美的要求。种植设计是按植物生态习性和景观规划设计的要求，合理配置各种植物，以发挥它们的生态功能和观赏特性的设计活动。

（四）绿化名词解释

（1）园林植物：适于在园林中栽种的植物。

（2）观赏植物：具有观赏价值，在园林中供游人欣赏的植物。

（3）古树名木：古树泛指树龄在百年以上的树木；名木泛指珍贵、稀有或具有历史、科学、文化价值以及有重要纪念意义的树木，也指历史和现代名人种植的树木，或具有历史事件、传说及神话故事的树木。

（4）地被植物：株丛密集、低矮，用于覆盖地面的植物。

（5）攀缘植物：以某种方式攀附于其他物体上生长，主要干茎不能直立的植物。

（6）温室植物：在温室或在有保护的条件下才能正常生长的植物。

（7）花卉：具有观赏价值的草本植物、花灌木、开花乔木以及盆景类植物。

（8）行道树：沿道路或公路旁种植的乔木。

（9）草坪：草本植物经人工种植或改造后形成的具有观赏效果并能供人适度活动的坪状草地。

（10）绿篱：成行密植，修剪出造型而形成的植物墙。

（11）花篱：用开花植物栽植、修剪而成的一种绿篱。

（12）花境：多种花卉交错混合栽植，沿道路形成的花带。

（13）人工植物群落：模仿自然植物群落栽植的、具有合理空间结构的植物群体。

第四节 冰雪雕塑艺术形态设计

近年来，我国的冰雪雕塑艺术得到了迅猛的发展，涌现出一大批优秀的冰雪艺术工作者。冰雪雕塑作品的艺术形态作为软质景观中一种特殊的形态，得到了人们的喜爱，以冰和雪为材料，配以高科技的辅助手段，通过艺术的创作形式，来表达雕塑者的喜怒哀乐，成了情感、韵律与思想精神的重要载体。冰雪雕塑是自然环境和人类智慧的结晶，所折射的艺术价值反映了时代的进步，由于自然条件、温度等的限制，存在着不可复制性。

一、软质景观中的冰雪雕塑艺术形态

软质景观和硬质景观，都是景观系统的重要组成部分。软质景观包括水体、绿化、软质铺装、多媒体景观等，而雕塑属于构筑物的一种，冰雪雕塑则是雕塑艺术中的重要组成部分，从传统意义上来说，属于硬质景观。但是冰雪雕塑作为一种特殊的雕塑艺术形态，应归于软质景观，因为它是以水为材料，衍生出的只有在我国寒冷的东北地区，尤其是在黑龙江冬季才能够存在的季节性户外雕塑。

二、冰雪雕塑的艺术形态特点

冰雪雕塑的艺术形态多样，近年来受到人们的喜爱，每年冬季都会吸引大量国

内外游客，带来了巨大的社会经济效益。冰雪雕顾名思义分为冰雕与雪雕，冰雕是由冰块雕琢而成的，主要分为圆雕、浮雕、透雕，它具有易碎易裂的特点。由于冰块的无色透明，冰雕讲究工具的使用，力求细节的表现，在光的作用下，达到玲珑剔透的艺术效果。雪雕是以雪为材料的雪坯制成的，雪的组成机构松软，因此，雪雕又被称为雪塑。雪雕具有银白庄重、朴实之美，既具有石雕的粗犷敦厚，又具有牙雕的圆润细腻。冰雕的“雕”指的是雕刻，而雪雕的“雕”指的是塑形，它们在创作手法上不尽相同，但是具有相同的艺术形态特点。

1. 造型感丰富

丰富的造型感是冰雪雕塑制胜的法宝，是形式美的灵魂。冰雪雕塑与传统的绘画是不同的，因为受季节与温度的限制，并不能进行长时间刻画，所以艺术家们必须在克服寒冷天气的前提下，在极短时间内尽可能地进行创作，细节的处理可能不尽如人意，这就决定了其作品要简单明快，造型大方得体、尽可能地丰富，以突出其形象特征。

2. 空间感强烈

冰雪雕塑的制成材料、制作手段、颜色等都过于单一，为了使冰雪雕塑立体生动，强烈的空间感便显得尤为重要。空间感是指依照几何透视和空气透视的原理，描绘出物体之间的远近、层次、穿插等关系，使之传达出有深度的立体的空间感觉。艺术家运用冰块或雪块叠加体积，强化远近、层次、穿插关系，增强空间感，最终塑造出具有强烈立体效果、生动又有韵味的艺术作品。在创作的过程中，体积过大会使其缺少灵动性，体积过小又会显得过于呆板单薄。因此，是否善于利用冰块或雪块体积之间的组合穿插，从而达到空间的变化，是创造优秀艺术作品的关键。

3. 动静融合

动与静的结合，动中有静，静中有动，是艺术品审美价值的最高体现。冰雪雕塑的造型不仅是某种凝固的姿势或状态，还蕴含着动感，飘逸灵动，最终孕育出生命的韵律，使观赏者浮想联翩，视觉愉悦的同时，心灵达到升华。

三、冰雪雕塑的艺术形态设计

1. 冰雪雕塑地域文化的艺术形态设计

不同的地域、不同的国家有着不同的文化价值。东北地区的地域文化可以概括为三种文化类型：汉文化、少数民族文化、异国文化。由于历史等因素，东北地区受到了中原文化、岭南文化、齐鲁文化等汉文化的影响；东北地区在历史上生活过很多少数民族，如满族、朝鲜族、鄂温克族、鄂伦春族、赫哲族、鲜卑族、契丹族等，都留下了其生活的印记与民族文化传统；东北地区的地理位置特殊，受到了日本、俄罗斯、韩国等多国文化的影响。这些文化相互发展、吸收、融合，形成了以汉文化为主、少数民族文化与异国文化为辅的东北地域性文化，这充分体现了东北地域文化的开放性、包容性与兼容性。冰雪雕塑作为一种特殊的艺术形态，是东北寒冷地区冬季所独有的艺术瑰宝。作为独有的地域文化标志，冰雪文化的创作多以寒冷地区的地域文化为基础，创作题材包括神话故事、历史故事、民族节日、体育运动、动植物、建筑、电影电视等多种类型。挖掘出不同的文化特征，赋予冰雪雕塑深刻的地域文化内涵，是冰雪雕塑艺术蓬勃发展的源头，是我国冰雪文化发展的重要策略。

2.冰雪雕塑具象与抽象的艺术形态设计

在冰雪雕塑创作中，其创作形态主要包括具象与抽象两种。具象主要包括人物形象、建筑物、动植物等拥有具体造型属性的物体，人们可以直观地欣赏，并与之互动，其造型丰富、空间感强烈。它可以是一个单独的冰雪雕塑，也可以是表现某一个主题或某一个场景的多个冰雪雕塑的集合，如冰雪大世界的建筑群体场景，灯火辉煌，波澜壮阔，给游人以心灵的震撼。抽象形式的冰雪雕塑则相对单一，其形式多以某一座单独的雕塑形式体现，经过艺术上的加工处理提炼，制成抽象的艺术作品，从而来表达某种精神。人们在欣赏的时候，并不能直接明白它所要表达的含义，需要反复欣赏与斟酌，体味其中所要表达的东西，这样便具有了象征性和寓意性，其精神内涵便得到了体现。

3.冰雪雕塑多媒体的艺术形态设计

随着时代的发展，冰雪雕塑艺术形态设计已经不是传统简单的艺术处理了，它可以借助高科技手段，声、光、电的交叉融合以及多角度运用，来刺激人们的视觉、听觉、触觉等。例如，冰雕塑的灯光处理，在夜晚，采用高科技半导体照明技术，在计算机的控制下变换颜色，色彩变化纷呈，由静到动，动静结合，光与色彩完美结合，呈现出亦幻亦真的梦幻效果。又如，冰雪运动在东北盛行，滑雪、滑冰、滑爬犁都是人们喜爱的冰上运动，设计者们将灯光、音乐等多媒体融入其中，使游人们可以在冰滑梯上滑行，与冰雪景观进行良好的互动。

随着生活水平的不断提高，人们对于美的追求也在不断提高。每年冬季，大量的海内外游客涌入黑龙江，参观冰雪大世界、雪堡等冰雪雕塑艺术作品，为黑龙江带来了巨大的社会效益与经济效益，推动了冰雪雕塑艺术的蓬勃发展。作为一种独特的艺术门类，冰雪雕塑艺术已经日趋成熟，冰雪雕塑艺术家不但在家中进行冰雪创作，而且已经走出国门，向世界人民宣传美丽的冰雪文化。

由于社会环境以及人们所受的教育、价值观、审美观的不同都会对景观设计产生很大影响。虽然这些差异随着国际化的到来已经变得不那么明显，但是作为一个国家，一个地区的景观大体的风格还是应该保留的。鲁迅曾经说过："越是民族的就越是世界的。"景观设计可以融入其他国家或地区的景观特色，但是一定要让一个国家和地区的标志形象在景观设计中占主导地位。通过对一个地区的社会文化、历史背景、传统风格等多方位的衡量与定义来设计软质景观，这样会使景观设计更具有说服力。创新是人类一切活动中最高级、最复杂的一种活动，是人类智力水平高度发展的一种表现。在模仿之风盛行的今天，创新更是难能可贵。只有不断创新，才能使我们的景观设计避免雷同，生生不息。

软质景观展示自然山水魅力最有效的表达方式就是"显其山，露其水"，这样人们才能更自由地去享受大自然的给予。目前景观设计已经利用了许多高新技术成果，软质景观设计的发展更应注重科学技术的运用，软质景观的设计是协调人与自然的和谐关系，强调人类的发展和环境的可持续性的重要工作。从事软质景观设计，在做到以人为本的前提下，还应更好地解决人类、社会、自然三者的和谐与统一问题。

第七章
当代城市建设中的居住环境艺术设计

城市居住区作为地域、社会和空间相对完整的统一体，有着一定的静态结构体系和动态发展特征。城市居住区环境艺术设计主要是针对形态空间结构层面的设计。城市居住区的动态发展特征决定了对其进行环境艺术设计是一个动态和开放的过程，要具备多功能和多形式。在打造城市居住区空间结构体系时，要预留一部分空间，以便日后居民根据自身需求进行建设。

第一节　城市居住环境艺术设计概述

一、城市居住环境艺术设计的内涵与本质

（一）环境艺术设计概述

学术界对环境艺术设计的概念没有统一的界定，从学科角度上看，环境艺术设计尚属边缘性学科，因其在建筑学领域和艺术学领域都有特定的理解，所以人们对环境艺术设计在专业教育和专业教材上的理解不一致，即环境艺术设计到底是观念性概念还是专业性概念依然不清晰。目前，环境艺术设计的发展呈现出明显的不平衡性。究其原因，其一，环境艺术设计有着多元交叉的学科特点，集艺术、设计和工程等多门学科于一体，这些相关学科的不断发展势必会引起环境艺术设计学科知识的不断拓展，一些观念性的冲突也就由此产生，要想在较短的时间解决冲突并运用到实际生产中，就必须有强有力的专业理论体系作为支撑。然而，在目前的四年制本科教育体系下，很难达到交叉学科教学这一目的。其二，在经济全球化的背景下，各类学科的标准化职业注册制度如雨后春笋般涌现，覆盖了社会、法规、教育等多个方面，这些标准化的职业注册制度极大地促进了相关行业的规范化发展，但目前中国环境艺术设计的注册制度还没有建立起来，这不仅影响环境艺术设计行业的规范化发展，也在一定限度上影响环境艺术设计作品的品质。环境艺术设计专业

从设置开始，经过几十年的发展，对景观设计、室内设计等相关专业的发展起到了极大的推动作用，促进了建筑和装饰市场的形成和发展。目前，环境艺术设计领域的关注点不再局限于满足人们对空间组织和形式美感的需求，而是逐渐转向探讨环境对人际交往的影响。早期出现过这样一种观点，认为其是“比建筑范围更大，比规划的意义更综合，比工程技术更敏感的艺术，这是一种实用艺术”。这一观点虽然在当时起到了一种具体定位的作用，但模糊了学科本身的功能性与对象性。因此，要消除这种认知上的模糊，就要进行跨学科系统的分类研究。

清华大学美术学院郑曙旸教授认为，可以从广义和狭义两个方面理解环境艺术设计。①从广义上理解，环境艺术设计带有环境意识的特点，涉及环境生态学学科相关知识；②从狭义上理解，环境艺术设计是一种景观设计，包含建筑室内和建筑室外，以人工环境的主体建筑为背景的设计。狭义上的理解，持相同观点的还有天津大学的董雅教授。董雅教授还认为，环境艺术设计应集技术、艺术和功能于一体。其中，功能因素居于首位，技术因素为功能的实现奠定基础，由于这两者往往以具体的目标出现在实践中，所以易于把握。艺术因素处于最高地位，其是功能和技术加持之后的形象表现，有统摄前两者的作用，因此最不好把握。作为一门交叉学科，环境艺术设计必须确定主要的研究领域与设计方向，同时必须理清其与相近专业（如城市设计、建筑设计等）内在的关联。

赫伯特·西蒙在他的书《关于人为事物的科学》中提出“人为事物”的概念，因为“我们今天生活的世界，与其说是自然的世界，远不如说是人造的或人为的世界。在我们的周围，几乎每样东西都刻有人的技能痕迹”。人为事物是按照人们的意愿创造出来的制品，这涉及人的工程活动与技艺创造。人为事物的出现是人类对自然环境进行改造和适应的结果，同时给人类带来了更加理想的生活。从设计的角度来看，人为事物是内在环境和外在环境共同作用的结果，内在环境源于设计师的主观意图，外在环境与设计师所要创造的事物所处的环境相关。如果从环境艺术设计的角度分析，内在环境是设计师对各类材料元素进行组合以实现一定的功能，外在环境是人为事物存在的客观依托，当内在环境与外在环境能够彼此适应时，人为事物也就能使人类更快、更好地适应外部环境。因此，内在环境能够促进人类与自然环境的融洽。以建筑为界面，可以将环境艺术设计分为室内环境艺术设计和室外环境艺术设计两种。界面的空间形态成为两者共同的设计目标，需要同时满足人对室内和室外空间环境的要求。具体来讲，在室内空间设计上，为满足人们在个人领域中的需要，如起居休憩，要形成一个闭合的空间形态；在室外空间设计上，为满足人们工作、聚会等集体生活的需要，此时的空间形态是开放的，从而衍生出界面设计上不同的方法论。环境艺术设计的本质也体现在现代系统科学中“系统”与“系统支撑环境”的关系之中。系统本体在现代系统科学中的地位与环境在其中的地位相当，前者需要依靠后者而存在，因为后者能为前者各要素之间的联系提供支持，保障其正常运行。这种依赖在人为系统中体现得尤为明显，因为在这一系统中，各系统元素、系统结构和系统环境都离不开人工设定，系统设计的好坏更是直接取决于系统结构和系统环境，只要这两者具备了充分的可调节性，所构建的系统才能实现理想的功能。在这个过程中，环境不仅作为一个背景，更为人类的生存提供了载体。从这个角度来看，环境与人类的生存同等重要。

另一种关于环境艺术设计的观点：它是一种对环境的人工创造，在这一创造过程中以“以人为本”的思想为指导，以“系统、整体、艺术地塑造人居环境”为宗旨。这一观点逐渐成为当代人居环境设计的新观念。从古至今，人工环境的创造从未停止过，建筑和城市成为人们不断对环境改造的目标和结果。从现代工业革命开始，一般在城市与建筑等设计领域的变革无不与新型材料、新兴技术的出现紧密相关。在这一过程中，既要满足社会、经济快速发展的需求，又要在审美取向与设计方法的确定与选择上以市场需求为导向，以促进产业成型为目的。

从建构本源角度来看，对建筑和城市的改造势必要破坏原有环境的肌理，而环境艺术设计则能够将新建筑的环境与原有的环境肌理有机地结合在一起。这样，环境艺术设计不单表达艺术美，更多地考虑人的行为空间。经过多年的发展，环境艺术设计不再只是城市设计、建筑设计和风景园林设计的简单扩充，而是实现了三者之间的有机融合与协调，形成了一种新的整合形态设计观念，类似于西方的景观都市主义设计观。从 20 世纪 90 年代开始，“随着蔓延的城市、封闭的领地、住区、大型购物中心和主题公园的随处扩散”，西方建筑设计、城市设计、景观设计等也步入了融合发展的新阶段，景观都市主义应运而生。针对后工业时代城市发展中出现的各种问题，景观都市主义以自然景观的存在为取向，综合城市设计、建筑设计和景观设计等设计理念，减少不同设计专业之间带来的空间竞争问题。在景观都市主义的设计实践中，比较有代表性的是荷兰团队在 2000 年汉诺威世博会上设计的荷兰馆。在对荷兰馆的设计中，设计团队有效整合了城市设计、建筑设计和景观设计，通过分层设计，在建筑中加入了森林和坡地等自然元素，一种新的城市景观形态由此而生。美中不足的是，西方的景观都市主义在技术层面仅是一种策略，并不能够满足现代城市文化对多元价值观的需求。在这一点上，环境艺术设计从环境艺术观念的整体上进行把控。可以说，环境艺术设计是在不断摸索中发展的，其在吸纳各学科相关观念和实践经验的同时不断拓展自身知识体系的内涵与外延。

（二）城市居住环境艺术设计的内涵

城市居住环境艺术设计的概念较为复杂，其内涵主要体现在以下四个方面：

1.居住区规划

居住区规划是在“以人为本”的指导思想之下建立的正常秩序，确保居住区各功能的同步运转，以此来提高居住区规划水平，使人们的居住环境更加便捷和舒适，使人们的物质与精神需求得到满足，实现社会效益、经济效益和环境效益的和谐统一，达到可持续发展的目标。

2.居住区外部空间形态设计

居住区外部空间形态设计这一概念属于城市设计范畴或城市形态范畴，主要研究城市居住区外部空间形态的发展，贯穿居住区规划、建筑设计与景观设计，起到很好的衔接作用。在进行居住区外部空间形态设计时，采取城市设计的研究方法以及成果表达方法对下一步工作规划做原则性或量化的准则规定，使接下来的具体设计工作有规则可依，更好地促进城市居住区艺术环境的形成。

3.居住区景观设计

居住区景观设计包含众多内容，涉及植物景观设计、户外活动空间设计、空间的二次设计等。不同于简单的园林绿化，居住区景观设计兼顾场所和景观，通过景观的构建打造人的交往空间形态，既能为居民提供可供观赏的景致，又能营造出不同的户外开放空间。空间的二次设计是借助亭、廊等构筑物对居住区的外部空间进行再次围合和设计，达到丰富空间层次和优化空间形态的目的。

4.居住区建筑设计

居住区建筑设计主要包含两个方面的内容，一是住宅用地规划与设计，二是住宅群体空间组织。在居住区内，住宅用地的面积最大，其规划设计直接影响着居民的生活质量、社区面貌甚至城市面貌。住宅群体空间组织则直接作用于环境的空间和风格。

上述四个方面的内容是城市居住环境艺术设计的具体体现。由此可见，艺术设计是由多个分散体共同作用的综合运作机制。

因而，城市居住环境艺术设计的第二重含义就是将居住区规划、居住区外部空间形态设计、居住区景观设计和居住区建筑设计进行有效整合，使之成为完整的艺术体系，使城市居住环境更加艺术化。所以，城市居住区环境艺术设计既研究这四个“艺术”组成部分的发展，也研究其“艺术体系”的形成。

（三）城市居住环境艺术设计的本质

在城市居住区的发展过程中，一直伴随着“以人为本”的发展理念。随着人类对自身的理解、对人与自然关系的认识日益全面和完善，随着社会的不断进步和发展，创造“以人为本”的人居环境成为城市居住区建设的目标。从人居环境科学的角度来看，“以人为本”的人居环境包含三层要义：①要体现出对居民的关怀，满足其多元化的诉求；②将关注对象从个体转移到群体，对物质功能、文化功能和社会功能给予平等的重视，着眼于社会发展的大局对居住区进行规划和建设；③将关注对象从群体再转向全人类，即研究方向从局部转向整体，从技术过渡到战略，从微观拓展至宏观，最后提升至全球人居环境的高度。归纳起来，城市居住环境艺术设计的本质包含以下三个方面：

首先，居住意象与场所精神的建构。“居住”一词在辞源学上的本意为平静地处于受保护的地方之中。因此，居住表明人的思想和身体都归属于特定的环境，场所是能让人产生归属感的环境。与物理空间和自然环境不同，场所是人与建筑环境之间的反复作用及在作用中产生的复杂联结。因此，“场所”包含着人类的记忆和情感。根据现象学的解释，场所的根本意义在于能使人们居住在其中，并深入地体验其中蕴含的意义。这就要求居住环境的场所精神应能让人们感受到其中的空间形式，并体会到其中的气氛和生活的意义。从这一角度而言，城市居住区的整体设计要通过规划和设计物理空间来满足社会空间的需求，并促进其可持续发展，维持一种稳定的地缘关系，使居民心理上对社区产生认同，并获得归属感。因此，城市居住区环境整体营造的过程就是居住意象和场所精神建构的过程。

其次，建立和发展社区意识与文化。社区意识指社区内居民对社区的认同感与归属感。社区意识的形成一是要建构居住意象和场所精神，二是来自各社区主体的共同利益。社区文化的建设是一个长期的过程。国内外众多学者对社区文化有不同的定义。在讨论城市居住区时，需要有一个较狭义的界定。桑德斯认为，社区文化包含众多因素，既涉及公共象征、价值体系，又与语言文字有关，还存在一些惯例和规则。要实现城市居住区环境的整体营造，就要打造丰富的社区文化。因此，仅设计空间形象是不够的，还要注重文化生活和人们的交往与互动。一个社区只有具备了鲜明的社区文化，才能让居民产生归属感和凝聚力，社区意识就会得到增强。

再次，实现人类自身的发展与完善。营造城市居住环境的终极目标是实现人与人之间社会关系的和谐、自然及空间环境的可持续发展。在这一过程中，人们逐渐克服其对群体的本能依赖以及对物质的本能依赖，努力实现“人以一种全面的方式……作为一个完整的人，占有其全面本质”。

从中国的发展现状来看，城市居住区环境整体营造的首要任务之一就是居民的社区主体地位的确立。因历史发展的局限，中国居民在居住社区的主体地位尚未形成，而是长期依赖道德体系和行政管理体系。随着社会结构体制的不断改革以及人类社会文明的不断进步，人势必会占据社会的主体地位，这是人与人之间社会关系发展的必然趋势。

在人与自然关系的处理上，既要确立人的主导地位，也要发挥人的主观能动性。目前，世界范围内出现的生态危机问题客观上讲不能归咎于人的主体性，而在于人类对自然发展的客观规律认识不够深刻，没有实现人的主观能动性与自然的客观规律性相一致。基于这一点，还需要充分发挥人的主体性，通过人的不断努力去解决自身对自然界与人类关系认识上的盲目性。人作为区别于其他动物的高等动物，拥有独一无二的改造世界的能力。要正确处理人与自然的关系，既要充分发挥人的主体性，又要符合客观规律，做到两者的有机结合。

二、城市居住环境艺术设计的特征

随着经济和社会的迅速发展，当代城市居住环境艺术设计的特征愈发凸显，归纳起来，主要体现在以下四个方面：

（一）整体性

鲁道夫·阿恩海姆曾说：“无论在什么情况下，假如不能把握事物的整体或统一结构，就永远也不能创造和欣赏艺术品。”这句话同样适用于社区居住环境的塑造。根据知觉心理学的相关研究，人们体验到的往往是整体，而不是整体中的某一部分，即知觉感知的是整体结构，而不是单一的元素，这一理论构成了知觉对外界进行感知的基础，同时契合了格式塔心理学的观点。

1. 整体性特征的释义

（1）整体决定部分的价值。韦特海默指出：“整体不决定于其个别元素，而局部却决定于整体的内在特性。”用一些通俗的例子解释这句话，如社区中的座椅、水池等基础设施，将其作为一个独立的对象来欣赏时，会感受到它们的美，将其融入整体的视觉环境中时，这种独立性的消失直接导致其自身价值的消失。因此，要根据独立个体在整体视觉环境中的作用来对其评价。对于某个造型完美的雕塑，单独看时会觉得很美，然而将其摆放在一个与其自身风格差异较大的环境中，结果就不言而喻了。因此，只有整体视觉环境完美了，局部的完美才得以体现；若整体视觉环境不完美，局部的完美就没有任何价值，甚至起到破坏整体环境的不良作用。

（2）部分影响整体。上述内容描述了整体对局部的影响，相反地，局部的变化也会带来整体形态的变化，即整体的效果受局部空间关系的影响。所以，对居住环境设计时，要充分利用各要素在造型、风格、色彩、材料等方面的变化以及布局上不同要素的不同组合关系，达到丰富空间整体环境的效果。这需要设计者始终从整体出发，研究整体中各个部分之间的关系，将各个部分逐次细分，确保研究的深入性。同时，对整体环境的研究不能只局限于视觉层面和使用层面，还要考虑城市发展的时代背景，与民俗风情、宗教信仰及人们的生活方式进行有机结合。

2. 居住环境设计的整体性

居住环境的物质组成要素众多，主要包括建筑单体和建筑群的整体形态及轮廓、道路与交通设施、市政工程设施、社区环境设施。这些要素既独立存在，又相互联系，共同构成了一个不可分割的有机整体。

居住环境设计是一项复杂的系统性工程，既要考虑物质环境，又要考虑非形态功能。因此，社区居住环境设计涉及众多学科，如生态学、城市学、建筑学、工程技术学、环境学、生理与心理学、社会学、园林学、经济学、行为科学、美学、视觉艺术等。近年来，在社区居住环境研究领域，许多国家和地区重点研究了环境心理学、住宅社会学和环境建筑学的研究，表 7-1 罗列了这些学科的研究内容或基本观点。

近几年，随着环境革命的兴起，全球范围内对人在自然中扮演的角色和所处的位置进行了探讨，引发了人与环境的研究热潮，在此基础上产生了综合性环境科学。随着人们的环境意识和观念不断加强，人们纷纷加入建设美丽城市的队伍中来。因此，我国的居住社区环境要跟上世界的潮流，需要建设生态型社区，营造有益于人类身心健康的社区环境。

表 7-1 各学科关于社区居住环境的研究

学　科	研究内容与基本观点
环境心理学	研究环境与行为之间相互作用的规律，用生态的观点，重点分析人与周围社会物质环境的关系，其基本观点：人与环境处在相互作用的生态系统之中，即人适应环境以满足自己的需要；如果无法满足则要着手改变环境，并根据环境反馈的信息来调整自己的行为，从而最大限度地达到自己的目的。其强调的既不是消极的“适者生存”，也不是机械的“人定胜天”，与流行的“建筑决定论”“环境决定论”相比，有了很大的进步
住宅社会学	研究住宅与社会各因素、人的心理需求、行为需求、情感意志、文化趣向、环境因素、经济情况、政策变化等方面相互关系、相互作用的学科。其研究的最终目的是使住区的规划更接近社会、接近人

续　表

学　科	研究内容与基本观点
环境建筑学	住宅规划设计不应仅局限在内部空间，还要考虑整个居住环境，要考虑与内部空间不可分割的外部空间以及各构成物质要素的布局，从住宅与周围环境的辩证关系中评价和探求住宅的质量

（二）生态性

居住环境设计体现出生态性，其本质的原因在于人类需要面对的一个现实问题是他们是以生命体形式存在于设计中的。人类需要同自己所处的生态环境进行能量、物质以及信息的交流，没有办法完全脱离与生态环境之间的依存关系。人类正常的生命系统运行过程中离不开生态环境，同时生态环境是人类社会发展中不可缺少的。可以明确提出的一点是，人类所居住的社区环境中不但没有一个极其清洁的，而且没有极其纯粹的天然的生态居住环境。自然环境在环境中存在也有可能是人为的，即"人造"的，同时这些环境能为人们提供所需。在人类比较集中的生态住宅体系中，自然生态环境应遵循"以人为本"的自然生态环境的原则，使居民享受到的利益尽可能最多。比如，可以改善居民居住环境附近的小气候，为居民供给安全的、净化的、可呼吸的空气，美丽的自然风光，充足的日照等。当然，生态环境有其独特的自然属性，对其进行设计的过程中也应遵循自然生态规律。

1.生态特征的概念

居住环境的生态特征指社区内的居住环境是面向未来的，注重原生态，符合人们对健康的追求，达到绿色居住环境的标准，最终达到人与自然、人与人之间的和谐。

健康、安全的居住休闲生活环境对居民的心理和生理的健康都有益。在心理方面，最重要的是人的主观性心理因素，如隐私、视觉观察、对空间的感知、人际交往的环境、回归自然等；在生理方面，如适宜的日光照射、温度、水质、湿度、空气、没有噪音、使用绿色环保建材、符合无污染的要求等。

2.人类居住环境的生态设计原则

人类居住环境的生态设计中应更多地考虑阳光、噪音、通风、绿化和水等。以下对每一项展开深入研究。

（1）阳光。充足的阳光照射对人类的生活以及正常成长都发挥着极其重要的作用。人们在接受日光照射时，其中的紫外线能够杀菌，阻碍细菌的生长，并且净化空气。儿童在成长过程中离不开阳光，否则他们容易患上佝偻病。在冬季寒冷的地区，阳光是非常重要且不可替代的热源。重要的是，阳光为植物生长提供必需的能量，在生态系统中占据着重要的地位。

美国公共卫生协会建议，在冬至日，住宅内应至少达到2小时以上的阳光照射。德国柏林的建筑法规中规定：所有的生活区一年内应保证有200天，且每天至少有2小时的阳光照射。日本的《建筑标准法》中明确指出，住宅必须有一间以上的居室的开口受到阳光的照射。

在研究日照标准时，还该指出，居民在室外活动时场地的日照时间也很重要。在住宅设计中，一般会在每个住宅连接处留出开阔的露天区域，但应当在一组住宅建筑物中开设大面积的指定区域，使居民可以在日常生活以及活动中获得较多的阳光照射。我国《城市居住区规划设计规范》规定组团绿地的设置应满足有不少于1/3的绿地面积在标准的建筑日照阴影线范围之外的要求。

阳光对住宅的影响不仅体现在日照间距上，还体现在朝向上。大部分住宅区以南北方向分布，东西向住宅楼作为设计的补充，还有可能没有东西走向的住宅楼。这主要由于无论在南方还是在北方，朝西的房间在夏季温度都很高。

（2）噪音。社区中主要有两个噪音源，交通噪音与生活噪音。对此，有两种解决噪音的方法：一种是消除噪声源，另一种是将噪声与居住区隔离。根据国家规定，允许的噪声级为白天50分贝，夜间40分贝，但现实生活中还是有很多超标的现象。

① 交通噪音。社区附近的噪音源主要来自城市道路产生的交通噪音。调查显示，超过10%的街道邻近住户都受到了不同程度的城市交通噪音的干扰。针对这个问题有两个解决方案。其一，在住宅建筑周围设置绿化带、隔音墙，尽可能地减小噪音对人们生活的影响，如上海内环高架桥连接住宅区的两侧均设有隔音墙。其二，在居住区临街设置公共建筑，公共建筑不会受到噪声的较大影响，还能为住宅起到一定的隔音作用。

② 生活噪音。生活噪音主要有三种来源。第一，商业噪音。在社区的商业中心和社区蔬菜市场，清晨和傍晚通常是购物高峰期，人流密集，行走很急，叫卖和讨价还价的声音对人们生活的影响非常严重，这里要解决好交通组织和动静分区的问题。第二，教育教学设施的噪音。居民区内设有幼儿园、小学和中学。学校上下学和课间吵闹的噪音、做操的喇叭声、上下课的铃声等都会影响附近居民的生活。这个问题最好的解决办法是使学校与居民住宅楼相互对立，两个建筑物之间设置道路或绿化带，学校的入口及出口不要位于住宅区的主路上，这样可以减小学生来回行走对小区环境产生的噪音影响。第三，生活的喧嚣。这包含很多内容，如音乐和唱歌、婚礼烟花、敲房子、钻洞、争吵等。这需要制定必要的管理措施，加强精神文明教育，阻止噪音对附近居民生活的干扰。

（3）通风。在炎热的夏季，设计居民建筑时要考虑良好的通风，特别是在南方的城市，夏季纳凉占据了居民生活的重要组成部分。白天，人们打开窗户使屋内通风；晚上，老人和孩子走出房门，吹着微风，轻松快乐地与附近邻居拉家常。在寒冷的冬季，西北风成为人们需要考虑的因素，尽力将风堵在屋外。

居民住宅楼通风的问题对建筑物的户型和外观都有一定的影响。人们在设计多层住宅楼时，一般是一梯两户，但后来逐渐被一梯三户的居住类型所取代。在一梯三户的建筑中，中间的房子只能朝着一个方向，没有贯穿于屋内的风，导致在夏季非常闷热、潮湿。由于点式住房的通风条件优于条式住房，广东大部分新住宅区都采取了开放式的点式布置。夏日的风吹过时，起居室和后院的热气会被风带走。在北方，夏季应引入季节性风，冬季应阻挡季节性寒冷。例如，波兰卢布林地区的斯洛伐克小区在该地块的北面安置了一座五层楼的房屋，形成一道挡风的屏障，以南部分的低层住宅则散落分布，住宅楼这样布置有助于夏季风的流通，对周围所处温度的改善比较明显。

（4）水。水在自然环境中占据着重要的地位，并在设计居住环境的过程中发挥着巨大的作用。水可以改善居民区周围的生态气候，具有冷却、加湿和氧化等功能，对居住区生态环境的设计起着无可替换的作用。通过观测可以得出，植物依附的绿地表面与有植物、有水覆盖的表面产生的生态效益是不同的。因为绿地表面的水能够蒸腾，可以为地面上的植物提供充足的水分，使植物生长茂盛，岸边的植被可以阻挡沉积物，净化雨水，同时水草能够净化水质，所以由水、植被等组成的生态绿地在自然生态功能方面强于仅由植被覆盖的绿地。在社区居住环境中，水主要以动态水、静态水、规则水池、缓流等形式存在，其表现出来的生态功能也不完全相同。

在自然环境中存在的水作为一个独立的生态系统，在一定限度内可以完成水的自净。在设计水环境时，应尽可能地将水体与周围的水系统连接起来，使其变成活水，也可以在雨季时将雨水蓄积。此外，水体呈现的形状也是重要的考虑因素，正方形和圆形一般会比长条形具有更适宜的边缘环境与内部环境。

当然，在设计居住环境时不仅要考虑生态功能，还要与审美原则以及其他条件相结合，进行综合考虑。例如，天然溪流贯穿常州红梅新村基地，为了保持江南水乡的古香古色，将河流有计划地扩建与改造，使其呈现自然的形态，形成“小桥、流水、人家”的艺术生活情境。

（5）绿化。绿化对人们生活环境的影响非常大，如果生活区的周边没有植被，地球上的生物圈就很难存在。植物为生态系统的“消费者”——动物和人类提供着充足的食物与氧气。居住区的绿化设计能够营造良好的生活环境，满足人们对自然的渴求，还能调节居住区的小气候，发挥着重要的生态功能。假使生活区附近没有绿化，那么只能是城市荒野，是不可想象的。

社区良好的生活环境是社会环境、自然环境、人类生活规则和行为轨迹完美结合的结果。

居住区周边的绿化环境是社区居民的生活空间。社区生活空间表现为家庭、院落、组团、小区、居民社区的秩序，绿化的层次也相应表现为室内绿化、宅前宅后绿化、组团绿化、小区中心绿化、社区中心绿化的序列。

① 室内绿化。随着人们生活水平及欣赏水平不断提高，越来越多的人开始重视家庭居住环境的规划设计。在美国，大概有一半以上的家庭对植物在室内的美化和净化环境的作用最为关注，他们要求室内绿色植物能够调节室内的湿度和温度，还能制造氧气，能够杀菌、降噪，置身其中能使人感觉舒适。

② 宅前宅后的绿化。这是指住宅与住宅之间的绿地，是居住区内绿地的主要组成部分，和居民的日常生活密切相关。就近的居民可以在这些绿地上做各种各样的休闲活动。这些绿地往往是管线密集地带。因此，在设计宅间绿地时应该充分考虑人们所需，协调各方面关系。

设计宅间绿化的原则：以绿色为主，维持小区环境的安详宁静；关注居民的日常生活习惯，考虑其垃圾堆放的需求；控制好绿化的树木和地下管道的距离，树与地下管线的距离保持在 1.5 m 以上，同时地下管线之间的距离应该适宜；高大乔木与住宅间的距离应在 5 m 以上。

房屋窗户的南边不宜种常绿的乔木，适宜种落叶树木。住宅间的绿化能够改善居民的生活环境。住宅间的绿化树木最好布置落叶乔木，这是由落叶乔木周围的温度比较稳定决定的。在冬季，树木周围的温度会较高；在夏季，树木周围的温度相对低一些。乔木的树种选择、树冠大小、生长状况、树木的分枝以及叶子的形状等都与住宅区绿化有着密切的联系。乔木数量的多少影响着住宅附近的环境和气候，因此在住宅楼间应适量增加乔木的种植数量，其中阔叶树的种植占总种植数量的 85% 是比较好的。

③ 组团绿化。组团绿化是指在住宅楼间进行绿地的延伸和扩增，将几块小绿地组合起来，组成一块较大面积的公共空间，为居民提供活动的空间。多数组团绿地的面积一般只有 400 m^2 左右，但使用频率较高，在住宅附近，对改善附近居民的居住环境起着非常重要的作用。

组团绿化是供给本组团的居民集体使用的，居民可以进行聚会闲聊、邻里交流、儿童游戏等，可以对此类活动进行精心安排，如将儿童与成人的活动用地用小路或植物等隔开设置，减少互相的干扰，还可以将不同年龄层次居民的活动内容与活动范围进行设定。

通常情况下，组团绿化周围均分布有住宅楼，且绿化面积较小，主要以低矮的绿篱、花草、灌木为主，中间穿插种植一些乔木，用来在夏季方便人们乘凉。种植乔木的数量太多太密的话，会给人堵塞、沉闷的感觉，不利于居民交往和活动有序进行。绿地中应规划出一定面积的硬地供居民活动，否则居民只能在草地上进行交流活动，会造成草地的严重破坏。

④ 小区中心的绿化。《居住区规划设计规范》规定小区中心绿地应有一定的功能划分，即园内可设置花坛、草坪、水面、娱乐设施以及铺装地面等，最小的规划面积应不小于 4 000 m^2。

小区中心的绿化应与小区各个方向的距离都比较均匀，方便居民使用，但一些专家认为小区中心的绿化区应该沿着道路进行布置，这样可以丰富路边的景色，还可以为行人提供休息的地方，小区中心的绿地使用率提高，便于提高绿地的管理水平。例如，北京和平里小区的中心绿化与在道路两旁的北京二里沟小区中心绿化对比来看，绿化面积都达到了 4 000 m^2 以上，但二里沟小区绿化范围内的游客比和平里小区绿化范围内的游客多一倍左右。如今，大多数新建筑居民区追求气场，小区中心的绿地面积非常大，中央广场也是开放和放射状的。居民在绿地或中央广场经过的时候通常被附近的行人左右观望，给人一种不踏实的感觉，实际上绿地的使用率并不高，甚至在炎热的夏季，路边乘凉遮阴的树木也非常少，因此这不是理想的绿化设计。

⑤ 社区中心的绿化。社区中心的绿化即社区中心公园，为附近的居民提供休闲活动的绿地，辐射范围在 1 000 m 之内，方便附近的居民步行 10 分钟左右即可到达。社区中心的绿化最好与周围的公共建筑和社会服务设施结合起来，组成社区公共活动中心，以增加公园和服务设施的使用次数。

（三）人性化

社区活动的主体是居民，因此根据居民的生活规律、心理需求以及行为轨迹等来规划社区内的居住环境，是建设可持续发展社区的重要保证。在建设社区居住环境时进行人性化的设计，有利于促进居民休闲活动的顺利开展，满足居民的心理需求，应大力提倡。

居民的户外活动广泛，除了上班、上学、工作和购物之外，还有休闲和社交等活动。社区中不同的户外区域旨在为居民提供足够的活动场所。但是，大多数活动场地设置都没有充分考虑居民的活动内容以及路线等，甚至有些居民急于通行，没有时间停留，对户外活动不感兴趣；有些活动场地设置违反居民的行为规则，影响居民的正常生活。规划适宜的户外环境需要依据居民的生活习惯，保证居民正常的休闲生活。

1. 行为和距离

由于居民的出行方式、出行目的不尽相同，同时受环境的影响比较大，所以人们通常会产生不同的疲劳距离。居民行走时，疲倦程度与行走的距离、周围的自然环境景观以及心情的好坏等因素密切相关。各种社区服务设施的服务范围应考虑到行人的距离极限，尽量减少由于出行障碍而降低居民对周围自然生态环境设计景观的使用率。居住区公园的服务半径应控制在800 m以内，使居民能够在10分钟左右步行到达；住宅区旅游园服务范围在300 ～ 500 m之间比较适宜，人们步行3 ～ 5分钟即可到达；中学的服务范围可以超过500 m；小学应位于社区内，服务半径是300 m左右，除了城市交通对学生上学路上的影响，杂货店、便民的商业网点、副食店、杂货店等服务半径为150 m左右。

2. 行为和时间

人的行为通常是在一定的时间及空间内发生的，在时间上，人们通过两种方式对外界做出反应：① 暂时的影响。也就是说，外部环境的刺激与影响并不是唯一的，也没有先后次序之分。所有空间场景同时出现，让人们“一目了然”，立即出现反应，或开心，或冷静，或激动不已。很多场景同时传递某种信息，人们的情绪饱满，表现出来的心情也是愉悦的。② 长期的影响。很多景物按照一定的顺序依次进入人们的眼帘，使人们逐渐进入环境空间的意境，慢慢体验。景观链或序列空间对人们产生长久的影响。

在进行社区景观设计时，考虑时间的因素，能够触发人们内心的特定感受。例如，在小区景观规划中，植被的生长体现了季节变化，“一叶落而知天下秋”，植物的栽植、生长、衰老、死亡和枯荣交替都在表示时间的变化和生命信息的传递。上海汇益花园别墅内，绿地的设计使用上层色叶树木与低花灌木的组合，用植物的颜色来显示季节的变化，将四季的景观集中在花园内，做到每个季节都能有花可赏、有色彩可观、有果可看，取得了很好的效果。

3. 行为场所

当空间独立存在，且与人类行为无关时，它只能是一种自由的东西、一种单纯的功能性载体、一种事件的媒介、一种行为的驱动力、一种刺激的信息要素。只有当人们在某个空间感到满意，愿意留下并建立联系时，空间才会成为一个场所。简而言之，场所就是行为事件发生的地方。

调动人们参与空间行为最有效的方法是从居民的需求入手。首先，安排一些居民感兴趣的休闲活动，使居民都能够参与到活动中；其次，可以在空间布局上考虑，使居民感受到空间环境的多层次性并可自由选择；最后，具有更深层次的文化内涵，让居民受到文化教育和启蒙，这样才能富有活力。

设定充满吸引力的活动内容，引发参与者的活动动机，使参与者在活动中发挥其创造性的潜力，并进一步促进广泛而深入的活动开展。“让事件引发事件，让人吸引人”能够促进更大范围内的社会交往、思想交流、文化共享。

4. 居民行为类别

居民的行为活动一般可以分为三类：必要活动、自发活动和社交活动。

（1）必要活动。必要活动指具有功能性和针对性的活动。居民年龄不同，活动内容也不同。青少年去学校上学，中年人去工作、去商业区购物、接送孩子上下学，老年人参加老年社团的活动。一方面，不管人们居住的环境如何，条件如何，这些活动都应该发展和继续下去，不受居住环境的影响，是必须进行的活动；另一方面，居住区自然生态环境对这类活动的方便、舒适、安全会产生很大的影响，比如，环境的规划设计不合理，居民在其中生活会感到不安全和不方便。

（2）自发和自主活动。这意味着没有固定的目标、路线和时间的限制，是居民根据自己的时间、周围空间环境的变化以及自己的心情状况，自由选择、即兴发挥所设计的活动，如散步、游览、闲聊、休息等。这类活动只有在一定的时间、场地以及人们愿意参与的情况下才会发生。所以，这类活动对自然生态环境的要求非常高，环境条件必须适宜且能够吸引人，才能调动居民参与的积极性，居民才能顺利地进行丰富多彩的自发和自主的活动。

（3）社交活动。社交活动是指居民的行动不是单纯靠自己的意志支配，而是在他人的参与下发生的双向或多向的活动，如踢足球、打排球、儿童游戏、打招呼、聊天及其他交流活动。这些活动多种多样，是人们处在相同的空间，在环境、气候和其他条件适宜的情况下发生的。因此，社区内不仅需要设计不同类型的“万能”的活动空间、设施和场所，还应设计能满足居民各种社会需求的“系列”环境。只有这样，才能为居民提供较高质量的环境空间，较多的自发活动和社交活动也会随之增加。

（四）个性化

有魅力、有特色的居住环境比较有吸引力，能为人们提供充足的精神和物质来源。居住环境的个性化设计是一个非常复杂的过程，在充分了解各种因素之后，才能凭借城市的整体社会网络与空间结构，针对每个社区的潜力以及特点，结合当地具体情况，进行一体化的设计、开发和建设。总的来说，对居住区个性化的设计主要包括以下三个方面：

1.注重社区历史文化的价值与延续

社区居住环境独特的自然景色和传统的历史文化是居住环境具有魅力的基础，同时是社区个性化的宝贵经验来源。多种多样的动植物资源、绵延起伏的地形以及独特的气候条件等都是社区生态环境规划与设计的基础。在建设社区的过程中，要结合自然环境，将原始自然生态作为出发点，不仅要关注社区内部，还要重视与自然环境和谐发展。良好的社区发展应该是对原始自然条件的改善，而不是破坏。麦克哈格曾说："当城市建在一个优美宜人或物产丰富的地方时，它能够保护和强化地方优势，而不是削减地方特性。"

要真正做到这一点，在设计居住环境的前期就应该充分做好调查工作，包括当地环境、历史文化、习俗和社区网络，如当地地形、地貌、气候、土地、水文和植被等人文环境的检测。在历史街区建设与开发过程中，要对历史文化价值产生重生作用，明确对传统文化保护的方法和原则。当今，城市发生了急剧变化，变得越来越国际化，通过城市当地的历史街区和优秀的传统文化可以看出城市的身份以及居民的文化归宿。保护和保存好历史文化已成为城市整体发展不得不考虑的因素之一。对历史文化街区的调查和保护是一项艰巨的任务，需要根据宏观布局进行深入彻底的调查和评估，了解当地的发展过程，并为每个建筑制订不同的保护或改造计划。这些都需要花费较多的精力和时间，如此看来，普通的、一味追求速度的招标方式显然是不合适的。

如今，我国大多数城市（特别是中小城镇）在进行居住区环境建设时，严重缺乏对居住区自身特色的深入思考与利用。相反，其采用简单、盲目、快速的照搬模式，将其他地方的建设特点进行复制，这是导致居民区和城区缺乏特点的最根本原因。

2.注意社区生活环境中任何细节的设计

其一，社区中的所有细节，如建筑材料、展示颜色和装饰部件等，都传达和强化了社区风格特征的信息，这些特征是对社区生活环境的回应和补充，这一点在建设社区时经常被忽视。很多社区内的建筑细节设计都很随意，风格和形式与社区整体的环境不一致，甚至会混淆和削弱社区生活环境的个性。同时，在社区居住环境开发的过程中要避免标准趋于完全统一和单调，每个地方的环境特征都不是完全相同的。因此，在社区开发中简单地处理是不妥的，要做到因人而异、因地制宜。

其二，社区的软质景观设计应充分考虑当地气候与植被生长的特点。在社区环境功能和形式设计中，社区绿化更应该注重环境实用性的实现。社区内的草地、水域等不应该是只能观看、不能靠近的景观装饰。社区内的绿化设计应充分考虑不同年龄段的居民不同的使用需求，设计多功能的绿化区域，如老人与儿童的活动区，青年散步、慢跑等活动的运动设施等。除此之外，还可以在植物选取上多下功夫，如当地特有树木、花卉等的使用不仅可以降低经济成本，还能提升居住环境的个性。目前，很多社区并没有依据当地的自然生态条件，如气候、湿度等，盲目地除树种草。这不仅增加了经济的投入，减少了自然生态所能发挥的效益，还削弱了居住区附近自然环境的特色。

3. 强调公共建筑和规划结构的个性

社区居住环境中最容易识别、最具活力以及最具特色的部分集中在公共活动空间中，当地的主要公共建筑能够反映住宅区的特色，其建筑风格能够帮助人们构成社区整体环境印象的中心点。因此，设计时要静心，要发挥出大型公共建筑在社区居住环境个性的展现与标志方面的作用。另外，社区的规划结构是社区的总体构造，商业、服务、居住等功能布局也应该符合居住区的需要，还要满足创建的特色要求。居住区是城市整体构造的重要组成部分，因此其结构风格应与城市的肌理和文脉一致，在维系整体性的同时要突出个性。

三、影响城市环境艺术设计的构成和演变的因素

居住环境是居民与其生活环境相互作用的网络结构，是结构复杂的多层次系统。下面从三个方面研究其具体构成。

（一）城市居住环境艺术设计的构成

社区居住环境是居民进行休闲活动能够依赖的社会、文化以及自然生态条件的总和。从宏观的角度来看，居住环境艺术设计的内容大体可分为自然环境、经济环境、社会环境、心理环境、文化环境这五个方面。

1. 自然环境

自然环境是居住区建设的基础，为居民的生活提供自然条件。自然环境是指人类生存与发展所依赖的各种自然条件的总和。自然环境影响居住区的分布、组合构造、经济结构、类型以及建筑构造等多方面。一般来说，居住区的自然环境具有以下特点：

（1）绿地分散设置。居住区绿地通常是在居住区内的建筑设计完成之后见缝插针地安放，并且要和小硬地、小广场、休息设施、游乐设施等争抢地皮，因此导致绿地的分布比较零碎，很难构成较大规模的绿地。

（2）温度较高。居民区内住宅楼的数量多，其间的路面、广场、街道等也占据了一定的比例，由于混凝土蓄热能力较高，导致热辐射。此外，市区上空覆盖了很多灰尘和烟雾，一些长波热辐射从地面发射出去后被反射回来，使城市在夜晚比郊区温暖，这反映了城市的"热岛效应"。

（3）居住区附近的平均风速比较小，风向会发生变化。住宅区内的居民住宅楼会使风速降低，从而导致空气对流减弱，尘埃和废气在空气中悬浮，因此相较于农村地区，城市地区市民患呼吸系统疾病的较多。

（4）噪音。城市的噪音会对附近社区居民的居住环境造成严重影响。总的来看，社区的噪音主要分为生活噪音和交通噪音。

（5）空气中的含氧量较低，相对湿度较小。这是植物数量较少、硬地面积较大造成的。

2. 经济环境

经济环境包含的内容较丰富，不仅包括社会的发展水平，还囊括了整个国民经济的结构和体制等。社区的经济环境对整个社区的良好发展有重大的影响。首先，生产力是物质基础，社区的发展离不开经济水平的提高。其次，社区经济对整个社区发展方向起引领作用。社会工作部门的分化及发展促成了商业区、文化区和居民区等形成。工业化和城市化的相互促进表明，社区的规模要扩大，必须提高经济活动水平。总之，经济环境对居住区的发展日益重要。随着现代社会和经济的发展，人们对办公大楼、酒店、购物中心和城市基础设施的需求日益多样化和现代化。现代技术的发展使建筑越来越高级，这在中国的城市建筑中都有所体现。城市的一栋建筑物的租赁面积高达数万平方米，可以同时容纳办公楼层、商场、酒店服务、娱乐设施等。北京国际购物中心的建筑面积更是超过40万平方米。这种现象的出现是经济发展的直接结果。当前，房地产业的持续增长和发展也是经济发展的结果。

3. 社会环境

居住社区的社会环境是居民所做的与社区活动相关的条件总和，包括社区政治环境、治安环境和精神文明建设与管理。住宅区居住环境的建设和管理包括供热、供电、供气、排水、照明、电信、邮政、停车等基础设施的管理，商业或非商业的公共设施以及交通设施管理和建设，有效开发居住区内各项人性化基础建设和服务模式的建构。这些能够确保住宅区内居民享受便利和快捷的生活。居民区的安全保障是社区生活的重要组成部分，关系着每一位居民的生活和安全。社区安全保障包括综合社会保障管理、物体和住房设备的安全管理以及保障人身安全的管理等，以保障居民生活和工作的安全。在文明社区的建设中，精神文明建设与管理是做好人们生活环境有效管理和建设的前提，也是文明社会建设的重要组成部分。加强社区环境建设包括了解文明社区创建的意义、有效措施、基本原则等内容。

4. 心理环境

美国心理学家马斯洛提出的人的五大需求理论用在此处最为恰当。人的行为规律表明，当客观环境提供足够的外部刺激时，人就会产生动机，这又会促成行动。当人之前的需求得到满足时，新的高层次的需求就会产生。随着人们生活水平和质量的提高，人们对环境的要求也在由低到高发展。

具体而言，居民对居住区的心理需求即居民区的心理环境。在进行社区建筑设计的时候不能仅凭印象进行设计，更不能简单地追求建筑模型的设计和建构，而是要注重社区居民的实际需求。因此，在进行社区建筑设计的时候要做好居民的调研工作，在实际调研的基础上进行社区建筑的设计。

随着社会和经济的发展，人们消费水平和整体素质都在提高，对居住环境的要求也在提高。

首先，最基本的生活需求。其中包含安全需求和生理需求。要有适合的居住空间、充足的阳光、良好的通风条件、清新的空气，无噪声干扰，这些是保障隐私与人身、财产不会受到损失的基础，是人们生活的基本需要。

其次，日常交往的需要。休闲主要指闲暇时间的消遣、锻炼和娱乐等，每个人有不同的兴趣爱好，所涉及的内容也很广泛。交往是人与人之间的接触，是一种互助互爱性质的社会互动。这些是文明社会中必要的人类活动。精神和文化需求是基本层面的需求达到了才会产生的。要有良好的居住环境，居民才能感受到生活的美好。

5. 文化环境

住宅区一般是在特殊的文化环境中发展起来的，而居住文化所产生的影响不尽相同。居住区包含众多的文化环境内容，主要包括意识形态、行为规范、文化传统、风俗习惯、价值观、生活方式等，还包括建筑物、基础设施等物质条件。居民区社会行为和社会心理的表现代表了人们在处理人与人、人与团体、人与社会之间的关系时所采取的态度与行为。所以，美国在开发不动产时，将房屋建设的过程看作一种艺术创作。住宅区的建设者与当地居民的共同努力可以塑造出住宅区的文化特征和民主气氛。

住宅区内充满了良好的文化氛围，那么良好的社会环境就能形成，也可以促进住宅区的建设和发展。相反，如果居住区中存在着不良的社会倾向，居民的行为与社会行为标准不符，又没有有效的措施予以制止，偏差失范的现象就会更加严重，那么住宅区的良好环境就难以形成。进一步讲，居住区的文化传统在居住区发展中起着重要作用。传统观念和习惯对居住区发展的影响体现在人们生活方式的变化上。居住区的发展应以居住区的文化环境为基础。

从我国国情来看，居住区建设是人们生活的基础，同时有利于社会主义现代化的发展。社区文化的形成与发展离不开居民之间凝聚力的发展，只有形成了强大的凝聚力，居民才会对自己的居住环境产生责任感，才会自觉关注住宅区的建设，为住宅区的发展贡献自己的力量。因此，开发商需要在建设之前做好土地历史资源的调查工作，并对有价值部分进行保留，利用各种施工技术塑造住宅区的文化基调。居住区文化的建设是所有居民齐心协力的结果，单凭一个人的努力是远远不够的，因为人们之间的不断交往才产生了社区文化。在社区建设中，既要做好公共基础设施的建设，还要建设一些供大家活动的空间和场地，为居民创造更多交流的机会。目前，中国大城市的中高档住宅区中，住宅小区俱乐部得到大力开发，住宅小区的居民作为会员在俱乐部进行一些体育和娱乐活动。在个案中，俱乐部的经营状况与居住区居民的生活状况有很大关系。目前，我国居民能经常去俱乐部消费的只占少数，大多数普通居民还是在公共活动空间进行交流。

在营造居住氛围的过程中，要以人为本，为人们提供优质的文化生活环境。当前，教育设施、娱乐设施、绿化、小型建筑等都被包含在居住区的文化设施中，这些建筑和设施使居民无论身在社区何处，都能感受到健康、时尚和特殊的文化氛围。在住宅区的开发和管理中，不能为了商业利益而牺牲社区文化。同时，人类居住区的环境建设应考虑到人们的社会需要。在社区管理和建设中，既要满足当前的业主需求，也要兼顾经济利益。当然，社区建设中还要满足邻里之间沟通的需要以及弱势群体的福利保障等，让居民爱上居住环境，从而更好地追求自己的人生目标。

（二）居住环境中城市社区的艺术设计

城市居住区在为人们提供舒适的生活环境的同时，具有一定的社会功能。通过社区人际交往，社区成员之间进行信息传递和信息交流，从而达到思想和感情的交流。人是社会中的一员，人们之间有了思想和情感的交流，才会有亲密感。人们之间的交流与互动建立在一定的物质和空间基础上，随着交往次数的增多，交往深度也会增加。

构成社区互动的空间系统有四个元素：社区边界、社区中心、街道和庭院。社区边界是住宅区的共同活动范围，它把住宅区分为内部和外部两个大环境。社区中心将各种形式和内容的社区交流活动汇聚于此，是居民活动的集中地，是社区凝聚力的来源之地。道路空间也具有休闲和交流的功能。道路空间虽然属于交通空间，但也是住宅区交流空间的重要组成部分，起到了纽带的作用。靠近居住区的庭院形成了良好的休闲空间，吸引居民从家庭空间走出来，加强个人和群体、个人和个人之间的交流，增强人们对居住环境的认同感。社区中心与社区边界、街道以及庭院相互依存，相辅相成，它们共同形成了一个有机、完整的社区空间。

1. 社区边界

社区边界是社区形成的硬性条件。凯文·林奇在他的著作《城市形象》中提出了“边界”这一名词，他认为城市中道路之外的线性组成了“边界”，这说的是一种封闭性质的边界。边界的范围很广泛，它可以是河岸线、城市道路、小巷，也可以被认定为一种社会学边界，甚至可以是两者的组合，但无论它们如何存在，必须先要得到社区居民的认可。

边界的存在为社区居民提供了一种“内部”感，增强了他们的归属感和社区感。这种归属感和社区感是人们进行社会互动和走向共同生活的心理基础。人们对空间场地产生较强的认同感时，便会形成有效的联合控制与监督，最终提高社区的安全性，减少犯罪的发生。在本书的研究中，笔者发现传统的北京住宅具有明显的社区边界。很少听到有人说：“我们社区发生了什么？”但是当谈到大家是邻居时，人们就会自然产生一种认同感和亲密感。居民在心理上形成一个公认的社区界限。人们从主要街道回到胡同，立即感受到安全感和社区安宁的气氛。

传统住宅区由住宅单元和交通道路系统组成；现代住宅区的结构层次非常复杂，空间场地档次较高。因此，与传统居住模式相比较，简单的结构层次反而更容易让居民识别和发现。人们的公共活动沿着道路延伸，这可以帮助社区居民控制居住环境，增强他们的行为意识。在人居住的地方放置围墙或栅栏，在居民住宅区设置重要的大门，加强每个区域居民的团结，在建筑物之间放置围栏，这些措施都可以改善社区边界，增强居民的责任感和归属感。

2. 社区中心

社区中心往往是核心区域，如果缺少了这个中心，那么社区的内部秩序和管理就会混乱。社区中心是保障社区有效发展的动力之源。自古以来，人们就认为这个世界是有一个中心存在的，这种意识反映到居住环境上，演变为社区主体的一种归属感和发展方向。社区中心意识的出现是这种心理的外在表现，在社区公共生活中，此种意识对居民产生了巨大的凝聚力。如果没有这个中心，社区的公共生活就没有凝聚力。

在现实社区生活环境中，社区中心可以是一个空间或一个地点，也可以是一个地理标志或建筑物。它的特点是具有聚集作用，通过集合效应对社区成员产生控制作用。在中世纪的欧洲，成千上万的小教堂就扮演了这种角色。它们不仅是社区日常活动的载体，还在培养社区文化方面发挥着重要作用。此外，小城镇中的公共广场可以起到相同的作用。社区中心的规划和设计应考虑以下四点：

（1）社区中心是不同地方的集合。社区中心是居民居住和活动的中心，面向社区主体，在一定程度上显示了复杂性。例如，儿童游乐场、老年人活动的地方、中青年社交场所、娱乐场所等都有各自的活动场地。因此，社区中心是各种空间场地的排列组合。具体而言，空间设计要求将所有空间相互组合，而不是人为分割。这不仅可以最大限度地利用空间，还可以增加活动的流动性，增加居民相互交流的机会。

（2）社区中心功能配置应合理。社区中心往往具有购买、管理、服务、教育的功能。其功能较为复杂。在进行社区规划时，应确保功能简单且方便人们沟通，而不是强调不同功能的无功用性。维修点、食品店、理发店、小学、托儿所、保健中心、青年活动站、老年活动室和高级消费品商店应位于社区的中心。其他一些常使用的社区功能，如日常生活品购买、自行车存放、儿童游乐场、病房等，都应就近安排，这样方便居民生活。

（3）社区中心的选址应在人群聚集处，这有利于其主体作用的发挥；合理的服务半径可以增加居民的使用频率，有利于居民之间的交流，一般距离应保持在10分钟左右的路程。在边界较为密集但是人口稀少的社区，社区中心一般坐落于社区的中心位置，并与中心绿地、健身中心和游泳池相结合，还可以为儿童和活动室提供大型的活动绿地。

（4）社区中心应具有独特的场所特征，具有独特性和可识别性。1950年，英国建筑理论家史密森夫妇提出了社区识别性问题，他们认为在每个社区层面，都需要有识别性。识别性被认为是一种视觉特征，同时是社会联系的重要纽带，它将个体与群体之间的关系进行了内化，并将个体与地区之间的关系内在化。对生活环境的认同意味着人们通过认识环境的各种特征来理解自身与环境的精神和心理之间的联系。查尔斯·摩尔设计的代表作美国新奥尔良意大利广场，采用后现代主义的方法来增强社区居民之间的团结。该中心具有鲜明的意大利文化气息，其广场设计充满浪漫气息，这样的设计有利于让居民产生归属感。

3. 街道

街道作为社区互动的一种线性活动空间，不仅具有交通功能，同时经过设计可以增加人们交流接触的机会，成为交流和活动的良好空间。特别是住宅街道，由于老年人和儿童有很强的活动性，成为他们交流的重要场所。它们构成了社区文化的主要内容，可以改善邻里氛围并预防犯罪。

（1）道路的功能。城市街道有不同的功能，如交通、休闲、商业等。如果道路位于住宅区或住宅区外，那么它就成为社区主要交流的空间。当社区的公共空间不足时，人们便会将交流活动的场所转移到邻近的周边街道。在中国的许多城市中，人们在街上玩牌、喝茶、下棋等，老年人的许多活动也转移到道路或其他开放的街道上。

道路是社区空间的重要组成部分。从古至今，无论在封建时代的中国，还是在中世纪的欧洲，城市的道路都是人们生活的重要场所，许多重要的社会历史事件都发生在这里。在欧洲，人们在街道上喝咖啡，这已经成为当地文化的有机组成部分。今天，我们可以通过《清明上河图》或者古典小说来感受当时中国古代城市道路的繁荣景象。我国古代城市公共广场较为缺乏，原因是统治者反对公众参与政治生活。在西方国家恰恰相反，街道是人们游行、参与公民活动的重要场所。但工业革命以后，街道的交通功能逐渐占据主导地位，其他功能被削弱。建筑师和规划师根据汽车的大小和运行情况预测道路宽度。受汽车影响，人们逐渐对街道失去兴趣，许多在街上发生的活动也逐渐消失。

现在人们重新理解了公路运输之外的功能，逐渐认识到道路还有一种自由交流的功能，而不仅仅是一种通行的路线。因此，人们再次提出了“生活街道”的概念。结合当今中国城市居民的生计，广阔的居住空间和生活服务设施已从封闭和小型中蜕变，变成了开放和自由的大场所，并且通过便利和舒适的步行系统与不同的邻里空间相连。这些道路可以建在人行道上，可以促进道路空间的交往、购物、休闲、饮食、工作和玩耍等各种活动，同时增强街道氛围。

（2）改进道路空间设计技巧。

① 人行道宽度需要增加。道路的宽度由它的交通量决定，所以步行街的宽度通常比较窄。为了提高步行的舒适度并促进人际沟通，需要增加尽可能多的步行场所。在这种情况下，步行街既要满足人们的交通需要，也要满足人们活动的需要。部分延伸的道路可能是一个小广场，在这里可以安排桌椅、花盆和花坛等设施，吸引人们驻足及交流。

② 增加社区道路的生活设施。为了使交通方便，提高人们的生活质量，除了改善道路的物理性能之外，最重要的是增加道路的生活设施，即交通空间的功能。街道的活力来自人们喜欢的餐饮和体育设施，这些是吸引人们上街游玩的原因。人们在道路上的活动可以促进人们的交流，可以将街道上的人与设施有机地联系起来。

③ 改善道路绿化和设计方案，创建适合居民生活的空间。社区道路的设计应该

为居民的生活创造适当的绿化。这不仅会改善交通环境，还会增强空间的可辨识性，有利于促进行人们的交流。道路上的设施包括路灯、指示牌、垃圾箱、路旁座椅等。这些小设施可以装饰环境，也可以供人们使用，是道路设计中不可或缺的部分。

④ 重视社区道路低部位空间的设计。以人的视平线为参照物，道路低部位一般处于平视位置或低视位，可见地面的景观空间是主要的空间节点之一。一般来说，社区的道路系统由建筑物和绿地决定。无论是多层建筑还是高层建筑，建筑物的较低楼层空间都离人们更近（大多数在两层以下），开放空间和底部道路给人的印象更直接。因此，社区道路工程主要处理道路沿线建筑物的下部。低空间处理方法：首先，减少高层和多层建筑的尺度，这样可以缩小与行人之间的距离，给人一种舒服和惬意的感觉；其次，可以利用底层柱网将底层做成透明的感觉，对房屋和道路的景观都有很好的影响；建筑物的底层可以安排花台、围栏桌和凳子，作为小咖啡馆或休息的场所等。

4. 院子

院子是建筑物环绕所形成的室外空间。在中国，人们对院子有很深的感情。从最古老的院落到封建社会的皇家建筑群，院子是中国人居家生活和社会活动的重要场所。院子里的空间给人一种安全感。它扩大了客厅的活动面积。在社区中，由几个家庭住宅环绕而成的小院落或由多户庭院和小社区围合而成的中心花园都是大小不等的院落形式。住宅区是由 11 个住宅社区组成的小组，是社区住房最小的单元，通常以院子的形式出现。院子可以说是我国传统建筑的主要特色之一。而在西方家庭的公共场所，院子的表现形式常常被以建筑物围合的广场所代替。中国传统民居通常以院子的形式出现，院子作为一个单元，以通道作为连接。虽然它是方块的组合，但弥漫着优雅的美，是一种统一和丰富的设计。从另外一个角度来说，公共庭院是私人庭院的一种延伸形式，是人类社会生活个性化的延伸。公共花园则是人类住宅区域的重要空间节点，为人们提供了良好的户外活动与交流场所。

（1）公共庭院空间的基本形式。建筑物的围合形成了庭院空间的基本形状。依据庭院周围的建筑物数量，庭院可分为两层式庭院、三面庭院、四面庭院和多层建筑围场。它们的差异会对人类有不同的心理影响。一般来说，由两座建筑物包围的庭院空间往往会在两侧发生变化。如果两座建筑物都面向院子，空间交互质量和居民沟通的准备就会增加。立面建筑设施倾向于改变一侧，空间稳定，人们的交流意愿增强，这个空间是理想的。室内人士在院子里有很强的交流欲望，并且相对容易沟通。这是邻里之间的理想交流空间。四座建筑物环绕而形成的庭院区域往往由门洞或者拱廊与外界相连，周围的建筑庭院都会通向这座院子，这种类型的圈地会使人们产生一种强烈的归属感，人们会自然而然形成心理接近。进入这个空间的人们还有一种围攻的感觉，这有利于预防犯罪。

多个建筑物的封闭形式包括行列式、周边式、异型建筑形式的组合布置等。行列式是社区设计中封闭庭院的最常见形式。它的特点是强调住宅单元的定位、通风和每个家庭环境的平衡，缺点是空间单调和高度相似。我们可以用 L 型的本地形式在设计中打破其空间的单调模式。周边式相当于三面或四面围成的院子，院子的领域感强，但因为我国的居民不喜欢东西朝阳的房子，异型建筑形式的组合很少使用。其组合的布置是指不规则住宅的形状，如 L 型、凹型、Y 型等。它们参与封闭空间，可以形成更丰富的组合形式。

（2）院落的大小。院落的大小直接影响着院子的空间效果。通常使用建筑物作为围合单位。由低层住宅、多层住宅和高层住宅围合而成的场地大小各不相同，给人以不同的心理感受。中国住宅庭院的尺寸通常取决于建筑物的日照要求。在满足最基本的阳光需求下，开发商通常会追求最高楼层面积，为建筑师设计场地留下很小的空间。院子尺度通常直接与建筑物的层数成正比。低层院子有相对较小的空间，高层建筑物之间通常留有大的庭院空间。一般来说，低层住宅形成的小院子在尺度的设计上会让人感觉很舒服，几十户相聚围合而成的邻里单元可以拉近人们之间的关系。人们相互认识，邻里氛围更加浓郁，人们有更强的沟通意愿，这能够促进邻里交流，有利于社会治安保障。由多层住宅围绕的场地相对较宽，通常是数百居民的活动地点。设计可以在小广场、绿地和活动场地进行适当的分散设计，也可以设计活动中心以满足人们活动的需要。虽然高层建筑围合的院子跨度很大，但这种院子的设计需要消除大尺度的不利影响，并将大院子划分为不同的主题部分。

（3）社区院落的群众组织。社区院落群体不是一个单一的层面，院落社区的组织水平包括多个层次：宅间院落——邻里院落——组团院落——小区院落等。根据占用土地规模的大小不同，建筑物的层数和布局是不同的，楼层的级数也是不同的，可以接四层、三层或两层组织院落空间。在院落空间中，最基本的院落单位是宅前和宅院之间的院子。低层住宅庭院只有几十个家庭，而多层庭院的家庭数量可以达到上百个。一个低层和多层建筑的院子形成邻里院落单位；两个或三个邻里单位形成一个组团院落空间；若干组团单位形成一个大型社区。相对封闭的庭院形成一个小社区或集会点。

四、中国人的生活环境观与审美观

我国经济快速发展，人们改变了衣、食、住、行中“住”的观念。当今，“住”

的含义不是单一的，涉及环境问题。人的行为离不开环境。

（一）统计心理学的理想环境

我们每个人都向往理想的居住环境，心理学的理想环境模式采用自由答卷的方式开展，问卷要求实验者画出自己心中理想的居住环境，并做出简要的文字介绍，最后整理大家的答卷，制成理想环境的典型模式表（表 7–2）。

表 7–2　统计心理学的理想环境模式

理想居住地景观	典型描述	选中率
1	“居室背山面水，周围树木环抱。”“眼前是草地和宽阔的水面，草地多，水中有白鸭嬉水，使人感到心旷神怡。”“一条小路穿过水域，通向对岸的树丛，曲折幽深，水中可以游泳，草地上可以休息，林中可以散步”	72.4%
2	“过桥之后，一条小路通向山林，水在屋子和山之间，远可观山丘及树林，近可观水中之倒影”	10.3%
3	“水面开阔舒畅，一条小路穿过树丛，曲折幽深”	5.7%
4	“我想道路弯弯曲曲，爬过山丘”	3.4%

表 7–2 显示，环境对住宅十分重要，因此转变“住”的观念是很有必要的。需要指出的是，要想提高人们的生活质量，就要尝试提高人造环境的功能性和艺术性。

在古代，人们对居住环境的选择充分反映了中国人理想的环境模式。这类建筑大部分存在于自然环境中，“风水说”强调“左青龙，右白虎，前朱雀，后玄武”和“玄武垂头，朱雀翔舞，青龙蜿蜒，白虎驯俯”的理想环境模式，即建造建筑要选在山的止落的地方，背面依靠着山峰，前面迎着平原，水流弯曲，入收八方之“生气”，左右护山绕围，前方有秀丽的山峰相迎，这种观念一直深深影响着当代中国居住环境的建设和发展。不仅如此，风水术与中国的道教、禅宗思想有密切的联系，直接体现着中国人的宇宙观、自然观、环境观、审美观等。中国传统建筑环境设计思想和风水术包含实用与文化两个方面的内涵。

（二）中国人对居住环境的审美观

中国人的审美观与自然联系在一起，且具有浓重的浪漫主义色彩，在居住形态上表现为住宅与庭园的融合，接近山水、林木。可以说，风水观念与绘画、文学作品中描绘的环境形态是联系在一起的，从高层次的理念上对环境选择做出了总结和概括，这体现了中国人理想环境观与审美观的完美结合。

第二节　城市居住环境艺术主要的设计要求

一、居住区的规划与布局

（一）规划的基本要求

（1）爱护天然的环境。天然的环境是我们的主要资源，而且不可再生。绿色体现了我们的生活家居理念，潜移默化地对我们的生活产生影响。建设小区，一定要始终尊重自然，合理保护和利用好植被、水体等自然因素。建设小区环境要考虑自然与人文环境因素，注重城市总体规划，合理把握小区的功能和景观布局，使小区环境更贴近城市环境，成为城市重要的一部分。

（2）遵循自然规律，保护环境，合理控制空间大小，把握好住宅的容积率。

（3）充分考虑住宅南面楼的北墙到北面楼的南墙的直线距离和当地主要风向，让小区整体通风、日照等效果达到最好，使大家都能看到绿色景观，感受到和煦的微风和温暖的阳光。与此同时，要考虑下雨天排水功能和污水处理方面的问题，实现水资源的循环化。

（4）栽种植物时，将城市周边的绿地系统、场地、住宅、公共建筑环境结合起来。规划合理的绿地，提高居住舒适度。

（5）做好规划，使每一户院子都能有自己的特点。建造相邻的住宅时，要方便大家往来，让居民充分感受小区的良好氛围，同时增添人们的家庭生活空间。因此，合理设计小区组团的规模很关键，要结合地形，灵活布局，并且符合当地的风俗习惯，与小区里人们的心理和行为特点相适应。

（6）住所样式：小区里可以分布别墅、多层和高层，这样可以让不同阶层的人自主选择适合自己的住处。小区内建筑的组织要有自己的特点，不能照搬别家的样式。另外，要综合考虑植物种植、土地、水流和道路的修建等。住所单元的组织构建不能太单一，样式基本一致的单元可以组成一团。为了居住景观更完美地呈现出来，别墅群应布置在绿地中心。多层与高层住宅应相互独立，在周边的一侧布局，底层空间设置公共设施，如在地下设置车库。

（二）居住区规划结构模式

小区的室外空间是具有特别功能的室外环境，属于群体组合，建设时会受到一些因素的制约，如墙表面的设计、栽种植物和铺设地面等。小区样式不同，空间的隔离不同，下面是两种常用的小区组织模式。

1. 小区——组团——院落三级结构模式

主要特点是采用道路或绿化把空间隔开，划分很明显，组团公用的部分位于组团中间的位置，有公用建筑，如小超市和居委会的房子、组团级的栽种植物，组团内整体包括 300 ～ 800 个住户，通常情况下大约 500 户是一个组团。此类布局包括院落组合式、院落与单幢住宅组合式、多幢住宅组合的大庭院式、里弄式等多种形式。

（1）院落组合式：若干个院子形成一个组团。特点是 2 ～ 3 幢住宅形成一个院落，各个组团里的院子在规模和样式方面不尽相同，一般院子规模小，邻居间来往方便。

（2）院落和单幢住所组合式：由一个院子和单幢住所组合，单幢住宅内也有自己的院子。这种组织样式使用较多，主要优点是可以灵活布局、设计，充分利用各种空间，节约用地。

（3）多幢住宅组合的大庭院式：特点是由多幢条形住宅组成，周边式布局。有的是环形院落，有的是庭院内布置单幢住宅。

（4）里弄式借鉴了行列式布局的优点，运用了错开排列的手法，在住宅端头设置围墙，或利用自行车棚进行遮挡，使小区独具特色，便捷性和安全性高。

2. 小区——院落两级结构模式

主要特点：若干院落组合而成，若干院落又组合成管委会，由于淡化组团、加强院落和相邻的院子管理，使居民有了归属感，更乐于和邻居来往，调动他们对院子管理的积极性，不再设组团级中心、组团级公建和绿地。院落的大小在 100 ～ 180 户左右。

院子的组织形式很多，有一串一串相连的、套院的和自由的等。组织形式设计各方面联系很紧密，也有通过拐弯处的单元把院子围起来，利用条式和拐弯地方的单元组合形成院落，使院落一端封闭，另一端开放，开放程度随着住宅的组合不同而改变；也可以让南北住所单元穿插把院子围起来，不再利用拐角地方的单元楼，这样可以使每家的房子朝向都很好。交错连接的单元数量有多有少，随意性强，住宅设计的类型减少了，提高了设计的标准化水平，这样便展现出了变化多端的建筑立体和光影。

二、居住空间与环境构成设计

（一）空间组织和建设

若干个空间形成一个空间团体，也可以组成一个的空间链。如果单独的空间和组合的空间在一起，空间与空间之间相互影响，层次间的分隔很明朗，那么整个空间链就更完善。以小区的入口作为起点，在小区主入口设一个标志，可以在地面建造小广场和停车场，作为引导。入口对面的景观也不一样，有的是植被，有的是公共建筑，这种做比较的方法让小区的空间看起来更完备，景观更多，让居民有回家的感觉。从小区入口到小区中间的部分，公用的地方是最重要的，公用的建筑设计要与周围环境联系在一起，使其形式多样、色彩丰富。走廊、栽种植被的地方和水流等可以让公共建筑与周围环境交替。私有空间或其他过渡性空间对环境起到点缀的作用，让小区空看起来更加完整，让人们的生活更加惬意。

一个地方能影响一个人。大自然无时无刻不在影响着人们。所以，建造居住的环境时，通常要区分景观的功能，其基本形式如下：

1. 挡土墙

挡土墙的形式通常考虑占地的状况，挡土墙设有供排水的洞，直径为 7 mm，每 3 m 设置一个。墙壁内有渗管，作用是储存水。钢筋混凝土做的挡土墙设可伸缩的缝隙，有筋的墙体每 30 m 设一道，没有筋的墙体每 10 m 设一道。

表 7-3　挡土墙的形式

分类标准	形　式
构造角度	重力式
	半重力式
	悬挂式
	扶臂式
造型角度	直墙式
	坡面式

2. 坡道

坡道在道路通行和栽种植物方面起着很重要的作用。居住区道路最大纵坡斜角度和坡道宽度的一般规定如表 7-4 所示。

表 7-4

坡　道	居住区道路	园路道路	自行车专用道路	轮椅坡道	人行道纵坡
最大纵坡斜角度	≤ 8%	≤ 4%	≤ 5%	一般为 6%，且≤ 8%	≤ 2.5%
坡宽		1.2 m		一般为≥ 1.5 m，轮椅交错可达 1.8 m	1.2 m

3. 台阶

台阶的作用是连接和指引，可以让空间显得有层次感，尤其是高低差距比较大的台阶。台阶的设置如表 7-5 所示。

表 7-5

	高　度	宽　度	长　度	坡　度
台阶	一般为 15 ～ 25 cm/ 室外 12 ～ 16 cm/ 若 < 10 cm，设置为坡道	> 1.2 m	> 3 m，设置为平台	1/4 ～ 1/7

4. 花盆

花盆属于传统种植器，可以移动，也可以和其他景观进行组合来点缀和渲染地方。花盆的大小要适合盆内的植物，能让植物正常生长。一般种草、种花的盆深都在 20 cm 以上。

花盆的材质应该吸水性强，能保持盆内的温度。摆设花盆时，可以一个一个地摆，也可以一整套一整套地摆放，如模数化的设计就可以组成大花坛。花盆里的土一定要保持湿润，能渗水，也可以储存肥料，表面可放一些树皮屑，让土壤更湿润。

5. 入口造型

小区入口处的造型应该是敞开的，门廊、架、门柱、门洞等要与小区整体风格一致，不要为了气派而建造。入口标志造型的大小要适合小区整体规模和特征，简单与美观就好。除此之外，设计保安值班等用房结构时也要结合小区的环境。

单元楼的入口体现着院落的特点，入口造型（如门头、门廊、连接单元之间的连廊）应具有装点的作用，而且易于被人们识别。为了达到色彩和材质上的统一，有必要考虑各方面的关系，如安防、照明设备的位置等。

（二）硬质景观设计

居住区的空间组织分为软质的和硬质的。硬质景观和软质景观是相反的。硬质景观有大门、座椅、垃圾箱、雕塑、墙体、围栏、石阶等。

（1）雕塑能让环境变得生机勃勃，给人以视觉上的冲击，整体上小巧玲珑，可以营造出不凡的意境，增强环境的艺术性。设计雕塑时一定要结合周围环境，选择建造雕塑所用的一些东西，建造一个完美的小品。

（2）出入口大门。出入口大门是连接内外空间的通道，人流、车流比较多，对于小区也是一种象征、隔离、保护及装饰。此外，门具有很多意义，体现了环境与环境的边界，代表了一个环境的风格和拥有者的地位。对门的设计应注意以下要点：

① 离居民的主要活动区较近，这样居民出来进去更加方便，如果遇到紧急情况也方便逃生，结合小区建筑的特点，不造成城市交通堵塞，是空间环境的组成部分。

② 门是小区内部环境的开始和终点，又是街道环境空间的起点。它是内外环境的连接点，所以一定要设计好它的造型，使它能够为小区环境增添特色，也能为城市增添景观。

③ 在设计门时，应充分考虑内外部环境的各种特点和限制因素，做到与内外部环境协调一致。门的整体造型应具有标志性，区别于其他设施。

④ 把握设计标准，考虑居民的真实感受。要与其他设施的设计相协调。

⑤ 设计应烘托环境的和谐氛围。

（3）座椅是小区环境中常见而基本的设施。它是大家休息的场所，也是可供大家观赏的设施。在设计上，应适合人们的日常生活，一般都放在景色宜人且略显安静的地方，为人们休息提供方便，如花坛、大树和水池旁边等。座椅数量的设计应考虑环境的特点，在形态的设计、材料的选择、色彩的选择等方面也要根据环境特点来确定，以满足使用者的需求。

（4）室外自行车架是自行车停放场地内部的必备装置。设计时应注意：车架存放得越多越好，造型多，结实耐用。

（5）卫生箱、垃圾箱。卫生设施是一个社区环境卫生的集中体现，同时属于居住环境的景观。

卫生箱相当于一个小型垃圾箱，便于清洁卫生，方便人们利用和管理，主要设置于休息、候车、买卖等行人停留时间较长且易丢弃废物的场所，不要过分突出造型。

垃圾箱的作用是存取垃圾弃物。它会影响社区居住环境和居民的生活。根据当地的主导风向和通行取运垃圾车辆等要求，要把它设置在较隐蔽的地方。制作垃圾箱的材料应结实耐用、易清洗。

（6）围墙与栅栏。在居住环境中，围墙与栅栏的主要作用是分隔内外环境，阻碍车辆、行人进入，保证居民安全，而且具有指引的作用，丰富小区景观。其包括多种形式，有实墙、漏墙、栅栏、栏杆、段墙、护柱、柱墩等。围墙和栅栏的整体形态要与环境性能和特征交相呼应，结合其他要素构成整体环境。

（三）软质景观设计

软质的空间是指由各种植被围起来组成的空间，具有一定的观赏性，可以防止水土流失、美化地面。

1. 树木

树木的树种、色彩、花果、肌理、造型等都是建造的重要因素。树木的配植不同会产生不同的效果。树木的配植应与周围环境联系在一起，根据不同环境的特点和限定因素，制订计划去配植树木，可以提高环境的品质。树木的配植应注重以下几方面的基本要点：

（1）结合当地环境，能够体现地方特色。

（2）树木高低要与周围环境联系在一起，讲究整体效果。

（3）掌握树木的生长习性，合理搭配树木的层次、形态、花期、色调以及成长快慢。

2. 草坪

草坪的功能很多，可以降低地面温度，调节湿度、生态等，但主要是为人们提供休息场所。它包括自然式和规则式两种形式。

配植草坪应充分考虑草种、成本和管理实施等各种因素，还要考虑整体环境的需要，讲究整体效果。

3. 花坛

花坛设置在几何形状的容器内，由各种高低的植物配植成各种图案。花坛是环境设计中应用最广泛、最流行的组景方式，可以装点环境，保护花草树木，营造意境。

（四）居住区灯光设计

环境照明影响着环境的性能。环境照明有很多作用：可以保证车辆和行人安全通行；维护公共秩序；照耀城市景观。它包括路灯和装饰照明。路灯可以反映道路特征，让车辆和行人在夜间安全通行。这种装置数量最多、设置面最广，应该着重注意它的设计，更好地发挥路灯的作用。

环境照明设计的目的是让人们的生活环境更加舒适。设计时应注意以下几个要点：

（1）照明设施影响着环境特征，不仅可以用于夜间照明，还必须考虑白天的装饰效果，所以也要精心设计。

（2）应注意考虑不同观感和设计要求，避免杂乱无章，做到不突出，能保持和谐。

（3）它的设置考虑到不同的实际状况，造型不宜单一。

（4）环境照明设计也是一种艺术创作，应注重科学，质量要好。

（5）灯具的设计和选型应防水、防腐、防爆，便于维护、保养和管理。

（五）居住区环境色彩设计

不同的色彩呈现出不同的视觉效果，让人们的生活更加多姿多彩，给人以美好的享受。

色彩最重要的作用是营造气氛和传递情感。它成本不高，却能呈现出多种变化，让枯燥乏味的环境变得生动活泼，所以被广泛用于环境设计中。

环境色彩设计应注意以下几点：

（1）运用色彩改善建筑及小品设施。充分利用色彩的冷暖、色相、明暗来增强造型的表现力，在型体创造中可利用轻重感来增强整体造型的表现力。在很多情况下，色彩可以统一环境中各个建筑，还可以使建筑的造型更加完善，让建筑更易为人所识别，更显得生动活泼，增添生活的乐趣，从而提高环境的品质。

（2）利用色彩来丰富、完善建筑群体空间造型。小区建筑受到各种条件的影响，群体建筑往往比较单一。色彩具备很重要的作用，可以让建筑周围环境更丰富多彩。

（3）利用色彩流露出设计情感。在设计想法上，色彩不同于其他因素，具有灵敏性，富有情感，最能体现出设计者的设计意图和意境。

（4）利用色彩表现社区居住环境的风格，体现其标志性。

综上所述，色彩对社区整体居住环境的设计具有重要的意义。在建造过程中，合理运用色彩，满足居民生理和心理上的不同需求，同时结合不同环境的特点，为人们设计美观大方、宁静优雅、富有趣味的社区居住环境。

三、城市居住环境艺术设计的创新性

人的形象思维活动决定了环境设计的创新。创新最重要的就是构想的创造性。环境设计的创新性最能体现小区与设计者内心的关系。设计者，应先考虑确定一个中心思想，在设计中融入环境思想和创新意识，将建筑、环境、人与空间交融。

（1）在居住环境的设计中，营造出来的景观能体现近景、中景、远景，形成许多不同的艺术空间效果。设计通常利用假山、花木、景廊、景墙、水面等使景物和环境显得更有层次感。

（2）居住环境的空间是有限的，而自然风景是无限的，因此可以运用一些设计手法，使有限变成无限，使景观显得有层次感，使小空间变成大空间。

（3）小区步行道设置成曲折的，如果设置成直的，就会显得过于平淡，曲折的显得更有乐趣。

（4）大多数小区的山、池、树、小品与房屋是一个团，大部分小区的山、树木、水池、小品和房子是组织在一起的，空间与空间之间相互交叉，尤其内部空间采用了很多创意，门、窗、廊互通，有虚有实，光线有明有暗，不同的空间利用走廊交叉和组合，形成了丰富的环境景观。

四、城市居住环境设计的形式感

环境设计属于一门综合学科，兼具科学性与艺术性。设计的时候要根据构图原理，体现景观个性风格，使各个建筑有机结合起来。

（一）构图与布局

1.对称的样式

突出雄伟壮观的气氛，一个主要部分和两个或多个次要部分在中轴线上，其他部分在与主要部分功能上对称的地方，景观要以轴线对称。

2.非对称的样式

非对称式的景观的主要部分在组织上比较随意，和轴线没关系，可分成若干个单元，使主要的景观形成视觉和趣味两个部分，不能位于中间的位置。非对称的景观设计要和地势形态紧密联系，灵活布局。

（二）色彩与对比

1.色彩上的处理

在环境设计中，应特别加强对主导色彩的注意，明白色彩的地方和民族特点。

2.做比较的手法

在住所环境设计中，要做好主要景观和次要景观的比较，主要景观设置在人们能看到的主要地方，次要景观在次要地方。

（三）统一与格调

1.形式的统一

保持建筑物形式的统一性，是居住区环境设计的重要内容。例如，油漆颜色、彩画风格、门窗雕花等与建筑物形式构成统一的整体，并与绿地环境相互配合。只有形式统一的建筑群才能表达出独特的风格。

2. 材料的统一

居住区内各类建筑、景致的选材要统一。例如，楼台、亭阁的顶部材料全部用琉璃，假山、屏障全部用湖石，园灯全部用统一的宫灯形式，桌椅采用仿木桩的造型。

3. 线条的统一

建筑排布、景观布置、水文设计都勾勒出居住区的布局，形成层次鲜明的构图线条。线条的统一不仅要求各个层次的线条流畅、和谐，还要求与整体环境形成统一的景观造型，将植物形态、水的流动等细节部分都融入其中。

（四）气韵与节奏

1. 气韵

气韵是中国画最独特的艺术特点，在环境设计的过程中把握气韵，主要在于对意境美的表达。将中国画的创作精髓运用到建筑设计中，将建筑、植物、水流当作不同的染料，构图、点缀、留白形成独特的写意作品，表达出设计者的所思、所想。

2. 节奏

环境内各种构成元素的排列自然而然地形成节奏，疏密有致、色彩交杂、线条分聚，或如水波般逶迤婉转，或如鼓乐般雄浑壮阔。节奏设计更加考验设计师的整体布局能力。只有将建筑、植物、景观甚至人物都纳入设计中，才能让整个园区环境产生完整、和谐的节奏感。

（五）比例与尺度

1. 空间比例

空间比例主要是指环境中各构成元素之间的视觉关系，既包括环境各部分的配合，如建筑与亭子的高度对比和距离设计、亭子与栈桥的衔接等，又包括各构成元素与整体环境的配合，如环境内景观与建筑的占地比例和排列方式、景观与整体环境的风格的一致性等。空间比例的设计并不一定要按照既定的数字模型去安排，但一定要符合设计者或使用者的审美情趣。

事实上，构成要素的组织方式、配合形式、整体与部分的关系等都存在诸多既定的模式，这些模式是在长时间的环境设计过程中不断总结和保留下来的，如古镇布局、街道、民居等都蕴含着前人的设计巧思。另外，亲情、乡思、义气等感情元素也为我们提供了诸多的设计创意，使设计出的建筑更具人味儿。

2. 尺度

尺度指的是人与环境、建筑的空间关系。这种空间关系必须遵循以人为本的原则，强调传统文化、景观规模与人文关怀之间的和谐与统一。

（六）联系与分隔

1. 中心景区与组团景区

景区之间存在着空间上的关联性。这种关联包括两类：一种是有形的，如水系的联系和沟通；另一种是无形的，如各景观的呼应和衬托。这种关联性将整个园区连接为一个整体，形成空间构图上的艺术性。

2. 围隔与景观

“隔”指的园与园之间布局的结构性，由“隔”来表现景观的深度，增加层次性，体现出中国文化特有的含蓄之美。“曲”表现水的变化，勾勒出环境的轮廓，体现环境设计的整体性。所谓“园必隔，水必曲”，就是通过亭、园、水、桥等景观的布置，在有限的空间内打造出无限的意境。

五、城市居住环境设计的文化性

环境文化主要包括两个方面的内容：一是人与人、人与自然的和谐；二是可持续发展的观念。环境文化是一种新的文化形态，反映了人类意识形态领域的深刻变化。环境文化的出现体现了对传统工业文明的反思，反映了人们开始从更高层次上表达对自然法则的尊重。同时，环境文化是对中国传统文化的继承和发展。

中国传统文化中“天人合一”的思想说的就是人与自然的和谐共处。居住区设计将建筑安放在绿色之中，在自然中回归人的本性。“虽由人作，宛如天开”，居住区环境设计照顾的不仅是人们的生活需要，还要重视自然生态的合理安排。在环境设计中加入各种文化元素已经成为现代居住区环境设计的重要发展趋势，文化元素与环境设计的配合也成为人们选择住房的重要关注点。

在对居住区环境的文化艺术进行设计时，选题是首要的问题。在中国传统园林艺术中有借景的说法，借景又称藉景，主要解决的问题是依靠什么创造一个场景。借景讲究的是借物比人、托物言志，通过各种景致勾起人们情绪和情感的变化，使观察者通过环境中的一事一物，感受到设计者要表达的情感内涵。居住区的环境不仅要宜居，让人感觉到安居、乐居，还要静中含动，孕育生机。在喧闹的城市中取一处静谧所在，在安静之中隐含乐趣。只有做到这一点，居住区环境设计才能称得上蕴含文化内涵。

居住区环境设计的艺术本质应以何种形式展现出来？思维逻辑到形象逻辑的过

程就是精神向物质飞跃的过程。如何用借景来完成这种飞跃，是居住区环境设计的一大难题。中国传统园林艺术借景中有“臆绝灵奇”一说，园林建造也是艺术创作的一种，设计者要有这种“不疯魔不成活”的精神，才能创造出空灵奇美的景致。在进行环境设计时，设计者应该尽可能多地利用艺术和文化元素，因时、因地巧妙地加入设计构思。环境设计中能用到的元素都无法直接表达，设计者只能通过元素间的配合、安排、设计进行构思和联系，将其串联为一个清晰的图画。不少居民区内都布置有雕塑，雕塑在整个环境设计中起到画龙点睛的作用。在传统园林设计中，起到这一作用的还有牌匾、景题、摩崖石刻等。另外，诸多具有独特文化内涵的植物也是塑造园林景致、居住区环境的重要元素。例如，清朝的《广群芳谱》就比较全面、系统地对各种花卉、草木进行了介绍，而且附注了与植物相关的诗词歌赋，可以作为居住区环境设计的参考书。借景作为勾连传统园林文化与现代居住区环境设计的艺术手法，能够为设计者捕捉到合宜的自然景观和人文资源。

此外，无论是借景，还是留白，都要注意居住区环境与人的居住体验之间的配合，避免过犹不及。环境设计中各个元素单独使用的次数和数量、所有元素统合后的效果等都需要设计者精心控制，做到恰如其分。居住区的环境要蕴含文化元素，但又不太过严肃；轻松活泼，却又不失风雅。设计者只有把握好环境设计的火候，才能给居住者舒适、美好的体验。

第三节　城市居住环境艺术设计的专项设计

一、居住区道路环境的艺术设计

居住区的道路环境由临道建筑、树木、小物品、人行道和地形构成。道路环境给人带来的视觉效果与人和景观的相对位移速度有关。人们行进速度过快时，只能看到风景的轮廓效果；人们漫步行进时，能观察到更加细致、精巧的景物布局，而且由远及近的观赏体验也会令人印象深刻。

（一）道路与周边环境的关系

1. 主要道路和周边环境

居住区的主要道路可以看作整个社区环境的骨架，连通着居住区主要的空间环境。在进行主要道路设计时，首要原则是简明，将汽车和行人通道明确区分开。其次是景观布置，道路两旁的景观层次、复杂度要合理，尤其在主要道路的交叉位置，应设置容易区分的景观标志，并在单元楼群间形成相对封闭的小系统，为每户人家留出私密空间，充分体现人文关怀。

2. 次干道和周边环境

次干道主要构成个人居住区域与公共活动区域的连接，在进行设计时要根据居住者数量和习惯对次干道宽度进行设计。另外，次干道的设计应更加细致，景观布置更加紧密，体现出居住环境的隐蔽，营造出欲说还休的幽静感。

3. 趣味道路与周边环境

趣味道路是指间杂在居住区绿化中的由各类鹅卵石、砖块、陶瓷等铺就的道路。趣味道路不同于主要道路或次干道，直接深入到景观中，人们行走其上能够全方位地观察到居住区的景观布置。而且，趣味道路连接各个层次和形式的景观，走向安排、材料选择、深度设计等都是体现设计风格的重要元素。

（二）居住区的道路景观设计

道路景观的艺术性并不是由道路或单独的景观孤立表现的，而是需要各个设计元素的配合。不同的道路形式和景观元素能够搭配出不同的设计风格。景观元素包括竹林、假山、雕塑、建筑，这些元素与道路结合后，不仅能够增添道路的幽静氛围，还能增加景观的层次感。与景观相互配合的道路不仅具有沟通各个区域的功能，还能够给人以美学享受，吸引人流、感染人群。

道路需要跟随地形的变化而起伏，居住区内不同方向和位置的建筑、设施、植物都是借由道路组合到一起的。道路的起伏转折也能够与不同的景观相配合，构成丰富多彩的画面。例如，在休闲路面两侧和花园的小路两旁进行景观布置，可以尽量增加绿地面积，与亭廊、花台结合起来形成绿荫带，或与游乐场、购物超市等相联系，增加景观的空间层次性。当消防车道与居住区内普通车道并合使用时，景观可以设计成隐蔽车道形式，即在普通车道两旁的景观设计中选用不妨碍车辆通行的植物，并与趣味道路相结合。这样设计可以有效避免单纯设置消防车道带来的生硬感，同时增加小区的景观面积。

（三）居住区道路色彩的处理

1. 基调

居住区道路的色彩是凸显设计风格和小区形象的重要元素。不同的色彩能够表达或强化不同的情绪，通过道路的材料、两侧环境等对道路颜色进行渲染，能够为道路甚至整个居住区环境带来更多灵动的感觉。在进行居住区道路色彩设计时，要充分考虑其他元素，以确定最恰当的色彩基调。

2. 情调

暖色调给人温暖、热烈的感觉，冷色调则给人严肃、幽静、清新、明快的感觉。不同色调的色彩能够表达出不同的情绪色彩。在对居住区道路进行色彩设计时，设计师可以根据需要，渲染出不同的情调，增加空间层次的复杂性。

3. 和谐

和谐指的是色调之间、色调与基调之间的和谐。例如，采用卵石对道路进行铺装，道路整体的基调就较为温和，在周边元素的选择上就有较大空间，可以根据居住区的文化风格，选择恰当的色调进行渲染。如果采用多种铺装方式进行道路建设，那么周边元素的色彩就应尽量统合、温和，配合周围环境的变化。对于相同色调的颜色，设计者还要注意色彩的明度、色度等，保证整体色彩搭配的和谐与统一。

（四）路缘石及边沟

设置路缘石的主要作用是保证行人的安全，便于交通引导。另外，路缘石也能起到保护路旁绿植、保持水土的作用。路缘石的高度一般在 100 ～ 500 mm，材质多为石材、混凝土、砖和合成树脂等。

根据路缘石功能的不同，铺设要求也有所不同。用作区分路面的路缘石多采用石料、花砖材料，铺设高度应统一、整齐。与园区小路、绿地交界的一侧可以不设置路缘石，但与沥青路面交界的一侧则需要设置路缘石。

边沟的主要功能是地面或路面排水。车行道的排水边沟多为 L 形或 U 形边沟；普通路面的排水边沟需要考虑道路坡度、排水量等。

（五）道路车挡和缆柱

随着封闭小区的增加，为保障居住者的安全以及保证居住环境的私密性，大多数居住小区选择设置车挡。在进行居住区环境设计时，车挡及相关设施的造型、色彩、位置安排等都会对整体风格产生影响。

车挡材料主要有普通钢材和不锈钢材料。车挡的高度、间距设计要根据居住区的实际需求来确定。缆柱的主要材料为钢材，其他还有混凝土、石材、铸铁等，高度为 40 ～ 50 cm，长度不超过 2 m，主要有链条式和无链条式两种形式。链条多选用铁链。

二、居住区的铺装

居住区的铺装是指居民区环境设计中以某种方式由天然或人造的沥青材料形成的土地表面形状。居住区铺装的路面是园区环境的构成要素，其形状受整体设计的影响。根据不同的环境，铺装后的路面展现出不同的风格，从而创造出丰富多变的人行道形式。在设计居住区的路面时，应该注重整体的艺术价值。设计者需要从联想、创造、装饰和材料等各方面分析园林路面表现的具体技巧。各种形式的人行道都有共同的设计原则，通过颜色、形状、结构和比例等组合出不同的装饰风格。

（一）色彩

色彩是最具个性特征的设计元素，暖色调表达热烈、激情、兴奋的情绪，冷色调表达优雅、沉静、明快的情绪。同时，色彩的明暗能表现出不同的主题，明度高的色调让人感觉轻松愉悦，亮度低的色调则给人沉稳、严肃的感觉。居住区小路的铺装设计可以采用明色调，主路铺装设计则需要采用灰暗、沉稳的色调。另外，儿童嬉戏的场所可以采用色彩明丽的撞色进行铺装，而公共休闲场所则适宜用较为素雅、沉静的色彩进行铺装。

（二）形状

人行道的铺装需要通过平面、线条和形状等元素来表达设计的风格。它可以吸引人们的注意力，成为视觉的焦点。在布局整齐的区域，跳跃、分散的点状形态更能丰富视觉效果，使空间画面更具活力。线条对视觉的引导效果更强，曲线能表达出流动的感觉，直线更具安全感，折线和波浪线则产生起伏的动感。线条的设计相比点状形态更加困难，对设计者的整体把控能力要求更高。

（三）质感

质感是材料、结构表现出来的特殊感觉。受限于不同材料的质地和内部结构，天然石材更加粗糙，适合塑造粗犷的原始质感，其他人工材料则能够表达出更细腻的感觉。不同质感的材料通过设计、组合可以形成活泼生动的铺装效果。尤其是天然石材与砖、瓦、琉璃的搭配常呈现出自然与人工相和谐的独特美感。

（四）尺寸

铺装尺寸要根据场地、环境、铺装图案等多方面因素进行设计。大型铺装多使用宽度较大的图案，这样有利于表现完整的主题，形成统一的效果。

三、居住区的绿化设计

（一）绿化设计的基础

居住区绿化设计必须充分考虑居住区的生态要求，并注意利用地貌、地形，以最大限度地发挥其效益。住宅区绿化空间结构体系应该能够连通所有室外场所，并能够通向住宅门口。绿化设计应根据居民的生活习惯，配合住宅区内的步行区域、健身器材、休憩场所的布局，方便居民生活。例如，上海虹桥某住宅小区用车道、带状绿地将整个小区分隔成四个组团，每个组团都有各自独立的公共活动区域，每块活动区域又通过绿地中铺陈的小路相连，整个居住区形成脉络相通、前后相合的绿化网络。

此外，绿地具有美化环境的功能，还能够有效预防灾难的发生。一方面，建立户外活动空间能够满足不同人群的休闲活动需求，如儿童游戏，老年人散步、锻炼，青年人运动、游览等。另一方面，各类设施与绿地植被的配合能够形成不同风格的绿化环境，构建更多样的户外生态。

（二）绿地

按照住宅区的布局规划要求，住宅区内公共绿地的综合指数应根据居住人口来安排：公共区域每户的绿地面积不小于 1.5 m^2，居住区内人均绿地面积不小于 1 m^2。住宅区绿地应统一管理，灵活使用。另外，住宅区内带状、块状的公共绿地宽度应不小于 8 m，总面积不小于 400 m^2。

1. 组团绿地

组团是将多个单一住宅建筑进行组合，形成一个小的景观整体，共同构成整个小区的外部轮廓。组团设计可以有效避免建筑布置的重复性，丰富住宅区的景观效果。不同高度的建筑群、不同形状的绿化带和不同颜色的景观等都可以进行自由搭配。住宅区内条型建筑居多，进行组团内绿地设计时可以以建筑的走向进行行列布置，通过点状布置进行分散布局，将组团内建筑与公共区域分隔开，使小区呈现出高低错落、道路相通、绿色相连的统一整体。

2. 宅间绿地

（1）居住区住宅建筑之间绿地的设计要求主要有两个方面：一是与住宅类型、建筑特点、组合形式等相互配合，形成统一的整体；二是实现标准化与多样化的统一。不同住宅建筑的布局需要不同植物种类和绿地排列的配合。植物配置则需要根据居住区的土壤环境来进行。居住者的生活特点、其他景观的布置、居住区文化等都是影响住宅间绿地设计的重要因素。住宅间绿地设计可以为居民营造出一种回家的感觉。

（2）宅间群建筑空间及绿地。不同的组团方式、住宅建筑形态和绿地的布局形成不同的空间景观。如果房子前面可进行设计的绿地面积相对较小，就可以选择草坪、灌木对院内绿地进行设计。一般来讲，住宅前面的绿地以草坪为主，中间杂植花卉、乔木或爬藤植物，形成开放空间，更具现代化气息。

3. 公共绿地

公共绿地是居住区内绿化环境的主要部分，直接关系到居民的日常生活。首先，公共绿地为居民提供了户外活动的空间，可以满足人们对各种休闲活动的需求。

其次，公共绿地面积较大，能够有效地改善小区生态，美化小区环境。公共绿地内的树木、花卉、水体、草地等在提高环境质量的同时，营造出一种自然生态的感觉，能帮助居住者舒缓身心。另外，公共绿地还承担着疏散和预防灾难的作用。因此，公共绿地的设计必须与居住区整体环境相配合。

公共绿地的设计必须根据住宅建筑的特点，同时符合居住区的规划要求。根据中心公共绿地情况，住宅区公共绿地包括公园级、小游园级、组团级、带状绿地、儿童游戏场等，这些公共绿地的组合与配置都有相应的规定，如表 7-6 至表 7-9 所示。

表 7-6　居住区各级中心公共绿地设置规定

中心绿地名称	设置内容	要　求	最小规格(ha)	最大半径服务(m)
居住区公园	花木草坪、花坛水面、凉亭雕塑、小卖部茶座、老幼设施、停车场地和铺装地面等	园区布局应有明确的功能划分	1.0	800 ～ 1 000
小游园	花木草坪、花坛水面、雕塑、儿童设施和铺装地面等	园内布局应有一定的功能划分	0.4	400 ～ 500
组团绿地	花木草坪、桌椅、简易儿童设施等	可灵活布局	0.04	

表 6-7　绿化植物栽植间距

名　称	间距（ m ）
一行行道树	4.00 ～ 6.00
两行行道树	3.00 ～ 5.00
乔木群栽	≥ 2.00
乔木与灌木	≥ 0.50
灌木群栽（大灌木） （中灌木） （小灌木）	1.00 ～ 3.00 0.50 ～ 0.75 0.30 ～ 0.80

表 7-8　绿化带最小宽度

名　称	最小宽度（m）
一行乔木	2.00
两行乔木（并列栽植）	6.00
两行乔木（棋盘式栽植）	5.00
一行灌木带（小灌木）	1.50
一行灌木带（大灌木）	2.50
一行乔木与一行绿篱	2.50
一行乔木与两行绿篱	3.00

表 7-9　绿化植物与建筑物、构筑物的最小间距

建筑物、构筑物名称	最小间距（m）	
	至乔木中心	至灌木中心
建筑物外墙：有窗 无窗	3.00 ～ 5.00 2.00	1.50 1.50
挡土墙顶内和墙角外	2.00	0.50
围墙	2.00	1.00
铁路中心线	5.00	3.50
道路路面边缘	0.75	0.50
人行道路面边缘	0.75	0.50
排水沟边缘	1.00	0.50
体育用场地	3.00	3.00
喷水冷却池外缘	40.00	
塔式冷却池外缘	1.5 倍塔高	

道路交叉位置的绿化需要留有足够的空白区域，不要遮挡交通标志、信号灯、路灯或照明灯等，同时要避免遮挡机动车驾驶人的视野，一般在靠近道路的一侧不

宜栽种高度超过一米的植物，以保障交通安全，如表 7-10 所示。

表 7-10　道路交叉处绿化间距

行车速度及交叉类型	绿化间距
行车速度≤ 40 km/h	非种植区不应小于 30 m
行车速度≤ 25 km/h	非种植区不应小于 14 m
机动车道与非机动车道交叉口	非种植区不应小于 10 m
机动车道与铁路交叉口	非种植区不应小于 50 m

（三）植物配置

植物配置主要考虑两个方面：一是植物种类的选择，各种植物的安排和配合，各种植物组合后所形成的色彩、构图和意境；二是植物与居住区环境内其他元素的配合，如水体、山石、建筑等。

1. 植物配置的原则

在选择居住区环境内栽种的植物时，需要考虑以下方面：一是绿化的要求；二是植物的生存特性，包括耐虫、抗旱性，对温度、湿度、光照和气候的要求等；三是植物护理的困难程度。在充分发挥植物观赏特性的同时，通过与周围其他元素的配合，形成和谐的群落关系和生态结构。在进行植物配置设计和种植时，注意不同植物间的间种，如常绿植物与落叶植物的配比和排布、速生植物与慢生植物的安排和结合、乔木与灌木的搭配等，充分发挥每种植物特有的观赏性，合理配置，使居住区环境内的植物群落更加和谐自然，生态结构的层次更丰富。

在植物品种的选择上，首先要根据居住区的气候特点，选择适宜的群落类型，然后在这一基础上尽量丰富植物种类。在进行植物配比和配置时，以居住用户的舒适度为出发点，不能影响居住单元的通风、采光以及各类设施维护。

2. 适宜用于居住区设计的植物

适宜在居住区种植、观赏和造景的植物主要有灌木、乔木、草本植物以及藤本植物等。

3. 常见的几种植物组合

植物配置按形式可分为规则式和自由式组合，常见的几种植物组合如表 7-11 所示。

表 7-11　植物组合

组合名称	组合形态及效果	种植方式
孤植	突出树木的个体美，可成为开阔空间的主景	多选用粗壮高大、形体优美、树冠较大的乔木
对植	突出树木的整体美，外形整齐美观，高矮大小基本一致	以乔灌木为主，在轴线两侧对称种植
丛植	以多种植物组合的观赏为主体，形成多层次的绿化结构	以遮阳为主的丛植多由数株乔木组成以观赏为主的丛植多由乔灌木混交组成
树植	以观赏树组成，表现整体造型美，产生起伏变化的背景效果，衬托前景或建筑物	由数株同类或异类树种混合种植，一般树群长宽比不超过 3 ： 1，长度不超过 60 m
草坪	分观赏草坪、游憩草坪、运动草坪、交通安全草坪、护坡草坪，主要种植矮小草本植物，通常成为绿地景观前景	按草坪用途选择品种，一般容许坡度为 1% ～ 5%，适宜坡度为 2% ～ 3%

4. 植物组合产生的空间效果

植物不仅作为三维实体占据一定的空间，而且能够通过各种方式的交叉和配合，形成不同的视觉效果和空间风格，如表 7-12 所示。

表 7-12　植物组合空间效果

植物种类	植物高度（cm）	空间效果
花卉、草坪	13 ～ 15	能覆盖地表，美化开敞空间，在地面上暗示空间
灌木、花卉	40 ～ 45	产生引导效果，界定空间范围
灌木、竹类、藤本类	90 ～ 100	产生屏障功能，改变暗示空间的边缘，限定交通流线
乔木、灌木、藤本类、竹类	135 ～ 140	分隔空间，形成连续完整的围合空间
乔木、藤本类	高于人水平视线	产生较强的视线引导作用，可形成较私密的交往空间
乔木、藤本类高大树冠		形成顶面的封闭空间，具有遮蔽功能，并改变天际线的轮廓

5. 设置绿篱

绿篱能够起到分隔、遮挡的作用，也可划分边界，作为雕塑等的背景。绿篱一般为密植型的灌木或矮乔木，生长较为缓慢，分枝多、结构密，适合修剪。也有体量较大的植物用作绿篱，但生长空间有具体要求，如表 7–13 所示。

表 7–13　绿篱树的行距和株距

<table>
<tr><th rowspan="2">栽植种类</th><th rowspan="2">绿篱高度（m）</th><th colspan="2">株行距（m）</th><th rowspan="2">绿篱宽度（m）</th></tr>
<tr><th>株距</th><th>行距</th></tr>
<tr><td>一行中灌木</td><td rowspan="2">1 ～ 2</td><td>0.40 ～ 0.60</td><td rowspan="2">0.40 ～ 0.60
0.50 ～ 0.70</td><td>1.00</td></tr>
<tr><td>两行中灌木</td><td>0.50 ～ 0.70</td><td>1.40 ～ 1.60</td></tr>
<tr><td>一行中灌木</td><td rowspan="2"><1</td><td>0.25 ～ 0.35</td><td rowspan="2">0.25 ～ 0.30</td><td>0.80</td></tr>
<tr><td>两行中灌木</td><td>0.25 ～ 0.35</td><td>1.10</td></tr>
</table>

（四）空间绿化

1. 宅旁绿化

住宅建筑旁的绿化需要具有实际的观赏价值，设计时要重视景观的通达性。住宅旁边的绿化还要考虑建筑物的朝向，尤其在华北地区，住宅建筑旁种植高大乔木或种植过密，都会对屋内的通风和采光产生影响；住宅前面多种植阔叶乔木，以调节夏天燥热的气候；另外，窗户附近不宜种植高大的灌木。住宅旁边的绿地上可以设计成耐踩踏的草坪，便于居民行走和驻足观赏。住宅建筑物的背面阴影区可以种植一些阴生植物进行绿化。

2. 隔离带绿化

为了降低灰尘、汽车噪音、有害气体等对居民的影响，在居住区与公共区域之间设置隔离带尤为必要。住宅区的两侧种植灌木和草本植物既能起到隔离降噪的作用，又可以作为园区绿化的一部分，为住宅区增添新意。为保持街道环境的封闭和卫生，隔离带的绿化植物可以选择枝干水平伸展的灌木或乔木。用于与公共区域分离的隔离带，可以选择灌木或乔木作为绿色屏障。在居住区内，垃圾站、锅炉房等噪声较大、不美观、有异味的设施位置也可以用合适的绿植进行遮蔽。

3. 空间绿化

地处亚热带气候区的南方住宅常采用底层架空的建筑形式，以便于庭院内通风采光和形成小气候，改善居住环境。架空层的绿植常选择阴生植物，并与山石、水景相互映衬，同时山石等还可为绿植起到遮阳避雨的作用。架空层属于半公共空间，能够为居住者提供户外活动的空间，同时具有隐蔽性，在这个位置可以设置休闲活动的位置，以满足居住者的需要。

4. 屋顶绿化

根据屋顶形状，屋顶绿化分为平面屋顶绿化和斜坡面屋顶绿化两种，进行绿化设计时必须根据屋顶的生态条件选择生命力强、耐旱、易移栽的低矮植物。平面屋顶绿化多选择观赏性强的花木，或设置水池和泳池，以花架、花篮等小品作为搭配，共同形成整体的景致设计。斜坡面屋顶绿化多选择耐旱、贴伏性强的藤本植物或攀缘植物。

屋顶绿化设计需要根据建筑承重、位置安排等经过仔细的计算来确定，如平面屋顶的荷载为 500 ～ 1 000 kg/m^2，需要尽量降低绿化荷载，因此栽培植物用的介质需要换成轻质材料，常用的轻质介质有营养土、木屑或两者的混合物。屋顶绿化的浇灌可以采用低压滴灌或小型喷灌方式，在设计之初就需要对浇灌系统进行合理安排。屋顶排水系统需要与浇灌系统相配合，避免造成积水，影响植物生长。

四、居住区的水景设计

水在中国古代文化中象征着智慧和财富，也常常作为居住区环境的重要内容融入环境设计之中。而居住区的环境同样因为水的存在更加活泼生动、富有情趣。

（一）水景的功能

“水无形”说的就是水没有固定的形状，是环境设计中最灵动、最活跃的元素。同时，水具有多种象征意义，能够营造出多种意境悠远的景观形态。中国古典园林中就有诸多巧妙借助水元素进行造景的经典之作。

（二）水景的构成要素

水景不只是单纯指水体部分，还包括山石、地面铺装、植物，甚至雕塑、亭台等建筑元素。这些元素通过与水元素的配合，与居住区的整体环境相融合，构成独特的景致特点。

（三）水景的设计要点

水景能够增加居住环境的丰富内涵，给居住者临水而居的心理暗示。在对居住区环境进行设计时，设计者往往根据居住区环境特点，选择较开阔的位置建湖筑岛，旨在营造出碧波潋滟、湖光山色的幽美景致。水景设计除造景的作用外，还能够通过增加喷泉、瀑布、溪流等水体形态，为居住者提供戏水的空间，增添趣味性。

优秀的水景能够提升居住区的整体品格和市场价值，在增加居住者感官享受的同时，有效调节居住区内的微型气候，增加自然气息。

（四）水体形态

水体形态主要分规则形态和自然形态两种。规则形态包括圆形、方形、椭圆形、多边形等，一般常见于西方园林。自然形态常见于中国传统园林，或依池而建，水流蜿蜒曲折；或从假山上垂下，富有情趣，水体形态自然形成没有规则的形状。不同的水体形态可以构成不同的景观项目，能够增加居住区景观的丰富度。

（五）观景平台

1.景观桥

桥是居住区内经常用到的造景元素，尤其与水元素进行搭配，能够形成独特的韵味。首先，桥的功能性非常丰富，能够起到连接两地的作用，在水面之上形成跨越河流的交通通道，同时与水面形成有效的衬托，成为人们视线的集合处，构成良好的观景场地。其次，景观桥本身的造型也是环境设计的一部分，能够为整个居住区内环境风格的确立起到重要的推动作用。换句话说，景观桥本身就极具艺术价值。

桥的材质可分为钢材、混凝土、吊索、原木等。居住区内一般采用木栈桥或石拱桥，体量较小，风格也多以自然为主，简洁而清新，颇具韵味。

2.木栈道

栈道多采用冷杉木、桉木、松木等木质材料作为栈道面板，主要为人们提供休息、观景的场地。栈道多建于水上，由下部木方架支撑，与水面隔开。木质面板粗糙的质感，更适宜人们行走。木栈道造价较高，需要定期维护，一般多用于高档居住区内。木质面板厚度约为 3 cm，宽在 20 ～ 30 cm 左右，厚度要与间距和下部空间相互配合。

（六）庭院水景

庭院里的水景大都是采取瀑布、叠水、溪流、涉水池等手法进行引水的人工水景，要与整体环境相和谐，必须与引水部分的自然水体相配合。在进行综合设计时，要突出水景本身的动态性、灵动性，自然水景与人工水景的衔接要自然，能够与整体风格相衬托。

1.瀑布、叠水

瀑布根据跌落的方式可以分为阶梯式、滑落式、丝带式、幕布式等，通过模仿天然瀑布环境设置景石、瀑布石、分流石等引导水流方向，构建不同的景观效果。

在选择景石时，不宜选择装饰面平整的花岗岩，较粗糙的落水墙体能够形成更自然、更丰富的引流效果，对景观构建更加有效。另外，落水量、落水高度的不同也会产生不同的造景效果，不同落水墙体配合其他设计参数，再对应落水口的卷边设计，会产生更复杂、更丰富的视听效果。在居住区环境设计时，要充分考虑这些内容。

叠水是指在瀑布设计时呈现出多级阶梯式的造型，一般阶梯宽高比在 3 ：2 到 1 ：1 之间，阶梯宽度应在 0.3 ～ 1.0 m 之间。叠水效果能够形成更为规整的瀑布形态，可控性更高，更容易与居住区环境相配合。

2. 溪流

溪流根据是否可以涉入分为可涉入式和不可涉入式两种。可涉入式的溪流要防止居住者溺水，尤其是儿童，因此水深较浅，一般不超过 0.3 m，同时溪流底部应做好防滑处理；可涉入式的溪流还应安装过滤装置，对水进行循环处理。不可涉入式的溪流可以栽种观赏性强的水生植物或放养鱼类，增加趣味性。溪流可以与山石、瀑布进行配合，共同构成完整的自然风格。

第八章
国内外城市建设艺术设计的探索与实践

好的城市艺术设计能让一座城市复兴，点燃社区活力，给人们的生活带来更多的精彩与乐趣。国内外在城市建设艺术设计中有不少成功的探索与实践。本章将选取几个较为典型的案例进行分析。

第一节　国外城市艺术设计的实践与经验

一、典型城市

（一）华盛顿

华盛顿是美利坚合众国的首都，位于美国东北部，毗邻弗吉尼亚州与马里兰州，总面积约 5 300 km^2，市区占地面积为 178 km^2。美国独立战争后，此地以美国第一任总统的姓氏命名，并定为首都。

美国是以平等、自由、民主为普世价值的国家，在“建国时期”以古典复兴风格作为国家首都规划的设计模式，以摆脱英国殖民统治的设计影响以及法国中央集权的帝国风格影响。美国采用复兴古罗马和古希腊的设计风格，蕴含了民主、平等的意义，以更加自信的形象展现于国际舞台。

1791 年，法国军事工程师朗方受到华盛顿的邀请，开始对城市进行规划。朗方首先选定琴金斯山高地为国会大厦；然后以国会大厦为中心，并将通向波托马克河滨的道路设计为城市的主轴线；再以国会和白宫为基点，向四周建造连通各广场、纪念堂、纪念碑等重要标志性建筑的道路系统。同时，结合华盛顿地区的地理条件和自然环境，设置林荫绿地，道路系统与绿荫相互结合，布置出极具对称美的城市布局（图 8–1）。

朗方的设计方案虽然经过多次修订和补充，但设计原则和基本规划始终没变，因此华盛顿特区才会呈现出兼具传统和现代的独特风格。虽然华盛顿特区的建筑只有约 200 年的历史，却在世界诸国的首都中独具一格。这座城市有别于其他城市的地方有以下几点。

图 8-1　美国首都华盛顿城市鸟瞰图

（1）没有并且不发展大型工业项目，环境整洁，不受工业污染。

（2）道路呈辐射状，各公共建筑恰好处于道路的交叉点；建筑排布整齐，其中夹杂绿荫、公园等，富于变化。

（3）明确规定市中心建筑物高度不得超过国会大厦，与广场、标志性建筑等之间的空间尺度把握合理，各公共建筑的排布、占地都经过精心设计，与道路、草坪、环境巧妙地融为一体。

（4）绿地面积大，各种公园点缀在城市中，一方面可以方便市民活动，另一方面能够有效净化环境。华盛顿特区的绿地面积超过 30 km^2，人均绿地面积超过 40 m^2，远高于世界首都城市绿化程度的平均值。

朗方的设计方案有两个确定华盛顿特区总体布局结构的重要决定：一个是确定国会大厦和白宫的选址，另一个是道路系统的设计。方案中的其他设计和规划都是在这两个决定的基础上完成的，如特色景观的安排和设计、场地雕塑的规划、纪念碑的摆放等，甚至还设计了一条从国会大厦下面流过的水渠。朗方在华盛顿特区的城市布局规划中，不仅融入了欧洲风格的巴洛克式城市布局，而且根据华盛顿地区的地形特点，以自然主义表现手法将喷泉、纪念性雕塑、巴洛克式道路按照杰斐逊棋盘式规划设想设计出来，使华盛顿表现出独特的古典韵味。朗方在进行规划设计时沿袭了巴黎凡尔赛中心轴线的做法，将城市主轴与政府大厦有机统一，使整个城市布局更加宏伟壮丽，同时透露出欧式建筑的典雅。

有趣的是，当时相当多的美国人对这座新首都的规划设计表现出了极高的兴趣，甚至包括当时的弗吉尼亚州州长杰斐逊。他对首都的规划设想主要是道路方面，如建设联通各个方向的棋盘式道路系统和相互连通的人行道和林荫道系统等。

在古典城市规划模式——希波丹姆斯模式的影响下，朗方依照古希腊哲理，强调通过棋盘式路网搭建城市骨架，构建城市公共中心，致力于达到几何与数的和谐，实现城市整体的秩序和美。

华盛顿首都功能定位明确，以政治象征作为首都设计的出发点，为表现几何形的放射布局以及具有震撼力的空间美，一半以上用地为道路和广场，降低居住功能等非政治中心功能需求，其建筑用地不到总用地的1/10。

在城市美化运动中，麦克米兰强化了朗方1791年完成的华盛顿规划，进一步完善了首都空间秩序和宏伟的城市景观。麦克米兰的规划表现出更为紧凑的视觉效果，细节更精致，在视觉上将浪漫主义景观和美国新古典主义风格完美融合。

美国国会于1952年颁布《首都规划法》，于1954年初和1961年分别对城市进行规划，先后对比7个方案，最终于1962年正式提出首都地区规划方案（人口规模为500万）。该方案确定了保留现有城市作为中心部分，并向外辐射6条轴线，城市功能区和建设项目沿轴线分布，穿插设置不同规模的卫星城镇或大型居住区。

全市工厂企业基本实现外迁，居民构中2/3为公务人员，剩余的为第三产业的从业人员，另外黑人占比达到总人口的70%。

华盛顿城市艺术设计体现出以下几个特色。

一是具有严格的控高要求。华盛顿市所有建筑物以8层为限，不得超过市中心最高点国会大厦。

二是有序易记的城市道路网络。城市街道从中心辐射四周，并且采用阿拉伯数字命名东西向道路，以英文字母来命名南北向道路，以美国最早的13个州的名字命名13条与棋盘式道路网交叉的斜形大道。

三是具有庞大的象征性建筑艺术群。美国国会大厦为乳白色建筑，中央是圆顶主楼，主楼平台是举行美国总统就职典礼的地方。国会东西两翼大楼为参众两院所在地，与主楼相连。在国会后面，国会图书馆和美国最高法院分列南北。国会与白宫经宾夕法尼亚大街相连，可分别从南北两侧的独立大道和宪法大道直达波托马克河畔。一系列首脑机关所在地构成了美国首都的核心地区（图8-2）。

图 8-2　国会大厦及周围水体和绿地构成一个整体城市景观

杰斐逊纪念堂位于林肯纪念堂的东南方向，圆顶环形的乳白色建筑，于 1943 年建成，陈列有 6 米多高的杰斐逊立像。美国国务院和国防部分处波托马克河的东西两岸。国防部大楼呈五角形，故又名“五角大楼”，在波托马克河畔还建有肯尼迪中心。作为华盛顿市一部分的乔治城是人们欢度周末的活动中心。联邦政府各部、白宫直属单位和其他行政机构以及数量众多的博物馆分布在南北大道之间。华盛顿的博物馆举世闻名，馆藏丰富，种类繁多，是华盛顿的标志性名片。

四是丰富的公共开放绿地。独立大道与宪法大道中间充斥着大量的林荫绿地，既是市民散步的好去处，又是举行集会的好场所。华盛顿纪念碑耸立在独立大道西段的一块草地上，其西侧的宪法公园是一片带水池的开阔林荫绿地。宪法公园的尽头是陈列着巨大林肯坐像的古希腊神殿式建筑——林肯纪念堂（图 8-3）。除上述建筑景观外，还有大量公园，如约翰逊夫人公园、加菲尔德公园、拉斐特公园和雕刻公园等。

图 8-3　庄严的林肯纪念堂

五是不胜枚举的纪念场所和广场。纪念场所种类多样，纪念对象各不相同，如越战纪念雕塑、阿灵顿国家公墓、琼斯纪念碑、杰斐逊纪念堂等。托马斯广场、椭圆形广场、联邦车站广场、芒特弗农广场、司法部广场等广场星罗棋布，分散在华盛顿的各个地方。

以上优秀的城市设计，从建筑层面对美国首都华盛顿的城市精神品质进行了卓越的展示。

（二）巴黎

1. 巴黎城市艺术设计演变过程

巴黎是法国的首都，既是法国的政治、经济、文化中心，又是非常重要的交通枢纽、国际交流中心和旅游胜地。

历史悠久的巴黎以灿烂的文化享誉世界。从 12 世纪开始，巴黎在城市规划和建设时就十分注重保持城市面貌的和谐统一，做到了留存传统文化与适应经济、社会的发展并重（图 8–4）。

图 8–4　在埃菲尔铁塔上鸟瞰巴黎

通常认为，公元 888 年是巴黎建都的开端。截至 12 世纪菲利普 · 奥古斯都统治时期，巴黎跨塞纳河、依托城岛初步建成巴黎市中心的雏形。

17 世纪至 18 世纪的波旁王朝时期，巴黎城市建设步伐加快，特别是路易十四执政期间，城市建设成效显著。这一阶段的城市建设主要以塞纳河右岸为主，修建了许多条主干道路和纪念性场所，如香榭丽舍大道、卢浮宫东廊、卢森堡宫等；兴建了包括协和广场、公主广场等在内的多处封闭式广场。这些纪念性场所、主干道路、广场彼此相互连接，在一定范围内形成了建筑艺术中心。在 18 世纪，当时的法国政府便开始控制新建街道的宽度和沿街建筑的高度；1724 年出台须经国王诏书批准方可新建道路的规定；1783 年又对新建街道的宽度出台了新的相关规定。但在当时，城市建设分散进行，所以没有统一的总体规划。

拿破仑一世在执政期间修建了一批重要建筑，如雄师凯旋门、星形广场（现称戴高乐广场）等。拿破仑三世执政期间（1852—1870），巴黎城市的整体规划和建设取得了巨大的成就。奥斯曼受命实现了拿破仑三世的城市建设计划。拿破仑三世希望改善交通状况和居住环境、发展商业区，除此之外，还试图修建大型道路供炮队和马队巡防全城，取缔狭窄小巷，防范起义者的街垒战。拿破仑三世时期，修建完成了“大十字”主干道和两条环路，搭建起巴黎城市建设的基本骨架。“大十字”干道贯穿全程，东西方向以卢浮宫为中心，以巴士底广场和民族广场为东端，星形广场为西端；南北方向则由塞巴斯托波尔大街、斯特拉斯堡大街、圣米歇尔大街三部分组成。这两条环路分别为内环和外环。内环沿塞纳河右岸的原路易十三、查理五世时期的城墙遗址连接塞纳河左岸的圣・日耳曼大街；外环则是在 1785 年城墙拆除后的原址上建造的街道。这一时期主要的纪念性建筑大多按对景位置分布在广场或街道上。巴黎市中心以卢浮宫和雄师凯旋门为重点，联结广场、道路、水面、林荫带、绿地和大型纪念建筑物为一个整体，形成了当时乃至当今世界上最著名、最雄伟的城市中心之一。

从 19 世纪末到 20 世纪前期，巴黎共举办了五次世界博览会，这为巴黎的城市规划发展提供了新的契机。这期间出现了埃菲尔铁塔（1889）、大宫和小宫（1900）、夏洛宫（1937）等新建筑，它们构成了新的建筑群，与原有建筑群之间轴线相交，形成了新的对景和借景，为城市面貌增光添色。

第三共和国时期（1870—1940），1845 年城墙的旧址被建造成最外层环形道。1925 年至 1930 年，布洛宫森林公园及绿化带被纳入市区范围，包含 105 km^2 市区面积的市区界线被最终确定下来。1932 年至 1935 年，大巴黎区整顿规划制定完成，区域半径为 35 km，但由于第二次世界大战该规划未能执行。

巴黎市政部门先后在 1961 年与 1968 年对巴黎的管理体制进行调整，决定发展大巴黎区以容纳工业和金融业，并确保市区不再继续扩大。

1965 年，《大巴黎区规划和整顿指导方案》制定完成，其预计大巴黎区的人口在 2000 年将达到 1 400 万。这个规划有以下几项内容。

（1）考虑扩大工业和城市的分布范围，预防工业和人口继续在巴黎聚集。

（2）将城市由聚焦式向心发展转变为带状发展，形成沿塞纳河向下游方向发展的城市平面结构。在市区南北两侧，沿塞纳河两岸建设由新城组成的两条轴线，计划建设埃夫利、塞尔杰·蓬图瓦兹等五座新城。

（3）放弃单中心模式，发展近郊的德芳斯、凡尔赛、克雷泰等9地为副中心。同时，完善各个副中心的公共设施和住宅，以减轻原市中心的负担。

（4）建立5个自然生态平衡区，保护和发展城市周围现有的农业和森林用地。

20世纪60年代末期至70年代初期，巴黎的市区改建主要在5个区内进行，在弗隆·德·塞纳区和意大利–戈贝兰区这些远离城市中心的地区内建设起一批高层建筑。1969年之后，巴黎市中心开始尝试改建，如进行马海区整顿，重新设计和规划圣·马丹运河区和中央商场区，建设蓬皮杜艺术和文化中心等。在城市外围，交通方面建成了高速环形公路（1961—1972）。从20世纪70年代开始，位于香榭丽舍大道主轴延长线上的德芳斯被打造成为新的城市副中心。

1977年3月，巴黎市区整顿建设方针获得通过，决定依据老城区和市区边缘的不同情况，有针对性地分别进行控制和规划。

（1）以18世纪的巴黎市区范围内，保护区域内的历史面貌，发展步行交通。

（2）在19世纪发展而成的市区范围内，明确居住区功能地位，延续和保持19世纪形成的和谐统一的城市规划模式。

（3）市区边缘地带主要作为居住区，强化区级中心建设，促进商业发展。市区划分为20个区，塞纳河右岸西部主要为高级住宅和商业区，东部为一般住宅区；巴黎圣母院和主要的行政建筑分布在城岛；政府机关则主要位于塞纳河左岸西部地区，左岸东部（原拉丁区）集中建设学校等文化教育机构。大量建设市内绿地，在两个森林公园的基础上，建设若干个中小公园与其他类型的绿地，巴黎全市人均绿地面积达到10.16 m^2。

2. 巴黎城市艺术设计特点及标志性特征分析

（1）古代时期的巴黎城市艺术设计标志——雄师凯旋门。雄师凯旋门（图8–5），位于巴黎市中心戴高乐广场中央，1806年2月为庆祝奥斯特尔里茨战役大败奥俄联军，由拿破仑一世下令修建。雄师凯旋门由法国建筑师夏尔格兰设计，于1806年8月奠基，中间诸多波折，几度停建，直至1836年7月29日才最终宣告落成。雄师凯旋门呈巨大的方形，高49.54 m、宽44.82 m、厚22.21 m，虽四面皆方，但每面均有拱门。正面拱门高36.6 m、宽14.6 m。雄师凯旋门全部采用石料建造，通体呈现乳黄色。夏尔格兰以君士坦丁凯旋门为设计蓝本，扩大了规模。雄师凯旋门是全世界凯旋门中最广为人知的。

图 8–5　雄师凯旋门

雄师凯旋门里里外外、各个方向都雕有栩栩如生的浮雕，主题多为法国革命和拿破仑时期的历次战役，其中四幅巨型浮雕分别为《马赛曲》《胜利》《和平》和《抵抗》。《马赛曲》由 19 世纪法国浪漫主义雕塑家吕德制作，分为上下两部分。上半部分是身披战甲、右手剑指前方、左手振臂高呼的展翅女神；下半部分是紧握剑柄的孩子、坚持向前的老兵、箭在弦上的弓弩手等人，他们围绕在女神周围，跟随女神奋勇前进。《马赛曲》原为《莱茵军战歌》，是 1792 年为保卫共和国而战的战士们的出征曲，后成为法国国歌。吕德以此曲命名浮雕，是为表现面对外来侵略时法国军民的英雄气概。

雄师凯旋门的拱门内墙上刻有法国历史上的上百场重大战役和数百名功勋卓越的将军的名字。雄师凯旋门的下面是 1920 年建成的无名烈士墓，沉睡着一战中壮烈牺牲的无名战士，墓志铭刻在地："为祖国牺牲的法兰西战士长眠于此。"墓前有长明灯和献祭的法国国旗同色鲜花。

雄师凯旋门内置旋转楼梯和电梯，顶部为雄师凯旋门史料博物馆。置身雄师凯旋门最高处的看台上，人们可以览尽周围风光。

雄师凯旋门象征着法国的胜利。这里不仅举行每年的法国国庆阅兵和法国其他重大庆典，而且是来访的各国元首向无名烈士致敬之处。雄师凯旋门凭借自身的气势和艺术成就吸引了各国旅游者的目光。

（2）近代巴黎城市艺术设计标志——埃菲尔铁塔。作为巴黎最高的建筑物和游览胜地，埃菲尔铁塔坐落于塞纳河南岸巴黎市中心的战神广场上。

1889 年，巴黎为庆祝法国大革命胜利 100 周年，再次举办大型世界博览会。会上，象征工业革命的埃菲尔铁塔得到了最多的关注。埃菲尔铁塔由法国设计师古斯塔夫·埃菲尔设计，尽管设计师成就斐然，杰作频出，但最为人熟知的还是以他的名字命名的这座铁塔。

埃菲尔铁塔于1887年1月动工，1889年3月正式完成，历时26个月。铁塔为钢铁结构，金属制件超过1.8万个，钻孔数共700万个，铆钉使用量达到250万个，全塔重达7 000吨。在建筑过程中，每一个零件都有严格编号，确保装配过程的准确无误。施工过程完全遵循设计图纸，没有丝毫改动。落成后的埃菲尔铁塔，以水泥浇灌的边长128 m的正方形为底座。全塔为钢架镂空结构，侧面呈A字形，初始高度为300 m，后加设广播和电视天线，总高增至320 m。

埃菲尔铁塔设有上、中、下三处瞭望台，最多可容纳1万人同时游览。上层瞭望台离地274 m，面积350 m^2，按照方向设有景物图片，甚至会标明该方向有哪些世界重要城市。此外，上层瞭望台还设有设计师展览室，展有埃菲尔与爱迪生的交谈蜡像，蜡像说明词注明了爱迪生到此的时间。中层瞭望台距地115 m，总面积为1 400 m^2，在此向外可望见蒙马特圣心教堂、巴黎歌剧院、凯旋门城楼等知名景观。中层瞭望台设有小卖部和一家别致的全景餐厅，内部装潢和器具全部采用昏暗的颜色，以保证不打扰顾客欣赏窗外的美景。下层瞭望台面积大，高度低，总面积达4 200 m^2，距地仅57 m。在下层瞭望台，游客可以清晰地观赏到前方夏洛宫和它的喷水池、塔下流淌不息的塞纳河水、背后的战神公园草坪等。下层瞭望台左侧是一座纪录片放映厅，向游客展示埃菲尔铁塔的历史。右侧是多功能的“古斯塔夫·埃菲尔大厅”，可举行演出、宴会或者会议等。瞭望台正面是一座两层建筑，为两家相对普通的餐厅。

埃菲尔铁塔作为巴黎和法国的象征，是近代建筑工程史上的一项伟大成就。

（3）现代巴黎城市艺术设计标志——德芳斯门。德芳斯大拱门（图8-6），坐落在巴黎西北的塞纳河畔，距离雄师凯旋门仅5 km，处在巴黎东西向的轴线上。这条轴线以卢浮宫为东端，经杜伊勒里花园、协和广场、香榭丽舍大道和凯旋门，一路向西到达德芳斯区。

1932年，塞纳省省会为整治巴黎已有的东西向主轴线和从星形广场到德芳斯一带的道路，特意举办了一场“设想竞赛”。1958年，“德芳斯公共规划机构”成立，以建设工作、居住和游乐设施齐全的现代化商务区作为德芳斯改造的目标，致力于将其建成巴黎的新窗口。1963年，德芳斯的第一个总体规划通过，规划用地包括东部事务区和西部公园区在内共计7.6 km^2。1962年至1965年，《大巴黎区规划和整顿指导方案》确定德芳斯区入选为巴黎市中心的9个副中心之一，并于20世纪80年代基本实现建设目标。

图 8-6　德芳斯门

城市空间利用是德芳斯区规划的重点。德芳斯区开发利用多平面交通系统，严格分离行人和车流。车辆通行通道全部位于地下三层空间，地面只做步行之用。

德芳斯区中心位置是一座长 600 m、宽 70 m 的巨型平台，在这座平台上设有花园、步行道、人工湖等，能够同时满足步行交通和休息娱乐的双重要求。

在德芳斯区，所有的建筑形态、高度和颜色各不相同。190 m 高的摩天大楼和横跨 218 m 的拱形建筑并存，建筑外侧的装饰风格形形色色，种类繁多。

"设想竞赛"一共收到作品 480 件，最终入选的方案来自丹麦皇家建筑学院院长、建筑师奥托·翁·斯宾克尔森。他设计的建筑为中空立方体造型，其中空区域足以放下整座巴黎圣母院大教堂，可见其容积之大。人们盛赞德芳斯门是"现代人类文明与进步的凯旋门""法兰西面向世界未来的窗口"，最重要的原因是德芳斯门是同时代最先进的工程技术的化身和象征，就如同当年的埃菲尔铁塔。

德芳斯门建筑总重达到了 33 万吨，由 12 个可单独承载埃菲尔铁塔 4 倍重量的墩基支撑。建筑内部主要为办公场所，顶区设有国际会议中心，总面积达 120 000 m^2，整个工程约耗费 35 亿法郎。

德芳斯的改造始终存在争议。比如，建设众多的高层建筑和面积巨大的钢筋混凝土平台，工程造价高，能源消耗大；平台上的绿化、广场等设施使用率达不到预期，会造成资源浪费；高大的新修建筑与巴黎的传统古城风貌和自然景色不相匹配等。有反对就有认同，也有不少人给予了德芳斯高度的评价和期待，认为德芳斯新的设计规划体现了较高的技术水平和创新能力，对缓解巴黎市中心的交通拥堵起到了积极作用；坚信德芳斯门会不畏时间洗礼，最终会像埃菲尔铁塔一样受人欢迎。

3. 巴黎对未来城市艺术设计的探索

许多国家相继开展了对未来城市发展（形式、功能、材料、环境、技术手段等）以及未来城市空间形式，人类未来生存空间的生态环境、艺术等方面建设的预测工作。许多建筑师、城市规划师、艺术家、社会学家、经济学家等更是立足于社会本体，借助于各种先进的科技手段，运用各种新的理论对人类未来生存空间的形式和发展进行了深入探讨。许多设想和构思已经成为国家和城市编制未来的治理计划、城市规划等的重要理论依据和参考数据。巴黎自然也不例外。作为一座举世闻名的国际大都市、世界文化艺术中心，这方面的研究工作是十分活跃和前卫的。

巴黎市政府历来对城市未来的发展极为重视和关心，并为此组织过多次设计竞赛、学术研讨会和设计作品展览会等活动。巴黎市政府同时收集保存了从 19 世纪中叶直到现在 100 多年间各国建筑师、规划师就巴黎城市空间设计及建设所做的各种构思和方案。在这些方案中，我们不难发现这些构思具有非常丰富的想象力和预见性，为巴黎城市发展提出了真知灼见，对未来巴黎城市的描绘令人浮想联翩、惊叹不已。

巴黎对未来城市建设发展的构思方案大都充满着浪漫主义的色彩，并没有得到实际的运用。巴黎市政府在迎接 21 世纪到来的盛大庆典活动中，正式宣布兴建几个未来型的工程，“地球塔”就是其中一项具有代表性的工程。

“地球塔”设计高度为 200 m，为钢木结构。这是由三位巴黎建筑师让・玛丽・埃南、尼古拉 - 诺尔米耶、达尼埃尔・勒列夫尔合作设计的。他们都是富有艺术才华和浪漫气质的建筑师。塞维利亚世界博览会的欧洲厅就是他们设计的。这座塔采用木质材料的目的在于提醒人们合理使用木材，保护自然森林资源。

“地球塔”塔座直径 18 m，由 8 根圆柱体支撑。该塔离地面 80 ～ 100 m，是 4 层空中楼阁，为登高远望的旅游观光者提供观赏、餐饮、休息等服务，同时提供展览和会议空间。再往上是 5 扇菱形金属网状结构组成的“花瓣”向上空伸展开来，其造型宛如一朵盛开的鲜花。该塔建在巴黎的东部，与城市西部的埃菲尔铁塔遥相呼应。巴黎市政府还计划利用“地球塔”在未来经营中获得的利润，设立“地球科学奖”，以奖励那些在保护森林和大地资源方面做出贡献的人。

巴黎城市艺术也呈现“三系一体”的特征，表现在以下几个方面。

（1）重视城市历史美的保护，保护良好的城市艺术资源。

（2）重视城市生态美的发展，营造良好的城市生态美的艺术载体。

（3）重视城市创新美的引领，创造良好的城市创新美的艺术空间。

巴黎各个时期的设计规划都体现着浓厚的创新氛围，勇于混搭历史景观和新型建筑，打造带有争议性的城市艺术文化，实现历史气息和当代时尚生活的完美融合。

二、典型区域

（一）油库公园——美国西雅图

油库公园位于西雅图联合湖北端，曾是一块延伸入湖的 80 000 m^2 油库废地。这块地污染严重，既对西雅图港口的水滨景观造成了巨大的破坏，又时刻对附近居民的生活质量和身体健康产生着重大威胁（图 8–7）。

图 8–7　建成前的油库公园

最初的计划是将这里改造成观赏植物园，但更换污染土质和水源需要高昂的费用，这使市政府无奈放弃了这个方案。1970 年，西雅图市政厅将废地改造项目交给了当时极负盛名的园林景观大师理查德 · 哈格，期待他能带来经济、有效的设计方案，实现废地的改头换面（图 8–8）。

理查德 · 哈格通过观察分析，认为与其大面积更新改造，不如就地取材，因势利导，对原有的油库厂房设施进行维修和改造，在此基础上打造带有教育意义和纪念性的建筑体以及风格独特的游乐场所。不过，理查德 · 哈格的设计理念遭到了大范围的尤以家庭妇女为代表的西雅图市民的反对，对此理查德不得不多次对公众阐述他的设计理念：“与其改变历史，不如铭记历史”。理查德 · 哈格的设计最终获得了西雅图市政府的大力支持，确保了耗时 4 年的改造工程得以顺利进行（图 8–9）。

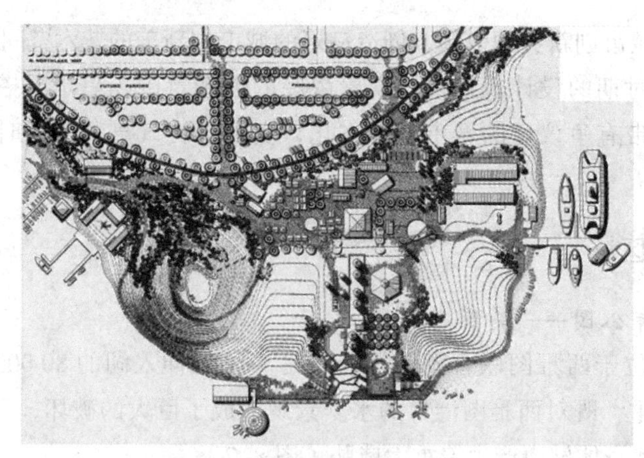

图 8-8　理查德·哈格的设计

图 8-9　建成后的公园

整个公园将油塔、输油管架、其他工业垃圾等各种要素加以合理的利用，红、黄、橘红、蓝和紫色的各式压缩机和蒸汽管高低错落，最终将“垃圾岛”改建成了工业垃圾的“文物展览馆”。从联合湖上远远望去，整个“垃圾岛”仿佛成了记录落后过往和工业时代的特殊工艺品。理查德·哈格还坚持人与自然各自发展、和谐并存的设计理念，反对每年对草坪进行多次的修剪和护理，认为应该保留草地自然生长的状态和景观，不进行过多干预。

理查德·哈格设计的油库公园是以“少即是多”为原则，使用较长的设计周期和低廉的造价完成了这件别具一格的作品。油库公园不仅被改造成一处园林景观，而且为将来因时代发展和公众意识改变而带来的改变预留了可操作性，是一座可以不断变化发展的景观园林。

（二）高架桥公园——澳大利亚悉尼

悉尼在纽约之后，也拥有了自己的高线公园。仿照纽约高线公园，悉尼对已经废弃的原通往悉尼海港的 Ultimo 货运铁路线进行改造再利用，将其打造成了一条城市绿色空间带。那高线公园会成为未来城市公园的发展方向吗？这又要说回城市扩张以及旧城改造问题。随着城市的高速发展，各种铁路、陆路高线设施在不断的更新换代中被废弃，大部分面临的是直接粗暴的拆除。在 20 世纪 80 年代，有人提议希望能够拆除纽约废弃的高线钢架结构，后来正是附近市民自发组织的“高线之友”团体推翻了拆毁高线铁路的议案，才推动了公园的规划建设。如今，这条别具一格的绿色空中走廊，不仅成为设计界和旧城改造历史上的典范，而且为纽约曼哈顿西区带来了巨大的社会经济效益（图 8-10）。

图 8-10　纽约高线公园

与之同理，悉尼的高架桥公园也是如此（图 8-11）。作为连接悉尼市区和达令港的重要线路，这条轨道在将近 150 年的时间里，始终肩负着往返运输羊毛、谷物、肉类等各类物资的商业用途。Pyrmont-Ultimo 是澳洲人口最稠密的地区，是一个以前因为码头和船厂被熟知的地区，但曾经通往悉尼海港的繁忙的 Ultimo 货运线如今已被废弃。ASPECTStudios 接手了这一遗留基础设施的改造任务。近日，高架桥公园“The Goods Line”的北段工程——全长 273 m，面积 6 995 m^2——已经告一段落。

图 8-11　悉尼高架桥公园

悉尼高架桥公园以城市休闲空间为主题，既有草坪、座椅、剧场、看台等休息设备，又有儿童游乐区、乒乓球台等放松区域（图 8-12、图 8-13），连现代人离不开的 WiFi 在公园内也实现了全面覆盖。

图 8-12　儿童游乐区

图 8-13　乒乓球台

（三）超线性公园——丹麦哥本哈根

作为一个融合了建筑、景观和艺术的超级综合体，超线性公园展览了超过 60 个城市的不同文化，向哥本哈根市中心这个由单一民族构成的区域展示了世界文化的多样性，也形成了一定限度的冲击（图 8-14）。

图 8-14　超线性公园

这个公园的区域是用三种颜色进行划分的，每种颜色都有它特定的功能和氛围。红色区域是体育大厅的延伸空间，它是文体活动空间；绿色的区域则可以承办大型的体育活动；黑色区域是天然的市民聚会场所。在这三个区域中，全球60个城市上百件艺术品被展示。而且，当地居民参与设计过程，避免了先入为主的弊端，最大限度地实现了公共性。超线性公园除展示哥本哈根的城市设计外，还成为绝佳的全球城市展示区。此外，在植物的种类上选择了中国的棕榈、黎巴嫩的雪松、日本的樱花树与落叶松，极大限度地遵循了多样性原则。除展示和文体等功能外，这个公园还与自行车交通系统、步行系统、公共交通系统等进行了无缝衔接，最终形成了一座呈现世界文化多样性的超级公园（图 8–15）。

图 8–15 自行车道与步行系统

（四）都市阳伞——西班牙塞维利亚

Metropol Parasol（都市阳伞）是一座体量巨大的现代艺术建筑（图 8–16），位于西班牙南部塞维利亚的 La Encarnación 广场。该建筑的设计者是来自德国，建设目标是带动所在广场成为新的城市中心。

都市阳伞地下为古物博物馆，保护和陈列着当地出土的罗马和摩尔遗址及文物。一楼是中央市场和酒吧，二楼、三楼则是可以欣赏市中心景色的全景露台和餐厅（图 8–17）。这个建筑在老城区的基础上创造了新的空间区域，使二者在文化和商业等要素的融合下完美结合，赋予自身文化、商业、旅游等多种功能，迅速崛起为塞维利亚市的新地标。

图 8-16　都市阳伞

图 8-17

这座建筑完全由曲折波动、上下起伏的木板组合建造，整体视觉效果就像几把太阳伞拼合在一起，因此得名 Metropol Parasol（都市阳伞）。不过，当地人认为这个建筑更像雨后破土而出的一枚枚蘑菇，因此更愿意称之为“蘑菇”（图 8-18、图 8-19）。

图 8-18

图 8-19

（五）滨水公园——波兰蒂黑

蒂黑居民经常在 Paprocany 湖度过他们的闲暇时光。湖岸走廊附近有许多健身旅游景点的娱乐中心，景观建筑师对这一区域的重新塑造旨在挖掘景观价值，为当地居民提供更多的休闲娱乐选择。

设计的初衷是沿着湖岸建造一条木质的蜿蜒的走廊，局部凸出到湖面上方，有些部分则退回到靠近岸边的绿地。

整个项目开发了 400 m 长的湖岸，覆盖大约 20 000 m^2 的建筑面积。开发之前，这里是一片只有渔民才能到达和享受的观景草地。建成开放的首周，尽管天公不作美，但湖岸走廊还是赢得了超高人气，成为人们聚会的新地点（图 8-20、图 8-21）。

图 8–20

图 8–21

（六）滨海青年广场——澳大利亚弗里曼特尔

滨海青年广场位于弗里曼特尔市中心地带，坐落在历史悠久的滨海保护区绿地，是一个迎合现有社区需求的“都市绿洲”，拥有青少年游乐空间、开放的公园设施以及举办活动的场所。广场提供滑板、自行车和摩托车运动场地，并吸引了跑酷、乒乓球和其他非传统娱乐活动的爱好者（图 8–22）。

广场的解读性图层与空间结构相互交织，使用一系列材料和特色重新呈现这座城市丰富的历史故事，特别展示了城市的发展历史（图 8–23）。广场还将回收再利用的海洋浮标转变为标志性滑板元素，并把集装箱改造成抱石塔（图 8–24）。

图 7-24　滨海青年广场

图 8-23

图 8-24

第二节　国内城市艺术设计的探索与实践

一、兰州鸿盛银滩城市综合体

（一）项目简介

本项目位于七里河区，隶属兰州新城“三滩”之一的“马滩”区域，到兰州西站约 2 km，到兰州市区约 10 km，是市区通往安宁新区的必经之路。地处七里河区、安宁新区、西固区三区交汇处，辐射范围广。本项目地处未来城市 CBD 的核心范围内，整体区位价值高。项目定位为集五星级酒店、5A 级办公、居住社区、商业中心、智能化停车库等于一体的 HOPSCA。

（二）设计思路

1. 区域新地标——主题性、活力商街

项目着力打造主题商业街（图 8-25），构建景观瀑布，彰显商业主题和活力。

图 8-25　商业区

2. 规划布局——动静分区、南商北住

住宅、商业分区明确，形成各自的组团片区。商业位于南侧沿街布局，增大沿街展示面，提升商业价值。住宅位于地块北侧，围合形成大组团景观空间（图 8-26）。

图 8-26 全景效果图

3. 城市形象——核心地标、三足鼎立

围绕城市广场，布局超高层办公，打造区域核心地标。西北道路交叉口布局高层办公，广场设置高层五星级酒店，三栋建筑占据较佳的形象展示面，增强了人流的导向性，形成三足鼎立之势。

4. 人流体系——主力吸引、单一通道

项目有三大人流体系，包括市区、地铁人流，银滩大桥人流，停车场人流。结合三大人流布局三大主力店，形成三级动力带，结合流线布局商铺，形成无死角商铺。

5. 住宅布局——南北朝向、前后错位、豪华大景观

6. 商业停车引导

结合停车场，布局高档商务餐饮，以停车引导，打造便捷性消费商圈。

7. 打造商业内街，增加易售型商铺

打造由南至北、由东至西的商业内街，贯穿整个沿街区域，总长度约 150 m，增加易售型商铺。

二、商丘新区概念规划建筑设计

（一）项目简介

项目位于商丘新城区日月湖沿岸，分为三个南北向相邻地块，综合容积率 1.5，计容总建筑面积约 26.5 万平方米。

项目所在区域最大的问题是区域成熟度低，远景价值无法近期兑现，这对商业

项目来讲十分不利，近期建设如何存活是项目面临的首要难题。项目基地的根本优势是紧临日月湖。日月湖是商丘新区的核心景观所在，是商丘最具价值的城市公园空间，对周边市民有极大的吸引力。项目承接方考虑主客共享、四季运营，根据日月湖旅游客群特征，设置相应区域旅游型商业产品作为先期启动保障，并对新区发展时间轴和区域竞争产品进行深入分析，明确后续引擎产品和配套服务，最终保证项目每一期建设都可以对接市场，实现落地生根、开花结果。

（二）设计思路

根据上述思路，确定了项目的三级定位。

1. 豫东文化休闲旅游名片——近期价值

主打周末经济、区域家庭休闲目的地（见图 8-27、图 8-28、图 8-29）。支撑引擎产品，培育人气，构建特色。

图 8-27

图 8-28

图 8-29

2. 新区悠闲活动中心——中期价值

主打区域高端生活配套、多频次消费。支撑配套产品，快速回笼资金，提升住宅溢价，并最终形成本次规划“两大亮点、三大引擎、五种配套”的产品体系。

3. 商丘未来时尚消费标杆——远期价值

主打创新科技体验，80、90 后潮流先锋。支撑亮点产品，树立品牌形象，增加博弈筹码。

在规划上，通过六大策略实现商业布局的最优化。充分挖掘基地价值，带动周边要素，形成地块东西功能的合理分布；以水为脉串联地块，激活商业；放大水景，形成分区景观焦点，汇聚客群；抢占门户焦点，合理布局主力业态，形成商业拉动；优化与日月湖的步行联系，引导客流形成动线；最终将客群动线进行梳理，避免不同需求间的干扰，确保项目空间布局的合理（图 8-30、图 8-31）。在建筑上，我们强调小体块建筑的灵活分隔组团，形成区位空间，保证空间人性化和舒适度的同时，一步一景提升空间的丰富度和体验性，从而配合体验性业态的设置，给市民营造一种全新的生活方式。

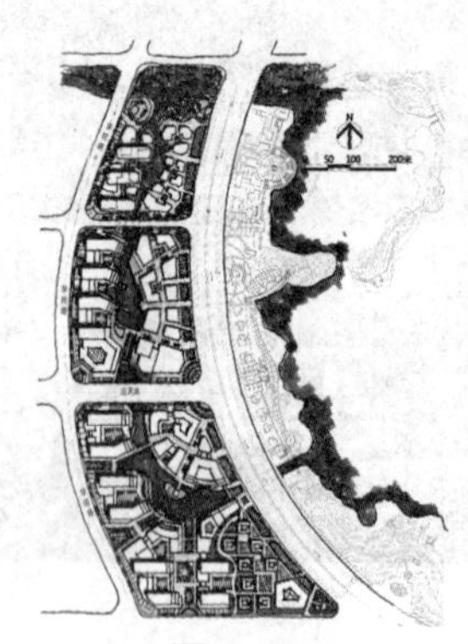

图 8-30

图 8-31

三、城市居住环境艺术设计实例

本小节以北京市北潞春居住小区为例进行分析。

（一）项目简介

北潞园居住区坐落于京郊卫星城良乡镇，房山区政府附近，北京西客站东南 22 km 处。该居住区总占地面积达 940 000 m²，由 5 个小区和 1 个公园组成，其中北潞春小区是首个开工建设的项目。北潞春小区位于京周公路与刺猬河之间，占地面积 144 600 m²，建筑面积 166 300 m²，居民总数为 1 450 户，共 5 000 人。北潞春小区的设计初衷是建设能够满足新时代生活需求、拥有全方位生态环保的绿色人居环境，彰显地方传统特色的居住小区。

（二）地理位置与项目定位

特殊的地理位置对北潞春小区的设计创作提出了更高的特殊要求。项目所在地为北京良乡卫星城西北，处于市中心边缘地带，绿化面积较大，再向西北是环境清幽的别墅集中区，是一处上好的宜居之地。

优越的宜居环境提高了业主对住宅品质的要求和期待。设计师要想设计出满足更高要求的小区居住模式，除基本的间距、朝向、日照等基本考虑因素外，还应该考量当地的自然环境。设计师可以利用对景、借景等造景手法，在良好的自然环境基础上稍加精心雕琢和运用，创造出锦上添花的居住环境，再通过建设完善的配套设施，使生活区更人性化、精品化，满足更高的生活品质需求。

（三）北潞春小区的设计思路

1. 设计原则

（1）社会性原则。打造亲切宜人的社区环境，通过生活环境的改善，体现社区文化，增进邻里交流和社区精神文明建设，倡导居民积极参与到设计、建设与管理的活动中来。

（2）经济性原则。以市场发展的需要与地方经济的现状为参照，实现节约与效益双赢，用最合理的方式实现最大的经济价值。倡导勤俭朴实、反对铺张浪费，积极采用新技术、新材料、新设备等，以实现最优的性价比。

（3）生态原则。在原有的环境基础上，放大原生环境的优点，改造原生环境的劣势，运用先进的生态技术塑造环境，实现人类的可持续发展。

（4）地域性原则。设计过程中需要因地制宜，依据当地的自然特征创造出时代特点和地域特征兼具的空间环境，充分体现当地的特色，拒绝照抄照搬。

2. 北潞春小区的设计理念

北潞春小区的设计方案以“从整体出发，可持续发展，以‘人’为本，强调人与自然亲近”为核心理念，并且格外关注“人—建筑—环境”之间的相互关系，力求实现最佳平衡；重视以自然环境为依托，以平衡地域性为基点，在改善生态环境的基础上打造高品质居住环境，力求建设人性化、健康的新世纪人文社区；坚持“流水、绿荫、小桥”的古典园林设计理念，保留原有成树，融合新的绿化设计，充分利用现有条件打造曲径通幽的环境，为居民创造高度发展的现代生活气息和田园闲适的浪漫情调并存的生态环境。

（四）北潞春小区的环境设计优势

北潞春小区的设计参考北潞园居住区的规模和建筑设计规划，从平面和空间两个角度对用地配置、环境层次安排、设施配套等多方面进行了最佳设置，优化了公共空间与私密空间，实现了居住区整体意境与风格塑造上的总体和谐。除对整体布局的把控外，北潞春小区还格外注重人性化的设计。

1. 总体布局

北潞春小区依据地形地貌、交通分布等情况，具体划分为各个组团，东、南入口连接城市。小区布局抛弃了“兵营式”的规则排列分布，不再采用同一方向上的单一行列分布方式，转而交错旋转地布置单元，调整房屋朝向保证良好光照，并且栋间院落也设置成不规则的形态，以实现丰富环境空间形态的目的。

2. 绿化环境

基地东侧打造了一条绿化硬化带，长 50 m，宽 40 m。一方面，隔离小区与城市，缓冲城市氛围的影响，为安谧的居住环境提供保障；另一方面，增大绿化面积，改善周边环境，同时调节局部小气候。另外，还有隔离绿化、道路绿化、组团绿化和宅旁绿化等多种绿化形式，呼应和补充小区内的环境轴线，打造园林式绿化环境。

3. 空间环境

小区南端建有一座城市广场，既是与城市紧密相连的一部分，又作为隔离缓冲带减少了城市对居住环境的影响，同时为小区的空间环境优势进行了无形的宣传。小区无形中拥有了一个“公共—半公共—半私密—私密”的空间序列带，作为公共空间的小区南端的城市音乐广场是空间序列带的起点，自南往北，由小区入口、空廊小亭、人工水域、下沉表演广场、叠泉池等半公共空间组成空间序列的主轴线，半私密性的半围合栋间庭院是对半公共空间的延伸，最后以住户私密空间终结空间序列。小区居民从开放空间逐渐进到私密空间，循序渐进，舒适而不突兀。在整个空间转换过程中，居民还可以在不同的空间领域内实现不同的邻里交往需求，增进了人际关系的和谐，改善了小区的人文环境。

4. 交通环境

北潞春小区采用以曲代直的设计布置道路，舍弃了传统的“横平竖直”的道路设计理念，打造巧夺天工的道路设计方案，创造最自然的人为道路布置方式，同时实现创意性的分割空间环境和降低小区内机动车速提高安全性的双重目的。建筑分布放弃了传统的规则分布模式，改以采用交错旋转的方式，这样能够确保用户得到良好的光照体验。由于独特的设计与规划，小区内住宅全部为四五层的建筑，最终得到了意想不到的良好效果。曲线的连接方式使小区环境自带一种悠闲舒适的田园氛围，有利于缓解快节奏生活造成的生活压力，提高生活质量。

广泛的实际应用证实了人车分流方式的有效性。人车分流虽然降低了机动车对居住环境的影响，保障了生活区的安全和宁静，但也造成了机动车道丧失生活气息和活力，与居住区产生了严重的隔阂感。模糊性空间设计正好可以解决这个问题，这种设计方式强调交通空间和生活空间的整体性。阻止无关车辆进入，调整街道的线型、宽度、铺装和小品等设计方式，从而达到降低机动车速、实现人车共存的目的。在小区或住宅群组内采用枝状或环状尽端式道路构成网格式、多样化的人行道和自行车道路系统，再结合住宅楼入口、停车位、廊道和尽端回车场作拓扑变形，分割出多样化的院落空间，同时结合绿化、铺底等方式打造多功能的公共场所，满足邻里交往、童叟活动、临时停靠等多种需求，在单纯的道路空间上增添人的活动，使其具有生活气息，融入小区的生活氛围。比如，意大利某占地 295 000 m^2 的居住区，采用逐级加宽的树枝状道路分布方式和交错旋转的建筑排列方式，用房屋的朝向解决光照需求问题。鉴于其独特的设计规划，虽然小区住宅全部为三层建筑群体，但还是获得了意想不到的良好效果；我国安徽省某别墅小区，采用曲线道路的设计方式在 3 公顷占地面积上打造田园风景式的居住环境，充分增加住户的自然感受和舒适程度。

5. 地域性与领域感环境

北京地区气候干燥，冬冷夏热，空气湿度小，这就决定了设计过程不能直接照搬其他地区的环境建造模式，只能从本地区的自然和人文环境出发，设计最适合北京地区的环境模式。比如，在小区中规划一定量的水域面积，既能改善环境又能调节局部小气候；种植适宜北方的植物，既可以净化空气还可以增加空气湿度。另外，小区内安装的健身器械、休闲设施和具有较强领域感的小型公共活动区域，在设计之初就应考虑到光照问题，保证在足够领域感的前提下，确保冬天有足够的阳光照射、夏天有足够的树荫遮蔽。

6. 环境均好性需求

环境均好性是人们对于精神心理的需求，同时可以说是商品住房的重要特征。现在，房地产市场对住房的环境效果有了更高的要求。第一，居住区的环境资源要具备均好性以及共享性的特征，居住区内所设计的水景、树景以及山景等在规划建设的时候应该适宜地分布在居住区中，让每个居住的用户都能享受到这些资源环境。如果这些资源环境不能被用户均享，则需要做出一定的补救措施。我们可以通过创建人工环境的方法进行弥补，以方便住户享用环境。第二，居住区的环境资源在归属领域上要有一定的均好性。归属领域的均好性特征是每家住户都能拥有一个比较贴近的空间环境。这个空间不是归个人所有，但是方便用户进行使用和享受，并且用户对这个空间环境也比较喜爱。所以，在对居住区的环境作整体规划的时候，可以不像往常一样建设大规模的中心绿地，而是要考虑资源环境的局部分布特征，让用户更好地享受资源环境空间。大规模中心绿地虽然看上去气势宏伟，但是整体的实用性比较差，其领域性以及归属性的特征也比较弱。现代居住环境应该充分考虑用户的亲身感受，在公共空间基础上有一定的半私有化特征，这个空间不仅可以让老人进行休息，还能为孩子提供一个游乐的小场所，不仅环境适宜，还要便于居民之间的接触，这样会有一个非常好的归属领域效果。除此之外，居住环境的物理环境的均好性，也是我们应该重点考虑的一个因素。物理环境的均好可以让每个空间获得良好的光照条件、通风条件、隔声条件等。所以，在对居住空间进行整体规划时，应该保障空间的日照条件，隔绝周围噪声的干扰，以营造一个舒适、温馨的空间环境。

7. 室内外环境的交流

居住空间设置的观景窗不仅能增加室内的光照程度，还可以开阔住户的视野，增强用户通过室内外空间与外界的交流，同时外立面的房子整体的效果以及品质会有很大的提升。

我国北方是季风气候，夏天高温炎热，冬天低温寒冷，并且春季经常伴随风沙天气，所以阳台的利用率不高。灰尘降低了观景阳台的利用率，所以在设计居住环境的时候最好将观景阳台进行内置，作为观景窗进行使用。用户对于空间的使用面积是非常有限的，从外观程度上看，观景窗的高度以及宽度同普通居住环境的窗户进行比较，增加了空间用量。目前，很多观景窗被设计成向外凸出的窗户，即我们俗称的飘窗。这种窗户的设计是将平面窗体进行外凸设置，整体设计成一个凸梯形，这种设计最大的优点是尽最大可能增加室内空间的光照时间，同时增加建筑外观的立体效果。同普通的落地窗相比，观景窗的设计采用的是双层中空玻璃，这样达到了良好的防风、防水以及保暖的效果。同时，为了避免用户因为外飘窗而产生一定的恐惧心理，可以考虑在窗户外围设置一个安全防护栏或者设计一个大概 50 cm 的窗台。处在首层位置的用户，可以根据实际情况设计一个自家庭院的空间，这样不仅可以方便与小区内的用户进行交流，同时可以增进邻居之间的感情。

8. 其他

每一个小区在投入使用后，都会变成一个“小社会”。居住小区是物质环境以及社会环境的结合体。因此，在对居住小区进行整体设计建造的时候，应该考虑小区的双重效益，即环境效益以及社会效益。居住小区整体上是一个肉眼能看得到的实物，是一种物质的整体表现。而人的视觉联系着精神，所以人们都希望眼睛所看到的事物尽量是美的。居住小区不仅应该有一定的实用功能，同时经济性一定要合理，能够让用户感觉到一个舒适的环境。所以，在设计小区居住环境的时候，应该将环境美考虑在内。

对于楼层高度为 2.9 m 的居住区，要充分考虑环境美的因素。近些年，居住空间的单元面积不断增加，以往面积为 6 m^2 左右的客厅采用的楼层高度是 2.7 m，如果这个高度再和 10 m^2 左右的大客厅搭配，则整体上显得不协调，会让住户觉得压抑，同时在很大程度上对装修空间进行了限制。针对这种情况，一些房地产开发商对楼层高度的设计进行了调整。但是，住宅的居住环境与别墅不同，所以设计之后的楼层高度也不能太高，否则会增加开发的成本，促使房价上涨。

现代意义上的院落空间和传统民居的院落空间有很大的不同。现代意义上的院落空间不再是一个家庭内部的空间，而是一个具有集合体性质的公共空间；而传统民居院落的模糊性特征是现代意义上的院落空间需要借鉴的。对于城市以及整个居住区来说，院落空间属于内部空间。而对于组团内的各个住宅来说，院落空间属于外部空间，是用户的居住空间与外部空间的一个过渡空间。对于组团内的居住用户来讲，院落空间有很强的归属感以及领域感。一项关于环境心理学的研究表明，领域空间对于集体活动形成内聚力具有非常大的影响，集体内聚力不仅可以对场所进行一定的维护，同时维持良好的邻里关系。院落空间的功能多种多样，可以供老人聊天、下棋，也可以为孩子提供一个游乐的场所，还是院落范围内人们集会的一个重要场所，同时可以临时停车。在居住环境空间内，用户通过窗户会看到小区的部分或整体的院落环境。院落环境的空间没有一个比较明确的范围界定，在整体上不是闭合的，而是一种比较有效的围合。可见，院落空间是对整个居住空间的一种衬托，同居住空间一起构成整个小区的空间环境。

在设计住宅小区的过程中，要充分考虑北方地区的光照、楼间距以及密度等因素，同时要在小区环境空间内留出一片绿地，方便建造一个规模比较大的中心花园。例如，北潞春小区的整体设计特点与周围的环境空间具有明显的北方地区特征，这种特征极大地显示出居住建筑空间和用户的生活方式以及当地的气候条件之间的关系。建筑空间的围合式特征具有很强的私密性，可以提供一个比较安静的内聚空间，不仅能减少城市噪音的干扰，同时可以抵御北方冬天的寒风。

北方地区冬天寒冷，因而坐北朝南的建筑比较流行，东西向的建筑风格不太受欢迎，并且东西向居住建筑与南北向居住建筑的价格也存在很大的差别。这种情况在南方并不多见。从这个角度上讲，一个地区的气候条件以及地理环境对当地的建筑风格以及人们的生活方式会产生很大的影响。例如，锦林花园在建设过程中，极大地考虑了用户对环境的要求，该建筑的朝向为南北朝向，增加了光照时间的强度。朝向为南的房间主要设计成客厅、主卧以及阳台，阳台被设计成了低窗台的大窗扇，以便充分接收阳光。

（五）启示与思考

北潞春小区的设计对我国建设生态型的居住环境具有非常好的借鉴意义。该小区的总体建设目标、定位和规划等都给人一种非常新颖的感觉，我们从以下几点对此进行分析。

1.规划创作中对“陌生化”原理的运用

北潞春小区的空中走廊堪称是住宅小区设计的典范，不仅节省了地面空间，还为用户提供了休息娱乐的空间。这种空间效果运用了“陌生化”的艺术原理。这种艺术原理源于十九世纪末二十世纪初俄国的一位文艺理论家什克洛夫斯基。他觉得欣赏艺术总是通过直观的一种感受过于司空见惯，对于这种没有太多新鲜感的事物，人们会经常视而不见，因此也不能算是欣赏艺术。所以，这位文艺理论家认为，应该不断地对事物进行开发使其以新颖的面貌或者非常规的面貌出现在人们的眼中。“陌生化”原理的应用为居住区的环境设计增添了无尽的色彩，同时提高了建筑的美感以及文化内涵，给用户带来了良好的视觉效果。

2. 因地制宜的规划设计

以北京北潞春小区为例。北潞春小区根据小区的实际情况，通过对小区内道路与居住区地坪的高度差关系建造了架空平台。这一措施缓解了交通、停车以及节能的压力，因地制宜的空间设计使低成本的投入获得了高收益的回报。

3. 以人为本的设计

环境的建设应该从以人为本的角度出发。北潞春小区在很大程度上满足了人们之间的交往需求。一条架空的空中走廊实现了用户与车的分离，充分体现了以人为本的理念。在空中走廊上，儿童可以游乐，大人可以聊天。绿地上还设有座椅，方便行人休息。同时，整个小区的设计还考虑了残疾人使用坡道的问题，这点充分体现出了以人为本的理念。

4. 生态绿化

绿化兼具景观功能、生态功能和使用功能。对于生态型的居住小区，其绿化设计更要注意这几个方面的功能，以实现小区的生态化。北潞春小区在绿化方面采取的各种措施值得我们借鉴。该小区的绿化种植是吸声植物，这在很大程度上可以减少噪声的干扰，还可以吸附空气中的污染物，保护小区的环境。另外，立体绿化还能增加良好的视觉效果。北潞春小区在绿化方面，具有一定的层次性和多样性，这不仅提高了绿化所具有的生态效应，还因为良好的色彩搭配创造了小区优美的环境。

总而言之，建设一些有特色以及适合当地居住条件的小区是很可能实现的，这需要设计者精心创作，并且抛开一些传统的观念，巧妙地为住户提供优美以及舒适的环境。

参考文献

[1] 程亚军，陈平，李成仁 . 城市形象设计中的增强现实刍议 . 美与时代（城市版），2017（12）：98–99.

[2] 葛军阳，张宝铮，段宁 . 控规城市设计要素管控研究——以长沙为例 . 中外建筑，2017（12）：83–87.

[3] 高冰 . 现代城市建设中的景观艺术设计研究 . 黑龙江科学，2017，8（22）：56–57.

[4] 王琛 . 环境艺术设计对人居观念的改变研究 . 农家参谋，2017（10）：233.

[5] 葛艳，王海青 . 以城市设计为主导的城市形象设计研究 . 建筑知识，2017，37（09）：25.

[6] 陈莲圆 . 浅论城市设计要素及其与建筑设计的关系 . 城市建设理论研究（电子版），2017（06）：140–141.

[7] 杨潇，丁睿 . 创新空间要素与特征的城市设计响应——以成都科学城起步区城市设计为例 . 上海城市规划，2016（06）：29–35.

[8] 吕程 . 试论环境艺术设计及其个性化 . 美术教育研究，2016（23）：80–81.

[9] 刘柯 . 城市历史文化街区景观艺术设计研究 . 西南交通大学，2016.

[10] 李欣家 . 公共艺术设计与城市形象塑造研究 . 沈阳建筑大学，2016.

[11] 马效 . 城市设计要素对于控规指标确定的影响研究 . 北京建筑大学，2015.

[12] 李光耀 . 基于 CIS 理论的城市景观形象特色营造研究 . 南京林业大学，2015.

[13] 易韵婷 . 长沙市围墙景观艺术设计研究 . 湖南农业大学，2015.

[14] 李陈 . 中国城市人居环境评价研究 . 华东师范大学，2015.

[15] 杨小舟 . 城市艺术设计视角下的城市文脉保护与再生策略 . 天津大学，2016.

[16] 林隽 . 面向管理的城市设计导控实践研究 . 华南理工大学，2015.

[17] 刘胜 . 小城市典型街区城市设计模式研究 . 西安建筑科技大学，2014.

[18] 相永昌 . 城市景观与公共艺术在现代城市发展中的实践表达 . 青岛理工大学，2014.

[19] 周文哲 . 基于人文理念的济南现代居住区邻里空间艺术设计研究 . 山东建筑大学，2014.

[20] 刁其颖 . 景观艺术设计在城市规划中的发展与建构 . 大舞台，2013（05）：133-134.

[21] 裴强 . 城市形象设计与塑造 . 山西师范大学，2013.

[22] 田蕊 . 基于地域文化的城市识别系统规划研究 . 哈尔滨工业大学，2012.

[23] 陈竑泽 . 以城市设计为主导的城市形象设计研究 . 哈尔滨工业大学，2012.

[24] 陈伟 . 面向规划管理的城市设计要素库平台构建探索——《武汉市城市设计编制与管理技术要素库》解析 // 中国城市规划学会 . 多元与包容——2012 中国城市规划年会论文集（13. 城市规划管理）云南科技出版社，2012：10.

[25] 田玉姣 . 基于城市形象设计的城市入口形态探究 . 合肥工业大学，2012.

[26] 侣冬梅 . 中小城市公共艺术设计差异化策略 . 齐齐哈尔大学，2012.

[27] 陈蕾，漆跃辉，李平平 . 城市理念与城市形象设计探究 . 现代装饰（理论），2011（07）：83.

[28] 郭闯 . 城市形象设计中的细节处理 . 科技传播，2011（08）：19-20.

[29] 姚湘 . 城市形象的主题文化定位研究 . 湖南大学，2011.

[30] 李哲嵩 . 中央商务区城市设计要素研究 . 苏州科技学院，2010.

[31] 曹小立 . 基于城市设计的住区规划研究 . 山东建筑大学，2010.

[32] 何莉娜 . “城市认知”为导向的总体城市设计 . 天津大学，2009.

[33] 王健 . 城市居住区环境整体设计研究——规划・景观・建筑 . 北京林业大学，2008.

[34] 韩馨 . 城市形象设计研究 . 齐鲁工业大学，2008.

[35] 袁敏 . 城市设计视野下的居住区设计 . 昆明理工大学，2007.

[36] 王启照 . 现代城市公园景观艺术设计的研究 . 江南大学，2007.

[37] 王振宇，戴琳 . 城市设计要素探索 . 广西城镇建设，2006（11）：50-52.

[38] 卢世主 . 城市景观艺术设计研究的主要内容及其意义 . 华中科技大学学报（城市科学版），2006（02）：59-62.

[39] 高飞 . 居住区空间环境设计研究 . 河北农业大学，2006.

[40] 李杰 . 城市形象设计中的建筑控制策略研究 . 华中科技大学，2007.

[41] 王飚 . 以人为本的城市形象设计 . 上饶师范学院学报（社会科学版），2005（05）：83-86.

[42] 朱嵘，俞静 . 基于提升城市竞争力的城市形象设计 . 上海城市规划，2005（03）：12-14.

[43] 王一 . 从城市要素到城市设计要素——探索一种基于系统整合的城市设计观 . 新建筑，2005（03）：53-56.

[44] 张泉 . 当代城市社区居住环境设计与发展模式研究 . 合肥工业大学，2004.

[45] 郑宏 . 城市艺术设计学：一门亟待建立的前沿学科 . 北京规划建设，2004（04）：126–127.

[46] 郑宏 . 城市艺术设计学初探 . 装饰，2004（06）：6–7.

[47] 孙耀磊 . 现代居住区环境设计研究 . 西安建筑科技大学，2004.

[48] 周浩 . 云南边境地区小城镇城市形象设计研究 . 昆明理工大学，2004.

[49] 张卫国，何宛夏 . 城市形象设计理论探讨 . 重庆大学学报（社会科学版），1999（03）：128–130.